群と物理

佐藤 光 ＝ 著

Hikaru Sato

丸善出版

まえがき

この本は旧版である『パリティ物理学コース　物理数学特論 群と物理』を改訂したものである．群論というとあまりなじみがないかもしれないが，現代物理をある程度体系的に学ぶためにはどうしても必要なものである．物理ではニュートンの運動方程式に始まる微分方程式による解析的な方法がよく知られているが，群論のような代数的，幾何学的なものの見方も大切で，群論とその物理への応用は理論物理学あるいは物理数学の重要な一分野を占めている．

歴史的にみると，群論が物理の分野で最初に使われたのは結晶学においてであった．しかしその有効性がいっそう発揮されたのは 1930 年頃量子力学の問題を扱う強力な方法として提案されてからである．原子スペクトルの解析や分子・結晶の電子状態を扱う有効な方法として一世を風靡したのであった．伝染病のペストのように群論が流行したという意味で，グルッペン・ペストという言葉が生まれたほどである．1960 年頃になると群論はあらたに素粒子物理の分野で素粒子とその相互作用を扱う有力な方法として提案され，第 2 次グルッペン・ペストとよばれるほど多くの問題に適用された．この流れはその後のクォーク理論やゲージ理論，超弦理論へと発展し，現在では自然界の本質に迫るものと考えられている．“自然という書物は数学の言葉で書かれている”といったのはガリレオ・ガリレイである．素粒子の存在形態とその相互作用を記述する理論は標準理論とよばれていて実験的にも非常によい精度で検証されているが，まさにそれは群論の言葉で書かれているのである．

本書では群論とはどういうものか一通りの概念をつかみ，とにかく使えるようになることを目標にした．使いながらだんだんと理解を深めていくというのが「物理流」である．数学でははじめに厳密な定義を与え，水も漏らさぬ論理の構築を行うが，現実に応用するまでにはかなりの距離がある．基礎から応用までの近道をつけたのがこの本である．したがって定理の証明などは物理への応用に必要な程度の厳密性にとどめているので，数学的により厳密な議論が必要な場合にはその分野の専門書を参考にされたい．

この本では群論のさまざまな分野を網羅的に扱うことはせずに，量子力学やゲージ理論において重要なリー群とリー代数に重点を置いて解説した．読むにあたっての数学の基礎としては線形代数と微分・積分の基礎的知識が必要であるが，なるべく他の本を参考にしないでもわかるように初歩から書いた．物理への応用はいろいろあるが，力学と量子力学の基礎的な知識でわかる範囲にとどめた．また素粒子物理やゲージ理論への入門的な解説とそれらへのリー群，リー代数の応用についても述べ，この分野のその後の発展をたどるための役に立つように配慮した．特に読者自身が新しい分野に群論を応用することができるよう，群の表現を構成するための具体的な方法を詳述した．

本書の旧版は 1992 年にその初版が出版され，それ以後多くの読者から内容についてのご質問やご意見をいただいた．今回の改訂に際してはそれらを反映させて，この改訂版はよりわかりやすいものになっていると思う．ご意見をお寄せくださった読者諸氏にこの場を借りて感謝する．さらに丸善出版株式会社企画・編集部の佐久間弘子氏には旧版の出版以来，長年にわたってたいへんお世話になった．厚くお礼を申し上げる．

2016 年 9 月

佐　藤　　　光

目　　次

1 物理法則と対称性

1.1 物理に現れる対称性

自然現象にはさまざまな規則性が見られる．自然科学はこのような規則性の認識に始まり，観察・実験をよりどころにして自然法則を抽出していく過程であるといえる．物理では自然界に見られる幾何学的な規則正しい関係を対称性とよんでいる．ひとくちに対称性といっても，結晶構造のようにそれが目に見える形として現れている場合もあるし，またもっと抽象的な形で自然法則に内在している場合もある．例えば図 1.1 のような雪の結晶は六角形的な対称性のよく知られた例である．またダイヤモンドの結晶は図 1.2 のように正四面体の中心と四つの頂点に炭素原子が配列している構造をしている．さらに微視的な物質の構造に立ち入ると，原子や分子の電子状態もまたいろいろな対称性をもっていることが知られている．これは量子力学の波動関数のもつ対称性とし

図 1.1 雪の結晶

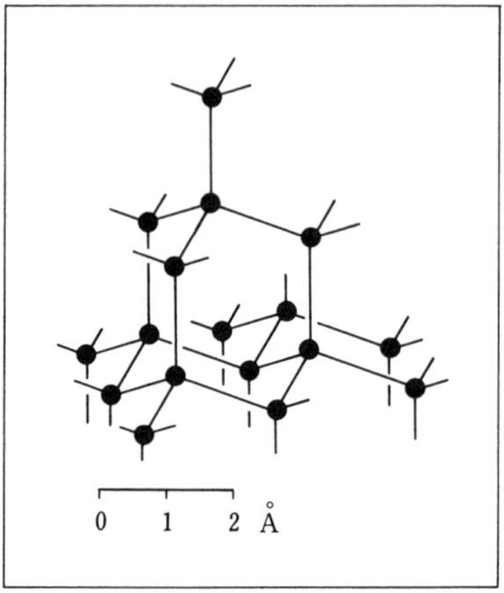

図 1.2　ダイヤモンドの結晶

て表される．例えば水素原子の基底状態における電子の波動関数は空間的に球対称である．

抽象的な形で物理法則に内在している対称性の例として運動量の保存法則を考えよう．N 個の質点からなる一つの体系を考え，i 番目の質点の位置を $\boldsymbol{r}_i$，運動量を $\boldsymbol{p}_i$ とする．またこの質点系にはたらく力は保存力で，そのポテンシャルエネルギー $V(\boldsymbol{r}_1, \boldsymbol{r}_2, \cdots, \boldsymbol{r}_N)$ は質点間の相対位置 $\boldsymbol{r}_i - \boldsymbol{r}_j$ のみによるとする．これは質点系に外力がはたらかず，また内力のあいだに作用・反作用の法則が成り立っていることと同等である．実際，質点系の重心座標を $\boldsymbol{R}(X, Y, Z)$ とすると外力 $\boldsymbol{F}(F_x, F_y, F_z)$ は各成分 $(a=x, y, z)$ について，

$$F_a = -\frac{\partial V}{\partial R_a} \tag{1.1}$$

で与えられるが，V が重心座標 $\boldsymbol{R}$ にはよらないので $\boldsymbol{F}=0$ である．また質点 i が質点 j に及ぼす内力を $\boldsymbol{F}_{ij}$ とすると，

$$(\boldsymbol{F}_{ij})_a = -\frac{\partial V}{\partial(\boldsymbol{r}_j - \boldsymbol{r}_i)_a} = -(\boldsymbol{F}_{ji})_a \tag{1.2}$$

である．これが作用・反作用の法則にほかならない．したがってすべての i, j に対する総和をつくれば内力どうしが打ち消し合うため，質点系にはたらく力の総和は 0 になる．質点系の全運動量を，

$$\boldsymbol{P}=\sum_{i=1}^{N}\boldsymbol{p}_i \tag{1.3}$$

とすると，運動法則により，

$$\frac{\mathrm{d}}{\mathrm{d}t}\boldsymbol{P}=0 \tag{1.4}$$

となって，全運動量は一定に保たれる．これが運動量の保存法則である．

ポテンシャルエネルギー V が質点の相対位置 $\boldsymbol{r}_i-\boldsymbol{r}_j$ のみの関数であるということは，V が空間座標系の平行移動，

$$\boldsymbol{r}_i \quad \longrightarrow \quad \boldsymbol{r}_i+\boldsymbol{a} \tag{1.5}$$

のもとで不変であるということである．これを空間が一様であるという．運動量保存則は空間の一様性の必然的な帰結である．こうして運動量保存則と空間の平行移動に対する不変性すなわち空間の並進対称性が密接に関連していることがわかった．**一般に物理量の保存法則にはある種の対称性がその背後に必ず存在している．**

保存法則と対称性の関係を示すもう一つの例として，角運動量の保存法則を見てみよう．今度は質点系のポテンシャルエネルギー V が質点間の距離 $|\boldsymbol{r}_i-\boldsymbol{r}_j|$ のみによるものとしよう．例えば質点どうしが万有引力のもとで力を及ぼし合いながら運動をしているような場合である．このときも V は空間の平行移動 (1.5) のもとで不変であるから運動量の保存法則は前と同様にして導くことができる．さらに V は相対距離のみの関数であることから空間座標系の回転に対しても対称である．実はこの対称性から角運動量の保存法則を導くことができるのである．

質点系の全角運動量は次のような量である．

$$\boldsymbol{L}=\sum_{i=1}^{N}\boldsymbol{r}_i\times\boldsymbol{p}_i \tag{1.6}$$

これを時間で微分すると，

$$\frac{\mathrm{d}\boldsymbol{L}}{\mathrm{d}t}=\sum_{i=1}^{N}\frac{\mathrm{d}\boldsymbol{r}_i}{\mathrm{d}t}\times\boldsymbol{p}_i+\sum_{i=1}^{N}\boldsymbol{r}_i\times\frac{\mathrm{d}\boldsymbol{p}_i}{\mathrm{d}t} \tag{1.7}$$

となる．ところで $\mathrm{d}\boldsymbol{r}_i/\mathrm{d}t=\boldsymbol{v}_i$ は質点 i の速度であるから運動量 $\boldsymbol{p}_i$ に平行である．したがってベクトル積の性質により右辺第 1 項は 0 となる．また $\mathrm{d}\boldsymbol{p}_i/\mathrm{d}t$ は運動法則により質点 i にはたらく力に等しい．ポテンシャル V が質点間の

相対距離のみの関数で重心座標を含まないことから，式 (1.1) により外力ははたらかず，内力については式 (1.2) において，

$$\frac{\partial|\boldsymbol{r}_j-\boldsymbol{r}_i|}{\partial(\boldsymbol{r}_j-\boldsymbol{r}_i)_a}=\frac{(\boldsymbol{r}_j-\boldsymbol{r}_i)_a}{|\boldsymbol{r}_j-\boldsymbol{r}_i|}$$

を考慮することにより，内力は質点どうしを結ぶ直線に沿ってはたらくことがわかる．すなわち，

$$\frac{\mathrm{d}\boldsymbol{p}_i}{\mathrm{d}t}=\sum_j \boldsymbol{F}_{ji}\propto\sum_j(\boldsymbol{r}_i-\boldsymbol{r}_j) \tag{1.8}$$

したがって式 (1.7) の右辺第 2 項は，

$$\sum_i \boldsymbol{r}_i\times\frac{\mathrm{d}\boldsymbol{p}_i}{\mathrm{d}t}\propto\sum_i \boldsymbol{r}_i\times\sum_j(\boldsymbol{r}_i-\boldsymbol{r}_j)=\sum_j \boldsymbol{r}_j\times\sum_i(\boldsymbol{r}_j-\boldsymbol{r}_i)$$
$$=\frac{1}{2}\sum_{i,j}(\boldsymbol{r}_i-\boldsymbol{r}_j)\times(\boldsymbol{r}_i-\boldsymbol{r}_j)=0 \tag{1.9}$$

となって，これはトルクの総和が 0 であることを意味している．これより角運動量の保存法則，

$$\frac{\mathrm{d}\boldsymbol{L}}{\mathrm{d}t}=0 \tag{1.10}$$

が導かれる．

ポテンシャル V が質点間の相対距離のみの関数であることは，V が空間座標系の回転に対して不変であることを意味している．この対称性を直接使って角運動量保存則を導くこともできる．座標系の原点のまわりの微小回転を考え，その際ポテンシャル V が不変であることから出発する．図 1.3 に示した

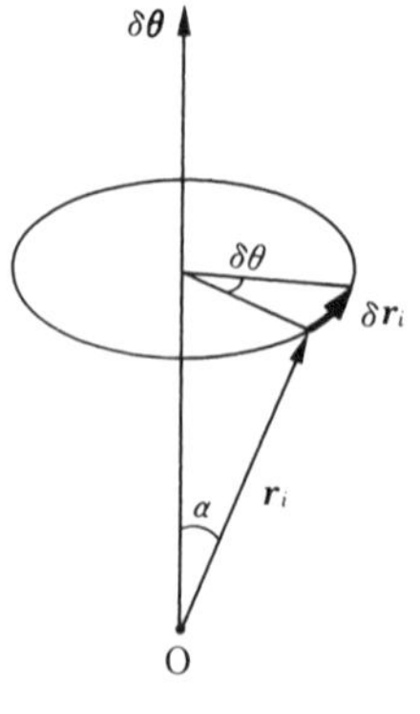

図 1.3　微小回転に対する位置ベクトルの変化

ように微小回転のベクトル $\delta\boldsymbol{\theta}$ を，その大きさが回転角 $\delta\theta$ に等しい，回転軸の方向をもったベクトルとして定義する．回転の向きは，このベクトルの矢印の先端から見て反時計まわりを正とする．すなわち $\delta\boldsymbol{\theta}$ と同じ方向を向いた右ねじの回る向きが微小回転の正の向きであると定義する．それぞれの質点の位置ベクトル $\boldsymbol{r}_i$ がこの回転に際してどれだけ変化するかは図 1.3 より，

$$\delta\boldsymbol{r}_i=\delta\boldsymbol{\theta}\times\boldsymbol{r}_i \tag{1.11}$$

となる．したがって微小回転 $\delta\boldsymbol{\theta}$ に対してポテンシャル V が不変という条件は，

$$\begin{aligned}\delta V&=\sum_i\frac{\partial V}{\partial\boldsymbol{r}_i}\cdot\delta\boldsymbol{r}_i=-\sum_i\boldsymbol{F}_i\cdot(\delta\boldsymbol{\theta}\times\boldsymbol{r}_i)\\&=\sum_i(\boldsymbol{F}_i\times\boldsymbol{r}_i)\cdot\delta\boldsymbol{\theta}=0\end{aligned} \tag{1.12}$$

ここで $\boldsymbol{F}_i$ は i 番目の質点にはたらく力である．またベクトルの積の公式，

$$\boldsymbol{a}\cdot(\boldsymbol{b}\times\boldsymbol{c})=\boldsymbol{b}\cdot(\boldsymbol{c}\times\boldsymbol{a})=\boldsymbol{c}\cdot(\boldsymbol{a}\times\boldsymbol{b}) \tag{1.13}$$

を用いた．式 (1.12) が任意の微小回転 $\delta\boldsymbol{\theta}$ について成り立たねばならないから，

$$\sum_i(\boldsymbol{F}_i\times\boldsymbol{r}_i)=0 \tag{1.14}$$

すなわちトルクの総和が 0 となるので角運動量は保存する．

このように角運動量の保存法則は空間回転 (1.11) に対する不変性，すなわち空間が等方的であることに起因していることがわかった．力学における基本的な保存法則にはこのほかに力学的エネルギー保存則がある．これにはどのような対称性が関与しているのであろうか．いまポテンシャルエネルギー V が質点の位置座標 $\boldsymbol{r}_i$ のみの関数で，直接時刻 t には依存しないとしよう．つまり V は $\boldsymbol{r}_i(t)$ を通してのみ時間に依存しているとする．これは力の場が時間とともに変化しないということである．このときポテンシャル V の時間変化は，

$$\frac{\mathrm{d}V}{\mathrm{d}t}=\sum_i\frac{\partial V}{\partial\boldsymbol{r}_i}\cdot\frac{\mathrm{d}\boldsymbol{r}_i}{\mathrm{d}t}=\sum_i\frac{\partial V}{\partial\boldsymbol{r}_i}\cdot\boldsymbol{v}_i \tag{1.15}$$

と表せる．ここで質点 i に対する運動法則を考えると，

$$m_i\frac{\mathrm{d}\boldsymbol{v}_i}{\mathrm{d}t}=-\frac{\partial V}{\partial\boldsymbol{r}_i} \tag{1.16}$$

この両辺と $\boldsymbol{v}_i(t)$ との内積をとり，すべての i について和をとると，

$$\sum_i m_i \boldsymbol{v}_i \cdot \frac{\mathrm{d}\boldsymbol{v}_i}{\mathrm{d}t} = \frac{\mathrm{d}}{\mathrm{d}t}\left(\sum_i \frac{1}{2} m_i \boldsymbol{v}_i^2\right) = -\sum_i \frac{\partial V}{\partial \boldsymbol{r}_i} \cdot \boldsymbol{v}_i = -\frac{\mathrm{d}V}{\mathrm{d}t} \tag{1.17}$$

となる．ここで式 (1.15) を用いた．したがって，

$$\frac{\mathrm{d}}{\mathrm{d}t}\left(\sum_i \frac{1}{2} m_i \boldsymbol{v}_i^2 + V\right) = 0 \tag{1.18}$$

となりエネルギーの保存法則が得られる．この導き方を振り返ってみると，力学的エネルギー保存則はポテンシャル V が時刻 t を変数として直接含まないことから得られることがわかる．これは V が時間に関する平行移動，$t \to t+c$ に対して不変であること，いい換えれば時間の経過は一様で，その原点のとり方にはよらないことを意味している．エネルギーの保存法則は時間の経過が一様であるという対称性と関連しているのである．

力学における保存法則と空間・時間の対称性との関連は量子力学においても成り立っている．量子力学では空間の平行移動や回転，あるいは時間の平行移動のような連続的な対称性だけでなく，空間反転や時間反転のような不連続な対称性も保存法則と結びついている．これらについては後の節で詳しく述べることにして，まず対称性をどのように数学的に表現するかを次の節で考えてみよう．

問　　題

1.1　微小回転のもとでベクトルの変化が式 (1.11) のように書けることを確かめよ．

1.2　ポテンシャル V が座標系の平行移動のもとで不変であることを直接用い，式 (1.12) にならって運動量の保存法則を導いてみよ．

1.3　図 1.4 のように 2 次元座標系を原点のまわりに角 θ だけ回転したとき，位置座標 $\boldsymbol{r}(x, y)$ の変換は次のように与えられることを示せ．

$$\begin{pmatrix} x' \\ y' \end{pmatrix} = \begin{pmatrix} \cos\theta & \sin\theta \\ -\sin\theta & \cos\theta \end{pmatrix} \begin{pmatrix} x \\ y \end{pmatrix}$$

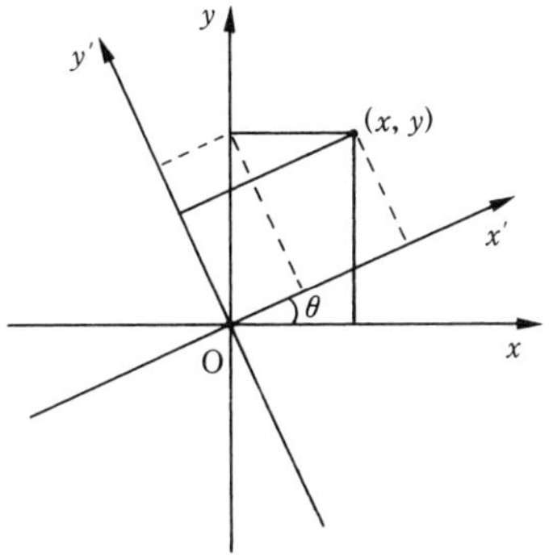

図 1.4　2 次元座標系の回転

1.2 対称性と群

前節で見たように，対称性とは物理系に平行移動・回転などの変換を行っても系の物理的性質が変わらないことである．このとき物理系はその変換に対する対称性をもっているという．対称性にはそれを規定している変換が付随している．例として雪の結晶のような正六角形的な対称性を考えてみよう．この対称性を規定している変換は正六角形をそれ自身に移すような操作である．これを合同変換という．その一つは正六角形の中心 O のまわりの $\pi/3$ およびその整数倍の角度の回転，$(2\pi/6)n\,(n=1,\cdots,6)$ である．$n=6$ すなわち 2π 回転は回らないことと同じであるので，回転角は常に 0 と 2π のあいだに制限することができる．もう一つの変換は 6 本の対称軸に関する鏡映である．鏡映とは対称軸の位置に紙面と垂直に鏡を置いて映した像への変換である．これらの操作によって正六角形がそれ自身に移ることは明白であろう．

このような対称性を規定している変換にはどのような性質があるだろうか．上の例について考察を続けてみよう．正六角形を中心のまわりに反時計方向に $2\pi/6$ 回転する操作を θ で表すことにする．この操作を続けて n 回行えば $(2\pi/6)n$ 回転することになり，これは θ^n と表される．何も操作をしないことも変換の仲間に入れてこれを恒等変換とよび，e で表すことにする．また 6 本の対称軸に関する鏡映変換を $\sigma^i\,(i=1,\cdots,6)$ で表す．鏡映を 2 回続けて行うともとにもどるから，$\sigma_i^2=e$ である．同様に $\theta^6=e$ であるから正六角形を自分自身に移すすべての合同変換は次の 12 の操作であることがわかる．

$$\{e, \theta, \theta^2, \cdots, \theta^5, \sigma_1, \sigma_2, \cdots, \sigma_6\} \tag{1.19}$$

実際，任意の二つの合同変換を続けて行うことは，集合 (1.19) の中のある一つの操作を 1 回行うことと同じであることが示せる．回転 θ^a を行い，次に回転 θ^b を行った場合は，

$$\theta^b\theta^a=\theta^c, \qquad c=a+b \tag{1.20}$$

ただし $a+b$ が 6 より大きくなるときは 6 を引いた数を c とする．また二つ以上の操作を続けて行うときは，式 (1.20) のように右から順番に操作を行うものとする．このようにして操作の積を定義することができる．

二つの鏡映変換を続けて行うことは回転と同じであることがわかる．例えば図 1.5 でまず σ_1 を行い，さらに σ_2 を行うと，σ_1 の鏡映変換により頂点 2 と 6 が入れ替わり，3 と 5 が入れ替わる．次に σ_2 により頂点 1 と 3，4 と 6 が入れ替わるので，結局 θ^2 を行ったのと同じになることがわかる．

$$\sigma_2\sigma_1=\theta^2 \tag{1.21}$$

他の組合せについても同様にしてもとめることができ，その結果を表 1.1 に挙げてある．ここで操作の順序を入れ替えると結果も違ってくることに注意してほしい．上の例では，

$$\sigma_1\sigma_2=\theta^4 \tag{1.22}$$

である．鏡映変換に回転を行った結果は鏡映になることも確かめることができ

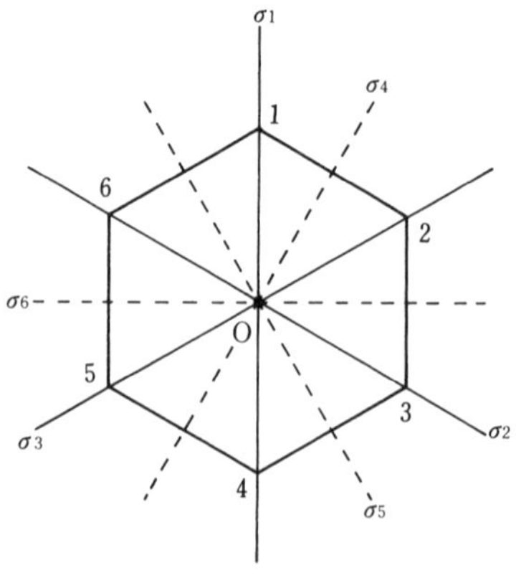

図 1.5　正六角形の合同操作

表 1.1 鏡映を含む二つの合同変換の積 ab

a \ b	σ_1	σ_2	σ_3	σ_4	σ_5	σ_6	θ
σ_1	e	θ^4	θ^2	θ	θ^5	θ^3	σ_4
σ_2	θ^2	e	θ^4	θ^3	θ	θ^5	σ_5
σ_3	θ^4	θ^2	e	θ^5	θ^3	θ	σ_6
σ_4	θ^5	θ^3	θ	e	θ^4	θ^2	σ_3
σ_5	θ	θ^5	θ^3	θ^2	e	θ^4	σ_1
σ_6	θ^3	θ	θ^5	θ^4	θ^2	e	σ_2
θ	σ_5	σ_6	σ_4	σ_1	σ_2	σ_3	θ^2

る．例えば，

$$\theta\sigma_1=\sigma_5 \tag{1.23}$$

となる．その他の組合せについても表 1.1 に示すとおりである．この表を用いれば合同変換を何回続けて行っても，結果は集合 (1.19) のうちの一つの操作に帰着することがわかる．

このように対称性を規定している変換を何回繰り返し行っても，その変換のもとでの対称性は保たれているのである．対称性を保つ操作や変換の集合に対して群の概念を導入することができる．ここで群の定義を与えよう．

群の定義　集合 G の 2 元 a，b に対して積 ab が定義されており，ab も G に属する．すなわち G は積の演算に関して閉じているとする．さらに次の 3 条件が満たされるとき，G を**群**（group）という．

(1)　結合律．任意の三つの元 $a, b, c\in$G に対して $a(bc)=(ab)c$ が成り立つ．

(2)　単位元とよばれる特別な元 e が存在して，すべての $a\in$G に対し $ae=ea=a$ が成り立つ．

(3)　G の任意の元 a に対し，その逆元とよばれる元 a^{-1} が存在して，$aa^{-1}=a^{-1}a=e$ が成り立つ．

群 G に含まれる元の個数を G の位数（order）という．位数が有限である群を有限群といい，そうでない群は無限群という．また群 G の部分集合 H が G の乗法によってまた群となるならば，H を G の**部分群**（subgroup）という．

群 G の部分集合 H が部分群であるための必要十分条件は次の 2 条件である．

(a)　$h_1, h_2 \in \mathrm{H} \Longrightarrow h_1 h_2 \in \mathrm{H}$　(1.24)

(b)　$h \in \mathrm{H} \Longrightarrow h^{-1} \in \mathrm{H}$　(1.25)

証明　H が G の部分群なら(a)，(b)が成り立つことは明らかである．逆に(a)，(b)が成り立てば H が群であることをいう．(a)より H は積の演算に関して閉じている．結合律は H が G の部分集合であるから成り立つ．また(b)より逆元の存在がいえ，(a)，(b)より単位元 $hh^{-1}=e$ が H に含まれる．よって群の 3 条件がすべて満たされるので H は群である．

群の乗法に関して交換律，$ab=ba$ は一般には要求しない．交換律が成り立つ群を**可換群**または**アーベル群**（Abelian group）という．例えば整数の集合 $\mathrm{Z}_n=\{0, 1, 2, \cdots, n-1\}$ において群の乗法を加法で定義し，和が n 以上のとき n の整数倍を引いた残りが Z_n に属するように演算を定義すれば，Z_n はこの演算について群になる．この群は演算が加法で定義されているので交換律が成り立ち，可換群である．このような群を**加法群**または**加群**（additive group）という．二つの整数 N と N' の差が整数 n で割り切れるとき，$N=N' \bmod n$ と表し，N と N' は n を法として等しいという．Z_n は整数 $\mathbf{Z}$ の中で n を法として等しいものを同一視して得られる．群 G のすべての元と可換な元の集合はそれ自身可換な部分群である．これを**群 G の中心**（center）という．

さて正六角形の合同変換からなる集合 (1.19) が群をなすことは容易に確かめることができる．二つの操作を連続して行うことによって積の演算を定義すると，これに対して結合律が成り立つことは明らかである．また恒等変換が単位元になっている．逆元の存在は $\theta^6=e$，$\sigma_i{}^2=e$ より，$(\theta^a)^{-1}=\theta^{6-a}$ $(a=1, \cdots, 5)$，$\sigma_i{}^{-1}=\sigma_i$ である．したがって集合 (1.19) は位数 12 の有限群であることがわかる．また鏡映を含む積の中には可換でないものがあるので，これは可換群ではない．群 (1.19) の中の回転操作のみからなる部分集合 $\{e, \theta, \theta^2, \cdots, \theta^5\}$ はまた群となっていることが容易に示せるから，これは群 (1.19) の部分群である．群 (1.19) を正六角形の**合同変換群**という．

運動量の保存法則を導いたのは平行移動（$\boldsymbol{r} \rightarrow \boldsymbol{r}+\boldsymbol{a}$，$\boldsymbol{a}$ は任意のベクトル）のもとでの空間の対称性である．二つの平行移動を続けて行うことは，

$$\boldsymbol{r}'=\boldsymbol{r}+\boldsymbol{a} \tag{1.26}$$

$$\boldsymbol{r}''=\boldsymbol{r}'+\boldsymbol{b}=\boldsymbol{r}+(\boldsymbol{a}+\boldsymbol{b}) \tag{1.27}$$

であるから，積の演算を平行移動のベクトルの和で定義すると，この乗法のもとで平行移動全体の集合は群をなす．結合律が成り立つのは自明である．単位元はゼロベクトル $\boldsymbol{a}=\boldsymbol{0}$ に対応した平行移動，すなわち恒等変換である．ベクトル $\boldsymbol{a}$ に対応した平行移動の逆元は，$-\boldsymbol{a}$ に対応した平行移動である．また $\boldsymbol{a}+\boldsymbol{b}=\boldsymbol{b}+\boldsymbol{a}$ であるからこの群の乗法には交換律が成り立つ．つまり平行移動全体のつくる群は可換群で，これを**並進群**（translation group）という．平行移動の3次元ベクトルは連続的な値をとる三つの成分で表されるから，この群の元は連続無限個ある．このように群の元が連続的なパラメータによる群を連続群という．これはまた位数が無限大の無限群でもある．

次に群の直積ということについて説明しておこう．二つの群GとKがあるとき，Gの一つの元 g とKの一つの元 k とを取り出して，組 (g,k) をつくる．このような組全体の集合を G⊗K と書くと，これは積の演算，

$$(g_1,k_1)(g_2,k_2)=(g_1g_2,k_1k_2) \tag{1.28}$$

のもとで群をつくることが示せる．この群を群Gと群Kの直積，または直積群というのである．

一般に対称性を規定している変換あるいは操作全体の集合は群をなす．物理において群論が重要であり，かつ有用であるのはこのためである．

問　　題

1.4　正六角形の合同変換群 (1.19) の部分集合 $\{e,\theta^2,\theta^4,\sigma_1,\sigma_2,\sigma_3\}$ はもとの群の部分群になることを示せ．またこれ以外の部分群をすべて求めよ．

1.5　n 個のものを n 個の席に配置し，その配置を入れ替える操作を置換という．席 k にあるものを席 p_k $(k=1,2,\cdots\cdot,n)$ に移す置換を，

$$\begin{pmatrix} 1 & 2 & \cdots\cdot & n \\ p_1 & p_2 & \cdots\cdot & p_n \end{pmatrix}$$

と表す．この置換全体の集合は群をなすことを示せ．これを n 次**対称群**という．

1.6　前問の置換において $(1,2,\cdots\cdot,n)$ を $(p_1,p_2,\cdots\cdot,p_n)$ に並べ換える際，偶(奇)数回の文字の入れ替えが必要なとき，この置換を偶(奇)置換という．偶置換全体の集合は n 次対称群の部分群になることを示せ．これを

n 次**交代群**という．

1.7　集合 $\{c, c^2, \cdots, c^{n-1}, c^n = e\}$ は群になることを示せ．このように n 乗すると単位元になるような元を位数 n の元といい，そのべきからつくられる群を位数 n の**巡回群**という．

1.8　二つの群 G，K の元 $g \in \mathrm{G}$，$k \in \mathrm{K}$ からつくった組 (g, k) の集合 $\mathrm{G} \otimes \mathrm{K}$ が積の演算 (1.28) のもとで群になることを確かめよ．

1.9　2 次元座標系の回転の変換行列（問題 1.3），

$$R(\theta) = \begin{pmatrix} \cos\theta & \sin\theta \\ -\sin\theta & \cos\theta \end{pmatrix}$$

全体の集合は群になることを示せ．

1.3　結　晶　群

結晶のもつ幾何学的な対称性を群を用いて考えてみよう．完全な結晶は周期的構造をもっている．理想的な無限に大きい結晶を考えると，この結晶を不変に保つ変換には，(i) 平行移動，(ii) 回転および反転，鏡映がある．鏡映は一般に回転と反転を組み合わせてつくることができる．結晶の並進対称性は 3 個の基本周期ベクトル $\boldsymbol{t}_1$，$\boldsymbol{t}_2$，$\boldsymbol{t}_3$ を与えることによって表される．結晶を不変にする一般の平行移動ベクトルは，

$$\boldsymbol{t} = n_1\boldsymbol{t}_1 + n_2\boldsymbol{t}_2 + n_3\boldsymbol{t}_3 \tag{1.29}$$

で与えられる．$n_i (i = 1, 2, 3)$ は整数である．これを基本並進ベクトルという．基本周期ベクトル $\boldsymbol{t}_1$，$\boldsymbol{t}_2$，$\boldsymbol{t}_3$ が張る平行六面体は結晶の周期構造の基本単位であり，これを単位セル（unit cell）という．基本並進ベクトル (1.29) の矢印の先端の点を格子点といい，格子点の集まりを**格子**（lattice）という．基本並進ベクトルで表される平行移動の全体は並進群である．

結晶を不変にする回転および反転，鏡映は空間の 1 点を不変にする変換であり，このような変換のつくる群を**点群**（point group）という．また並進まで含めた，結晶を不変にする変換全体のつくる群を**空間群**（space group）という．並進群および点群は空間群の部分群である．結晶の並進対称性は点群に対

して次に述べるような強い制限を与える．

ある格子点を通る軸のまわりの $C_n=2\pi/n$ 回転のもとで結晶が不変であるとすると，可能な n の値は $n=1,2,3,4,6$ に限られるのである．これを見るために格子点を通る一つの基本並進ベクトルを $\boldsymbol{t}^{(0)}$ とし，これに回転操作をつぎつぎに施して得られるベクトルを $\boldsymbol{t}^{(1)},\boldsymbol{t}^{(2)},\cdots,\boldsymbol{t}^{(n)}$ とすると，n 回でもとにもどるから $\boldsymbol{t}^{(0)}=\boldsymbol{t}^{(n)}$ である．$\boldsymbol{t}^{(1)},\boldsymbol{t}^{(2)},\cdots,\boldsymbol{t}^{(n)}$ はすべて基本並進ベクトルで同じ長さである．また $\boldsymbol{t}^{(i)}-\boldsymbol{t}^{(j)}\,(i\neq j)$ も基本並進ベクトルで，これらは図 1.6 から明らかなように回転軸に垂直である．さらに，$\boldsymbol{t}^{(1)}+\boldsymbol{t}^{(2)}+\cdots+\boldsymbol{t}^{(n)}$ もまた基本並進ベクトルで，これは回転軸の方向を向いている．そこで回転軸に垂直な基本並進ベクトルのうちで最も短いものを $\boldsymbol{t}$ とする．これに C_n，C_n^{-1} を作用させたものもまた基本並進ベクトルであるから，両者の和，

$$C_n\boldsymbol{t}+C_n^{-1}\boldsymbol{t}=2\boldsymbol{t}\cos\frac{2\pi}{n} \tag{1.30}$$

もまた基本並進ベクトルである．これは $\boldsymbol{t}$ の整数倍でなければならないから，

$$2\cos\frac{2\pi}{n}=\text{整数} \tag{1.31}$$

である．この条件を満たす n は $n=1,2,3,4,6$ のみである．

このように限られた種類の回転と反転を組み合わせて得られる群は全部で 32 個あることが知られている．これらを結晶点群とよぶ．それらを以下に列記する．

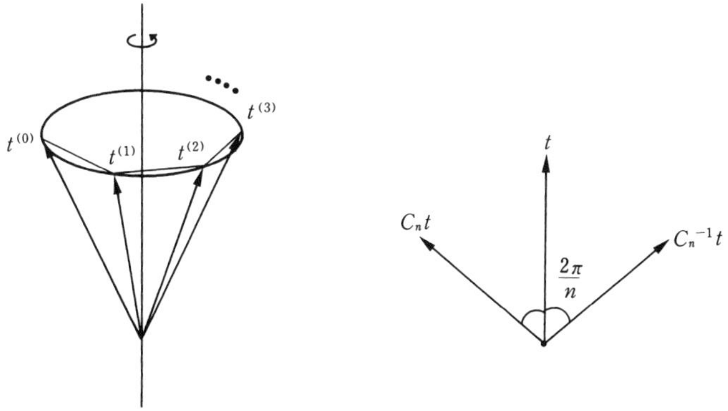

図 1.6　回転を施して得られる基本並進ベクトル

$C_n(n=1,2,3,4,6)$：$2\pi/n$ 回転からなる群.

C_i：反転および恒等変換よりなる群.

$C_{nv}(n=2,3,4,6)$：$2\pi/n$ 回転および回転軸を含む面での鏡映 σ_v よりなる群. 軸のまわりに π/n の間隔をおいて n 個の対称面がある.

$C_{nh}(n=1,2,3,4,6)$：$2\pi/n$ 回転および回転軸に垂直な面での鏡映 σ_h よりなる群.

$S_n(n=4,6)$：$2\pi/n$ 回転の後，回転軸に垂直な面での鏡映を組み合わせた操作 $\sigma_h C_n$ よりなる群. $S_2=C_i$，$S_3=C_{3h}$ である.

$D_n(n=2,3,4,6)$：$2\pi/n$ 回転およびこの回転軸に垂直な軸のまわりの π 回転よりなる群，π 回転の軸は π/n の間隔をおいて n 本ある.

$D_{nd}(n=2,3)$：D_n に，隣り合う π 回転軸のなす角を 2 等分する垂直面での鏡映 σ_d を加えた変換よりなる群.

$D_{nh}(n=2,3,4,6)$：D_n に，$2\pi/n$ 回転軸に垂直な面での鏡映 σ_h を加えた変換のつくる群.

O：正八面体（octahedron）を不変に保つ回転操作からなる群.

O_h：O に反転操作を加えた群.

T：正四面体（tetrahedron）を不変に保つ回転操作からなる群.

T_h：T に反転操作を加えた群.

T_d：正四面体を不変に保つすべての対称操作のつくる群.

以上が 32 個の結晶点群である.

結晶点群の表す対称性を図 1.7 のような投影図で図示することができる. 格子点を一つの面に投影するのである. 面の上方にある点の像は＋で，下方の点の像は○で表す. C_{4v} に対応する図では σ_v の鏡映面が中心を通る実線で表されている. また D_3 の図では π 回転の軸が点線で記されている. すべての結晶点群は表 1.2 のように七つの晶系に分類される. また格子点の配列によって次の 4 種類の格子に分けられる.

P：単純格子. 隅にだけ格子点をもつ. 単純三方格子のみ R と記す.

C：底心格子. 底面と上面の中心にも格子点をもつ.

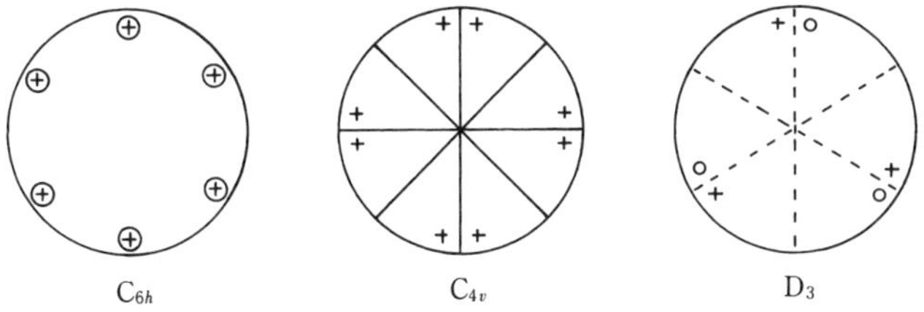

図 1.7 投影図による結晶点群の対称性

表 1.2 結晶格子の分類

晶系	格子の軸と軸角	点群
三斜	$a \neq b \neq c \neq a$, $\alpha \neq \beta \neq \gamma \neq \alpha$	C_1, C_i
単斜	$a \neq b \neq c \neq a$, $\alpha \neq \beta = \gamma = 90°$	C_{1h}, C_2, C_{2h}
直方(斜方)	$a \neq b \neq c \neq a$, $\alpha = \beta = \gamma = 90°$	C_{2v}, D_2, D_{2h}
三方	$a = b = c$, $\alpha = \beta = \gamma < 120°$, $\neq 90°$	C_3, S_6, C_{3v}, D_3, D_{3d}
正方	$a = b \neq c$, $\alpha = \beta = \gamma = 90°$	S_4, D_{2d}, C_4, C_{4h}, C_{4v}, D_4, D_{4h}
六方	$a = b \neq c$, $\alpha = \beta = 90°$, $\gamma = 120°$	C_6, C_{3h}, D_{3h}, C_{6h}, C_{6v}, D_6, D_{6h}
立方	$a = b = c$, $\alpha = \beta = \gamma = 90°$	T, T_h, T_d, O, O_h

F：面心格子．すべての面の中心にも格子点をもつ．

I：体心格子．体心にも格子点をもつ．

それぞれの晶系における格子の種類を考慮すると，図 1.8 に示したように全部で 14 種類の結晶格子がある．これを**ブラベ格子**（Bravais lattice）とよぶ．この図で矢印は基本周期ベクトルを表している．また格子の軸 a, b, c のなす角は $\alpha = \angle bc$, $\beta = \angle ca$, $\gamma = \angle ab$ である．軸 a, b, c の張る平行六面体は単純格子以外は基本周期ベクトルの張る単位セルとは異なっている．このように表した方が対称要素がはっきりするからである．

問　題

1.10 群 O_h は二つの群 O と C_i の直積，

$$O_h = O \otimes C_i$$

によって得られることを示せ．

1.11 D_{6h} および D_{3d} の投影図を書け．

1.12 群 S_4 の独立な元をすべて求めよ．

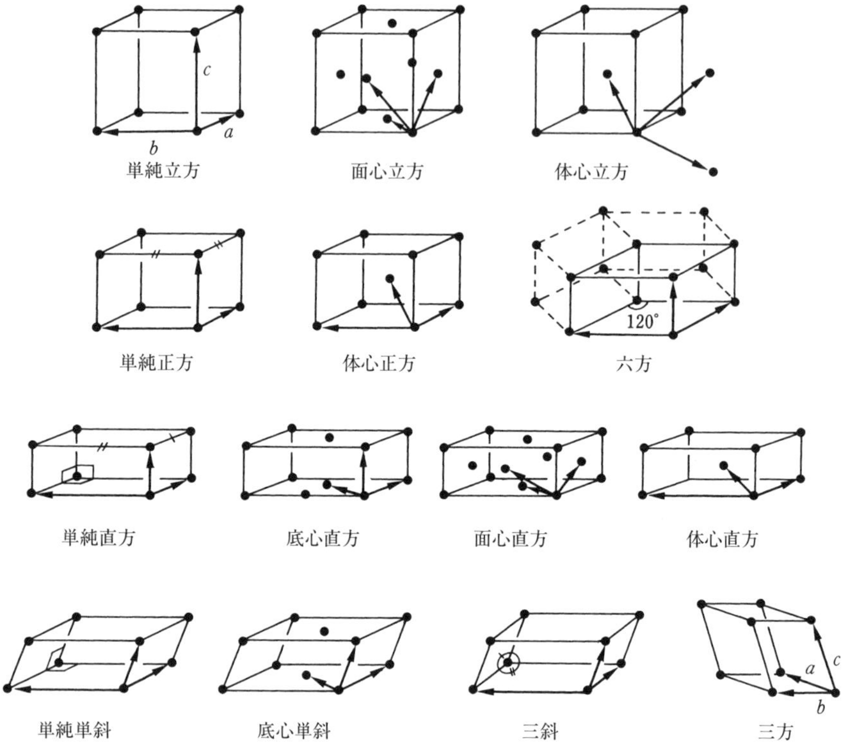

図 1.8　結晶格子の種類

1.4　群論と量子力学

1.1 節では力学を例に保存法則と対称性との関連を述べた．また 1.2 節で述べたように対称性を保つような変換は群をなす．これらのことは量子力学にも容易に拡張できる．量子力学の基礎方程式はシュレーディンガー方程式である．定常状態ではそれは一般に次の固有値方程式の形をしている．

$$H\psi=E\psi \tag{1.32}$$

H はハミルトニアンで，ポテンシャル $V(\boldsymbol{r})$ の中を運動している質量 m の粒

子については,

$$H=-\frac{\hbar}{2m}\nabla^2+V(\boldsymbol{r}) \tag{1.33}$$

である．E はエネルギー固有値，波動関数 ψ はその固有関数である．

はじめに空間の平行移動について考えてみよう．いま対象とする物理系が波動関数 $\psi(\boldsymbol{r})$ で表されているとする．この物理系を $\boldsymbol{u}$ だけ平行移動することは座標系の方を $-\boldsymbol{u}$ だけずらすことと同じだから，移動後の波動関数は,

$$\psi'(\boldsymbol{r})=\psi(\boldsymbol{r}-\boldsymbol{u}) \tag{1.34}$$

となる．平行移動の演算子 $U_T(\boldsymbol{u})$ は,

$$U_T(\boldsymbol{u})\psi(\boldsymbol{r})\equiv\psi'(\boldsymbol{r})=\psi(\boldsymbol{r}-\boldsymbol{u}) \tag{1.35}$$

によって定義される．$U_T(\boldsymbol{u})$ の形を決めるために x 方向の変位を考え，$\psi(\boldsymbol{r}-\boldsymbol{u})$ をテイラー展開すると,

$$\begin{aligned}\psi(\boldsymbol{r}-\boldsymbol{u})&=\left(1-u\frac{\partial}{\partial x}+\frac{u^2}{2!}\frac{\partial^2}{\partial x^2}-\cdots\cdot\right)\psi(x,y,z)\\&=\exp\left(-u\frac{\partial}{\partial x}\right)\psi(\boldsymbol{r})\end{aligned} \tag{1.36}$$

が得られる．したがって一般の変位に関しては $\nabla=(\partial/\partial x,\partial/\partial y,\partial/\partial z)$ を用いて,

$$\psi(\boldsymbol{r}-\boldsymbol{u})=\exp(-\boldsymbol{u}\cdot\nabla)\psi(\boldsymbol{r}) \tag{1.37}$$

であることがわかる．運動量演算子は $\boldsymbol{p}=-i\hbar\nabla$ であるから，式 (1.35) と比べることによって平行移動の演算子は,

$$U_T(\boldsymbol{u})=\exp(-i\boldsymbol{u}\cdot\boldsymbol{p}/\hbar) \tag{1.38}$$

と与えられる．$\boldsymbol{p}$ はエルミート演算子だから $U_T(\boldsymbol{u})$ はユニタリ演算子である．すなわち次の関係が成り立つ．

$$U_T(\boldsymbol{u})^\dagger=U_T(\boldsymbol{u})^{-1} \tag{1.39}$$

平行移動後の波動関数 $\psi'(\boldsymbol{r})$ に対するシュレーディンガー方程式は，式 (1.32) の左から $U_T(\boldsymbol{u})$ を掛けることによって,

$$U_T(\boldsymbol{u})HU_T(\boldsymbol{u})^{-1}\psi'(\boldsymbol{r})=E\psi'(\boldsymbol{r}) \tag{1.40}$$

となる．物理系が平行移動に対して不変ならば $\psi'(\boldsymbol{r})$ はもとの方程式 (1.32) を満たすはずだから,

$$U_T(\boldsymbol{u})HU_T(\boldsymbol{u})^{-1}=H \qquad \text{あるいは} \quad [U_T(\boldsymbol{u}), H]=0 \tag{1.41}$$

が平行移動に対する不変性の条件である．$U_T(\boldsymbol{u})$ は式 (1.38) で与えられるから式 (1.41) は，

$$[\boldsymbol{p}, H]=0 \tag{1.42}$$

と同じことである．運動量演算子 $\boldsymbol{p}$ がハミルトニアン H と可換であるとき，運動量演算子の固有値である系の運動量は保存量となる．したがって物理系が平行移動のもとで不変ならば，系の運動量は保存量であることがいえた．

空間回転についても同様に議論できる．物理系に微小回転 $\delta\boldsymbol{\theta}$ を施すことは座標系を $-\delta\boldsymbol{\theta}$ だけ回すことと同じであるから，式 (1.11) を参考にして，

$$\begin{aligned} U_R(\delta\boldsymbol{\theta})\psi(\boldsymbol{r}) &\equiv \psi'(\boldsymbol{r}) \\ &= \psi(\boldsymbol{r}-\delta\boldsymbol{\theta}\times\boldsymbol{r}) \\ &= \left\{1-(\delta\boldsymbol{\theta}\times\boldsymbol{r})\cdot\nabla+\frac{1}{2!}[(\delta\boldsymbol{\theta}\times\boldsymbol{r})\cdot\nabla]^2-\cdots\cdot\right\}\psi(\boldsymbol{r}) \end{aligned} \tag{1.43}$$

を得る．ベクトルの積の公式 (1.13) より，

$$(\delta\boldsymbol{\theta}\times\boldsymbol{r})\cdot\nabla=\delta\boldsymbol{\theta}\cdot(\boldsymbol{r}\times\nabla)$$

だから，波動関数に対する回転の演算子 $U_R(\delta\boldsymbol{\theta})$ は，

$$U_R(\delta\boldsymbol{\theta})=\exp\left(-\frac{i}{\hbar}\delta\boldsymbol{\theta}\cdot\boldsymbol{L}\right) \tag{1.44}$$

と求められる．ただし $\boldsymbol{L}$ は角運動量演算子，

$$\boldsymbol{L}=\boldsymbol{r}\times\boldsymbol{p}=-i\hbar\boldsymbol{r}\times\nabla \tag{1.45}$$

である．物理系が空間回転のもとで不変なら回転後の波動関数 $\psi'(\boldsymbol{r})$ はもとのシュレーディンガー方程式 (1.32) を満たすことから，式 (1.41)，(1.42) を得たのと同様にして，

$$[U_R(\delta\boldsymbol{\theta}), H]=0 \qquad \text{あるいは} \quad [\boldsymbol{L}, H]=0 \tag{1.46}$$

が空間回転に対する不変性の条件となる．これは角運動量が保存量であることを意味しているから，物理系が空間回転のもとで不変なら角運動量が保存されることがいえた．

一般に波動関数 ψ に対するユニタリ変換 U がハミルトニアン H と可換なら，物理系は変換 U のもとで不変であり，U の固有値は保存量である．そしてこのような変換は群をなすのである．実際にハミルトニアンと可換であるよ

うな変換の集合を $G=\{U, V, \cdots\cdot\}$ とすると，

$$(UV)H(UV)^{-1}=UVHV^{-1}U^{-1}=H$$

だから，積 UV も G に属する．G が 1.2 節に述べた群の条件をすべて満たすことを確かめるのは容易である．空間の平行移動全体のつくる群を並進群といい，空間回転のつくる群を**回転群**という．

物理系に対する変換はこれまで例として述べたような連続的な変換ばかりではない．不連続な変換の例として空間反転を考えよう．これは物理系のすべての粒子の座標 $\boldsymbol{r}_i$ を原点に関して反転させる変換である．

$$P:\boldsymbol{r}_i \longrightarrow -\boldsymbol{r}_i \tag{1.47}$$

このとき波動関数に対する変換 U_P は，

$$U_P\psi(\boldsymbol{r})\equiv\psi'(\boldsymbol{r})=\psi(-\boldsymbol{r}) \tag{1.48}$$

によって定義される．

空間反転を 2 回繰り返すと，$P^2=1$ で物理系はもとにもどる．式 (1.48) を繰り返し使うことによって，

$$U_P{}^2\psi(\boldsymbol{r})=U_P\psi(-\boldsymbol{r})=\psi(\boldsymbol{r})$$

だから，I を恒等変換とすれば

$$U_P{}^2=I$$

となる．物理系が空間反転に対して不変であれば $[U_P, H]=0$ であるから，U_P の固有値 ±1 は保存量である．このような量子数を**パリティ**（parity）という．物理系が空間反転のもとで不変であれば，式 (1.48) よりその波動関数は $\boldsymbol{r}\to-\boldsymbol{r}$ に対し対称か反対称である．U_P の固有値が $1(-1)$ であるような波動関数は対称（反対称）で，そのような固有状態を偶パリティ（奇パリティ）状態という．また，$\{I, U_P, U_P{}^2=I\}$ は位数 2 の巡回群である．

時間の進む向きを逆転する変換，$t\to -t$ を時間反転という．古典力学では粒子の運動はその座標 $\boldsymbol{r}$ を時刻 t の関数 $\boldsymbol{r}(t)$ として与えることによって決まる．時間反転した世界での運動は，

$$\boldsymbol{r}'(t)=\boldsymbol{r}(-t)$$

で表され，この運動は初期条件を適当に選ぶことによって反転前の世界と同じように実現することができる．実際に，力 $\boldsymbol{F}$ が位置 $\boldsymbol{r}$ のみの関数なら運動方程式は

$$m\frac{\mathrm{d}^2\boldsymbol{r}'(t)}{\mathrm{d}t^2}=m\frac{\mathrm{d}^2\boldsymbol{r}(-t)}{\mathrm{d}(-t)^2}=\boldsymbol{F}(\boldsymbol{r}(-t))$$
$$=\boldsymbol{F}(\boldsymbol{r}'(t)) \tag{1.49}$$

と書くことができるから，$\boldsymbol{r}'(t)$ も運動方程式の解である．したがって時間反転した世界での運動は反転前の世界と同じ運動方程式によって実現でき，両者の区別はない．古典力学の運動方程式は時間反転に対して不変である．

量子力学での時間反転を考えるために，簡単のためにポテンシャル $V(\boldsymbol{r})$ の中での粒子の運動を考えよう．ハミルトニアン H は式 (1.33) で与えられる．時間に依存するシュレーディンガー方程式は，

$$i\hbar\frac{\partial}{\partial t}\psi(\boldsymbol{r},t)=\left[-\frac{\hbar^2}{2m}\nabla^2+V(\boldsymbol{r})\right]\psi(\boldsymbol{r},t) \tag{1.50}$$

である．そこで t を $-t$ におき換え，全体の複素共役をとると上式は次のようになる．

$$i\hbar\frac{\partial}{\partial t}\psi^*(\boldsymbol{r},-t)=\left[-\frac{\hbar^2}{2m}\nabla^2+V(\boldsymbol{r})\right]\psi^*(\boldsymbol{r},-t) \tag{1.51}$$

これは $\psi(\boldsymbol{r},t)$ がシュレーディンガー方程式の解なら $\psi^*(\boldsymbol{r},-t)$ も解であることを示している．そして $\psi(\boldsymbol{r},t)$ が＋方向に時間発展するとき，$\psi^*(\boldsymbol{r},-t)$ は－方向に時間発展するから，$\psi^*(\boldsymbol{r},-t)$ は時間反転した世界での波動関数である．時間反転の演算子を T とすると

$$T\psi(\boldsymbol{r},t)=\psi'(\boldsymbol{r},t)=\psi^*(\boldsymbol{r},-t) \tag{1.52}$$

となる．T は t を $-t$ に変換すると同時に複素共役をとる演算である．このような演算子は**反ユニタリ**（antiunitary）**演算子**とよばれ，次の性質がある．

$$(T\psi,T\phi)=(\phi,\psi)=(\psi,\phi)^* \tag{1.53}$$
$$T(a\psi+b\phi)=a^*T\psi+b^*T\phi \tag{1.54}$$

ここで（　,　）は波動関数の張る状態空間上の内積を表す．時間反転の演算子 T は $T^2=I$（恒等変換）を満たすから，$\{I,T\}$ は位数 2 の巡回群である．

問　　題

1.13　空間における平行移動の議論にならって時間における平行移動 $t\to t+\tau$ を考えることができる．波動関数に対する変換の演算子は，

$$U_t(\tau)=\exp\left(-\tau\frac{\partial}{\partial t}\right)$$

で与えられることを示せ．次にハミルトニアンが t に直接よらなければ，上式は $U_t(\tau)=\exp(i\tau H/\hbar)$ と書けることを示せ．このとき，

$$[U_t(\tau), H]=0$$

であるから物理系が時間の平行移動に対して不変ならば系のエネルギーが保存されるというエネルギー保存則が導かれる．

1.14　反ユニタリ演算子に対して式 (1.53) が成り立つことを確かめよ．

2 群の基本概念

2.1 同型と準同型

二つの群 G，G′ があって，元 $g \in \mathrm{G}$ と $g' \in \mathrm{G}'$ のあいだに 1 対 1 の対応があり，積の関係 $g_i g_j = g_k$ に対応して，$g_i' g_j' = g_k'$ が成り立つとき，群 G と G′ は**同型**であるといい，$\mathrm{G} \simeq \mathrm{G}'$ と書く．同型な群は同一の構造をしている．例えば正六角形の回転操作からなる群 $\{e, \theta, \theta^2, \cdots\cdot, \theta^5\}$ は問題 1.7 で取り上げた 6 位の巡回群 $\{c, c^2, \cdots\cdot, c^5, c^6 = e\}$ と同型である．実際，両者のあいだに 1 対 1 対応 $\theta \leftrightarrow c$ を付ければよい．同様に Z_n（加群）の元 $k = 0, 1, 2, \cdots\cdot, n-1$ に対して $c_k = \exp(i2\pi k/n)$ と 1 対 1 対応を付ければ Z_n は n 位の巡回群に同型である．群の元のあいだの 1 対 1 対応を n 対 1 対応に拡張したのが準同型の概念である．これを述べる前に写像に関する用語を説明しておこう．

二つの集合 X，Y のあいだの写像 $f : \mathrm{X} \to \mathrm{Y}$ において Y の任意の元 y に対

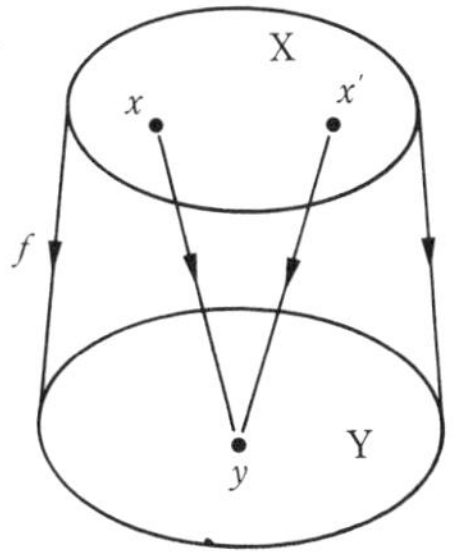

図 2.1 全射

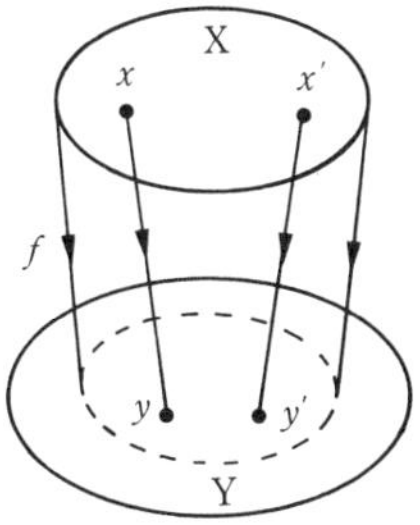

図 2.2 単射

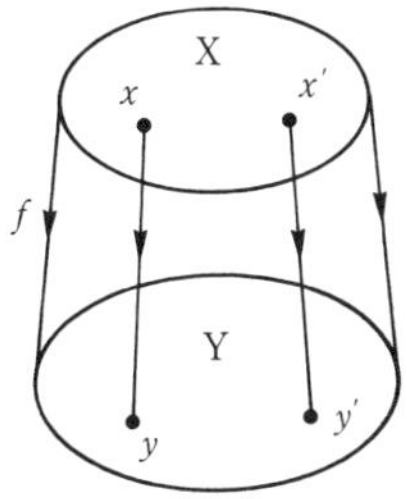

図 2.3 全単射

して，$f(x)=y$ となるような元 x が X の中にあるとき，f を X から Y の上への写像または**全射**という．この場合一般には X の中の複数の元が y に対応している．これに対し X の異なる二つの元 x，x' に対して $f(x) \neq f(x')$ であるとき，f を X から Y への 1 対 1 写像または**単射**という．この場合 $f(\mathrm{X})$ は Y のすべての元をつくしているとは限らない．集合 X と Y のすべての元のあいだに 1 対 1 の対応がある場合，すなわち X から Y の上への 1 対 1 写像，いい換えれば全射かつ単射な写像を**全単射**という．

二つの群 G，G′ があって，G から G′ への全射 f により，G の元 g と G′ の元 g' のあいだに対応関係 $g'=f(g)$ があるとする．このとき G の任意の 2 元 g_i，g_j について，

$$f(g_i)f(g_j)=f(g_ig_j) \tag{2.1}$$

が成り立つとき，f を**準同型写像**（homomorphism）または単に**準同型**という．準同型写像で結ばれる二つの群 G，G′ は**準同型**であるといい，G～G′ と書く．特に写像 f が全単射のときに f を**同型写像**（isomorphism）または単に**同型**といい，このとき G と G′ は同型となる．また，群 G から G 自身への準同型を G の**自己準同型**（endomorphism），同型を**自己同型**（automorphism）という．例えば正六角形の合同変換群 (1.19) の 12 個の元と，位数 2 の巡回群 $\{c, c^2=e\}$ の 2 個の元のあいだに次の全射を定義する．

$$\begin{aligned} f:\quad & (e, \theta, \cdots, \theta^5) && \longrightarrow \quad e \\ & (\sigma_1, \sigma_2, \cdots, \sigma_6) && \longrightarrow \quad c \end{aligned} \tag{2.2}$$

この写像が式 (2.1) を満たすことは表 1.1 を用いてただちに確かめられる．したがって正六角形の合同変換群は位数 2 の巡回群に準同型である．

群 G から群 G′ への準同型写像 f によって G′ の単位元 e' に写像されるような G の元の集合 K を写像 f の**核**（kernel）という．上の例では $(e, \theta, \cdots, \theta^5)$

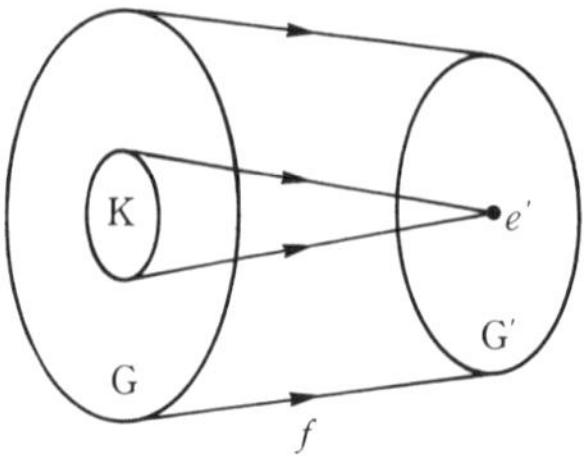

図 2.4　写像 f の核

が写像 f の核である．

問　題

2.1　正四面体の回転と鏡映による合同変換群は 4 次の対称群と同型であることを示せ．

2.2　対称群は位数 2 の巡回群に準同型であることを示せ．またこの準同型写像の核は何か．

2.2 共役元と類

群 G の元 a に対し，gag^{-1} $(g \in \mathrm{G})$ の形の元を a に**共役な元**という．元 a に共役なすべての元の集合 $\{gag^{-1}, {}^{\forall}g \in \mathrm{G}\}$ を a の**共役類**（conjugacy class）または単に**類**という．共役関係は推移的に成り立つ．すなわち a と b が共役で，b と c が共役なら，a と c が共役である．なぜなら，$b = gag^{-1}$，$c = hbh^{-1}$ なら $c = hga(hg)^{-1}$ となって hg も G の元であるからである．したがって類は，その中の 1 個の元を代表として指定すれば定まる．もし元 b が a の共役類に属しているなら，b の共役類は a の共役類に一致する．また b が a の共役類に属さなければ，二つの共役類は完全に分離していて共通な元をもたない．こうして群 G のすべての元を異なる類に類別することができる．

正六角形の合同変換群 (1.19) について共役類への類別を行ってみると，表 1.1 を用いて次のように六つの類に分けられることがわかる．

$$\mathrm{C}_1 = \{e\}, \quad \mathrm{C}_2 = \{\theta, \theta^5\}, \quad \mathrm{C}_3 = \{\theta^2, \theta^4\}$$

$$\mathrm{C}_4 = \{\theta^3\}, \quad \mathrm{C}_5 = \{\sigma_1, \sigma_2, \sigma_3\}, \quad \mathrm{C}_6 = \{\sigma_4, \sigma_5, \sigma_6\}$$

可換群の元はそれ自身単独でそれぞれ別個の類をつくる．

群 G の部分群 H に対し，G の一つの元 g に関する H の各元の共役元の集合，$g\mathrm{H}g^{-1}$ はやはり G の部分群となり，これを H の**共役部分群**という．実際，集合 $g\mathrm{H}g^{-1}$ の任意の二つの元 gh_1g^{-1}，gh_2g^{-1} の積は，

$$(gh_1g^{-1})(gh_2g^{-1}) = gh_1h_2g^{-1} \tag{2.3}$$

となり，$h_1h_2 \in \mathrm{H}$ であるからこれはやはり $g\mathrm{H}g^{-1}$ に属する．また ghg^{-1} の逆

元 $(ghg^{-1})^{-1}=gh^{-1}g^{-1}$ も gHg^{-1} に属する．したがって gHg^{-1} は G の部分群である．この部分群は明らかに H に同型であるが，特に G の任意の元 g に対して，

$$gHg^{-1}=H \tag{2.4}$$

となるような部分群 H を G の**不変部分群**（invariant subgroup）または**正規部分群**（normal subgroup）という．例えば正六角形の合同変換群 (1.19) の部分群 $\{e, \theta, \cdots, \theta^5\}$ は不変部分群であることがわかる．

問　　題

2.3　不変部分群とは部分群であり，かつ類の和になっているものであるともいえることを示せ．

2.4　n 次交代群は n 次対称群の不変部分群であることを示せ．

2.3　剰余類と剰余類群

群 G の部分群 H の各元に G のある元 g を右から掛けて得られる集合 Hg を群 G の H による**右剰余類**（right coset）という．同様に g を左から掛けて得られる集合 gH を**左剰余類**（left coset）という．異なる剰余類は共通な元をもたない．実際，二つの右剰余類 Hg_1，Hg_2 $(g_1 \neq g_2)$ に共通な元があるならば，$hg_1=h'g_2$ となるような h，$h' \in H$ が存在する．これより $g_1=h^{-1}h'g_2$ となって $h^{-1}h' \in H$ だから g_1 は剰余類 Hg_2 に属することになる．これは二つの剰余類が異なるという仮定に反する．左剰余類についても同様にいえるから，異なる剰余類は共通な元をもたないことがいえた．この性質を使って群 G の元の集合を剰余類の和に分解できる．

剰余類分解は一般には次のようにすればよい．部分群 H に属さない元 g_1 をとり右剰余類 Hg_1 をつくる．次に，H にも Hg_1 にも属さない元 g_2 があれば，それを用いて Hg_2 をつくる．以下同様にして剰余類 Hg_i をつくっていけばすべての元がつくされるはずだから，

$$G=H \cup Hg_1 \cup Hg_2 \cup \cdots \tag{2.5}$$

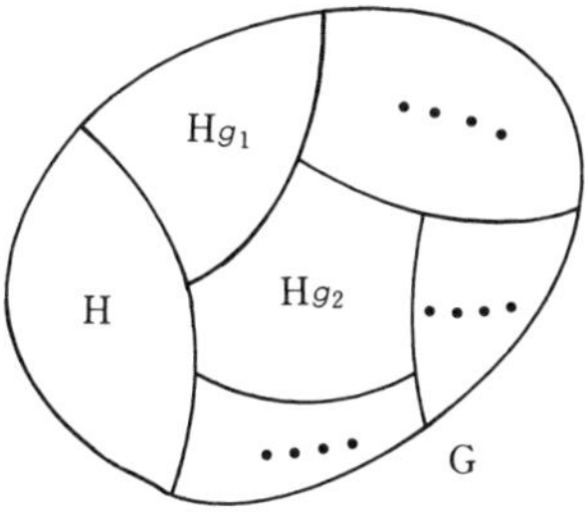

図 2.5　剰余類分解

と分解できる．左剰余類に分解することも同じようにしてできる．有限群の場合には有限個の剰余類で G のすべての元がつくされる．正六角形の合同変換群 (1.19) を例にとって剰余類分解をしてみよう．部分群として $\mathrm{H}=\{e, \theta^2, \theta^4\}$ をとると，$\mathrm{H}\sigma_1=\{\sigma_1, \sigma_2, \sigma_3\}$，$\mathrm{H}\sigma_4=\{\sigma_4, \sigma_5, \sigma_6\}$，$\mathrm{H}\theta=\{\theta, \theta^3, \theta^5\}$ であるから

$$\mathrm{G}=\mathrm{H}\cup\mathrm{H}\sigma_1\cup\mathrm{H}\sigma_4\cup\mathrm{H}\theta \qquad (2.6)$$

という右剰余類分解が得られる．他の部分群をとればそれに応じた剰余類分解ができる．

群 G の不変部分群 H に対しては式 (2.4) が成り立つから，G の任意の元 g に対して，

$$g\mathrm{H}=\mathrm{H}g \qquad (2.7)$$

である．したがって不変部分群による右剰余類と左剰余類とは集合として等しいから，両者を区別する必要はない．二つの剰余類 $\mathrm{H}g_i$，$\mathrm{H}g_j$ に属する元の積は，

$$(hg_i)(h'g_j)=hg_ih'g_i^{-1}g_ig_j=h''g_ig_j \qquad (2.8)$$

となって，これは剰余類 $\mathrm{H}g_ig_j$ に属する．ここで H が不変部分群であることから $g_ih'g_i^{-1}$ は H に属し，したがって $h''=hg_ih'g_i^{-1}\in\mathrm{H}$ であることを用いた．式 (2.8) により二つの剰余類の積がやはり一つの剰余類になっていると考えることができる．

$$(\mathrm{H}g_i)(\mathrm{H}g_j)=\mathrm{H}g_ig_j \qquad (2.9)$$

剰余類の集合の積をこれによって定義すると，剰余類の集合は群をつくる．剰余類を元とするこのような群を**剰余類群** (residue class group)，あるいは**商群** (quotient group) または**因子群** (factor group) といい，G/H と表す．剰余類群の単位元は不変部分群 H である．

例 2.1　正六角形の合同変換群の場合，部分群として $\mathrm{H}=\{e,\theta^2,\theta^4\}$ をとると，これは不変部分群になっていることが容易に確かめられる．このとき剰余類分解は式 (2.6) のようになる．剰余類の集合を $\mathrm{E}=\mathrm{H}$，$\mathrm{C}_1=\mathrm{H}\sigma_1$，$\mathrm{C}_2=\mathrm{H}\sigma_4$，$\mathrm{C}_3=\mathrm{H}\theta$ と表すと，表 1.1 より，

$$\mathrm{C}_i\mathrm{C}_j=\mathrm{C}_k \qquad (i,j,k=1,2,3) \tag{2.10}$$

が成り立つ．ここで i,j,k はそれぞれ 1, 2, 3 およびそれを巡回置換した値をとる．また $\mathrm{C}_i{}^2=\mathrm{E}$ であるから剰余類の集合 $\{\mathrm{E},\mathrm{C}_1,\mathrm{C}_2,\mathrm{C}_3\}$ は剰余類群をなすことがわかる．もとの群の元から剰余類群の元への写像，$\{e,\theta^2,\theta^4\}\to\mathrm{E}$，$\{\sigma_1,\sigma_2,\sigma_3\}\to\mathrm{C}_1$，$\{\sigma_4,\sigma_5,\sigma_6\}\to\mathrm{C}_2$，$\{\theta,\theta^3,\theta^5\}\to\mathrm{C}_3$ は準同型写像であるからこれら二つの群は準同型である．

一般に群 G から剰余類群 G/H の上への写像 $f:\mathrm{G}\to\mathrm{G/H}$ を $f(g_i)=\mathrm{H}g_i$ によって定義すると，式 (2.9) より，

$$f(g_i)f(g_j)=f(g_ig_j) \tag{2.11}$$

が成り立つから f は準同型写像である．したがって群 G と剰余類群 G/H とは準同型である．このとき不変部分群 H は写像 f の核になっている．

さていま群 G に準同型な群 G′ があるとする．準同型写像 $\mathrm{G}\to\mathrm{G}'$ の核 H による剰余類群 G/H も群 G に準同型であるから，

$$\mathrm{G}\sim\mathrm{G}', \qquad \mathrm{G}\sim\mathrm{G/H} \tag{2.12}$$

であるが，このとき G′ と G/H とは同型，$\mathrm{G}'\simeq\mathrm{G/H}$ になるのである．すなわち次の定理が成り立つ．

定理 2.1　準同型定理　G，G′ が準同型であるとし，準同型写像 $f:\mathrm{G}\to\mathrm{G}'$ の核を H とすると H は G の不変部分群になっている．そこで剰余類群 G/H から G′ の上への写像 $\hat{f}:\mathrm{G/H}\to\mathrm{G}'$ を $\hat{f}(\mathrm{H}g_i)=f(g_i)$ によって定義すれば $\hat{f}$ は同型写像である．したがって，$\mathrm{G/H}\simeq\mathrm{G}'$ である．

証明　まず写像 f の核 H が不変部分群であることを示す．$h_1,h_2\in\mathrm{H}$ とすると，H が写像 f の核であることから $f(h_1)=f(h_2)=e'$．ただし e' は G′ の単位元である．したがって $f(h_1h_2)=f(h_1)f(h_2)=e'$ であるから $h_1h_2\in\mathrm{H}$ となる．

部分群であるためのもう一つの条件 (1.25) が成り立つことも容易にいえるのでHはGの部分群である．また任意の元 $g \in \mathrm{G}$，$h \in \mathrm{H}$ に対して，

$$f(ghg^{-1}) = f(g)f(h)f(g^{-1}) = f(g)f(g^{-1}) = e' \tag{2.13}$$

であるから，$ghg^{-1} \in \mathrm{H}$ となってHは不変部分群である．さて，写像 $\hat{f}$ が準同型であることは $\hat{f}$ の定義より明らかであるから，これが1対1であることをいえばよい．異なる剰余類 $\mathrm{H}g_1$，$\mathrm{H}g_2$ が $\hat{f}$ によりそれぞれ G' の元 $f(g_1)$，$f(g_2)$ に写像されたとする．もし $f(g_1) = f(g_2)$ だとすると，

$$f(g_1 g_2{}^{-1}) = f(g_1)f(g_2)^{-1} = e' \tag{2.14}$$

となって，$g_1 g_2{}^{-1} \in \mathrm{H}$ であることになる．これは g_1 が剰余類 $\mathrm{H}g_2$ に属することになり，異なる剰余類の仮定に反する．したがって $f(g_1) \neq f(g_2)$ となって $\hat{f}$ は同型である．

例 2.2 正六角形の合同変換群を考えよう．2.1 節で見たように，これは位数2の巡回群 $\{c, c^2 = e\}$ に準同型である．このときの準同型写像 (2.2) の核は $\mathrm{H} = \{e, \theta, \cdots, \theta^5\}$ であり，これは不変部分群になっている．Hに関する剰余類は，$\mathrm{E} = \mathrm{H}$，$\mathrm{C} = \mathrm{H}\sigma_1 = \{\sigma_1, \cdots, \sigma_6\}$ となり，剰余類の集合 $\{\mathrm{E}, \mathrm{C}\}$ が剰余類群をつくっていることは容易にわかる．準同型定理によりこれは位数2の巡回群 $\{c, c^2 = e\}$ に同型である．このときの同型写像 $\hat{f}$ は，

$$\hat{f} : \mathrm{E} \longrightarrow e, \qquad \mathrm{C} \longrightarrow c \tag{2.15}$$

である．

問　　題

2.5 問題 2.4 で見たように，n 次 $(n \geqq 2)$ 交代群 A_n は n 次の対称群 S_n の不変部分群である．このとき剰余類群 $\mathrm{S}_n/\mathrm{A}_n$ は位数2の巡回群に同型であることを示せ．

2.6 正方形をそれ自身に移す合同変換群について不変部分群をすべて求め，それぞれについて剰余類群をつくってみよ．

2.7 一般に正 n 角形を自分自身に移す合同変換群を**正二面体群** (dihedral group) という．この群の位数は $2n$ で，位数 n の巡回不変部分群をもつ．

この不変部分群に関する剰余類群は位数2の巡回群に同型である．以上を証明せよ．

2.4 群 の 表 現

群とは1.2節で述べた群の条件を満たしさえすれば，その実体はどのようなものでもよい．例えば正多角形をそれ自身に移す操作全体は，二つの操作を続けて行うことによって積を定義すると群になる．この場合は正多角形をそれ自身に移す操作が群を構成している．しかし群の構造を調べるには“操作”を定量的に“表現”する必要がある．そのためには適当な座標系を導入し，そこでの変換として“操作”を表現してやればよい．もう少し一般的にいうと，ベクトル空間を考え，その中での1次変換として群を表現するのである．

ベクトル空間（vector space）とは，ベクトルの集合Vで次の条件を満たすものである．

$$\boldsymbol{x}, \boldsymbol{y} \in \mathrm{V} \quad \text{ならば} \quad a\boldsymbol{x} + b\boldsymbol{y} \in \mathrm{V} \quad (a, b \in \mathbf{C}) \tag{2.16}$$

Cは複素数全体の集合である．また実数全体の集合は**R**で表すことにする．Vの中に1次独立なベクトルが最高n個までとれるとき，Vはn次元であるという．Vの任意の元$\boldsymbol{x}$は1次独立なn個のベクトル$\{\boldsymbol{a}_1, \boldsymbol{a}_2, \cdots\cdots, \boldsymbol{a}_n\}$の1次結合として一意的に表される．

$$\boldsymbol{x} = x_1\boldsymbol{a}_1 + x_2\boldsymbol{a}_2 + \cdots\cdots + x_n\boldsymbol{a}_n \tag{2.17}$$

係数$(x_1, x_2, \cdots\cdots, x_n) \in \mathbf{C}$を基底（basis）$\boldsymbol{a}_1, \boldsymbol{a}_2, \cdots\cdots, \boldsymbol{a}_n$に関するベクトル$\boldsymbol{x}$の成分といい，$\boldsymbol{x} = (x_1, x_2, \cdots\cdots, x_n)$と書く．

ベクトル$\boldsymbol{x}$を$\boldsymbol{x}'$に変化させる作用Tを演算子または作用素（operator）といい，$\boldsymbol{x}' = T\boldsymbol{x}$と書く．演算子$T$が任意の複素数$a$，$b$について次の条件，

$$T(a\boldsymbol{x} + b\boldsymbol{y}) = T(a\boldsymbol{x}) + T(b\boldsymbol{y}) = aT\boldsymbol{x} + bT\boldsymbol{y} \tag{2.18}$$

を満たすとき，これを**1次写像**または**線形写像**（linear mapping）あるいは**1次変換**または**線形変換**（linear transformation）という．この変換によって基底$\boldsymbol{a}_1, \boldsymbol{a}_2, \cdots\cdots, \boldsymbol{a}_n$は同じベクトル空間内のベクトルに変換される．したがって$T\boldsymbol{a}_k$はこの基底の1次結合で表されるから，

$$T\boldsymbol{a}_k=\sum_i \boldsymbol{a}_i T_{ik} \tag{2.19}$$

となる．1次結合の係数 T_{ik} を行列要素とする $n\times n$ 行列 (T_{ik}) を1次変換 T の変換行列という．以下では変換行列も変換 T と同じ文字で表すことにする．この変換によってベクトル $\boldsymbol{x}$ は,

$$\begin{aligned}\boldsymbol{x}'&=\sum_i x_i'\boldsymbol{a}_i\\ &=T\boldsymbol{x}=T\left(\sum_k x_k\boldsymbol{a}_k\right)=\sum_k (T\boldsymbol{a}_k)x_k\\ &=\sum_{i,k}(T_{ik}x_k)\boldsymbol{a}_i\end{aligned} \tag{2.20}$$

と変換されるので，ベクトルの成分のあいだには次の関係が成り立つ．

$$x_i'=\sum_k T_{ik}x_k \tag{2.21}$$

これを x_k に関する n 元1次方程式とみて解くことができれば，逆変換 $\boldsymbol{x}'\to\boldsymbol{x}$ が得られる．そのためには $\det T\neq 0$ が必要かつ十分な条件である．この条件を満たす行列を**正則行列**という．逆変換 $\boldsymbol{x}=T^{-1}\boldsymbol{x}'$ に対応する行列 T^{-1} を T の**逆行列**という．

n 次正則行列の全体の集合は，行列の積,

$$(AB)_{ik}=\sum_j A_{ij}B_{jk} \tag{2.22}$$

に関して閉じている．すなわち二つの n 次正則行列 A, B の積 AB はまた n 次正則行列である．また逆行列を逆元に，単位行列を単位元に対応させれば，この集合は群をなすことがわかる．これを**一般線形変換群** $\mathrm{GL}(n, \mathbf{C})$ という．

群Gから群 $\mathrm{GL}(n, \mathbf{C})$ の中への準同型写像 D をGの**（行列）表現**（representation）という．すなわち群Gの各元 g_i に対応して n 行 n 列の正則行列 $D(g_i)$ が与えられており，群の元のあいだの関係,

$$g_i g_j=g_k \tag{2.23}$$

に対応して，行列のあいだの関係,

$$D(g_i)D(g_j)=D(g_k) \tag{2.24}$$

が成り立っているとき，これを群Gの行列による表現という．また1次変換 D の作用するベクトル空間を**表現空間**といい，この空間の基底を表現の基底という．$D(g_i)$ を**表現行列**といい，行列の大きさ n を**表現の次元**（dimension）という．これはまた表現空間の次元に等しい．群の単位元には単位行列が，逆

元には逆行列が対応することは容易にわかる．群の元と表現行列のあいだの対応は準同型であるから一般には多対1である．例えば群のすべての元に**1**（1行1列の行列）を対応させた表現を**恒等表現**という．特に1対1の対応のとき，すなわち D が同型写像の場合は**忠実な表現**という．

群Gの二つの表現 D, D' の表現行列 $D(g), D'(g)\ (g\in \mathrm{G})$ が正則な行列 V によって同値変換，

$$D'(g)=V^{-1}D(g)V \tag{2.25}$$

で結ばれているとき，二つの表現 D と D' は同値であるという．

群Gの表現 D の表現行列 $D(g)\ (g\in \mathrm{G})$ に同値変換を行うことによって，

$$D(g)=\begin{pmatrix} D_1(g) & 0 & \cdots & 0 \\ 0 & D_2(g) & \cdots & 0 \\ \vdots & \vdots & \ddots & \vdots \\ 0 & 0 & \cdots & D_l(g) \end{pmatrix} \tag{2.26}$$

のようなブロック対角化された形にすることができ，行列 $D_1(g), \cdots\cdot, D_l(g)$ がもはやこれ以上小さなブロック状には対角化できないとき，表現 D は**完全可約**（completely reducible）であるという．式(2.26)で $D_1(g), \cdots\cdot, D_l(g)$ も群Gの表現になっていて，これらを**既約表現**（irreducible representation）という．また表現 D は表現 $D_1, \cdots\cdot, D_l$ の**直和**であるといい，

$$D=D_1\oplus\cdots\cdot\oplus D_l \tag{2.27}$$

と表す．このとき表現 D の次元は表現 $D_1, \cdots\cdot, D_l$ のそれぞれの次元の和に等しい．このように**完全可約な表現はいくつかの既約表現の直和に分解することができる．**

表現行列に対する同値変換(2.25)は，表現空間の基底に対する変換にほかならない．すなわち基底の1次結合，

$$\boldsymbol{a}_i'=\sum_k \boldsymbol{a}_k V_{ki} \tag{2.28}$$

を新しい基底にとり直すことである．この新しい基底に関する表現行列 $D(g)$ がブロック対角化された形になることは，表現空間がいくつかの部分空間に分かれ，群の作用はそれぞれの部分空間の中の1次変換になっていることを意味している．表現が既約であるときは，どのように基底をとっても表現空間をこのようにそれ以上分けることができないのである．

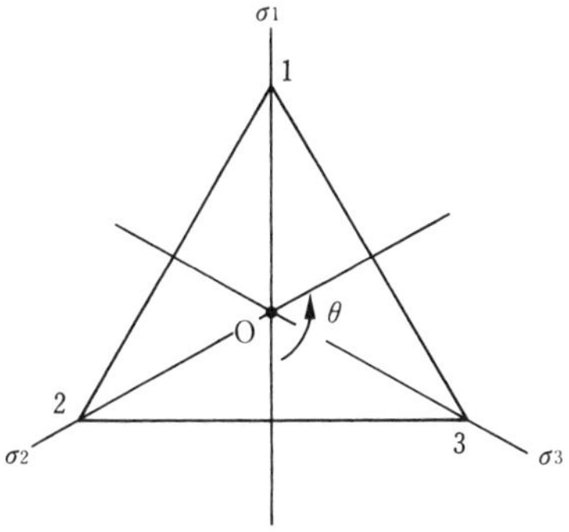

図 2.6 正三角形の合同操作

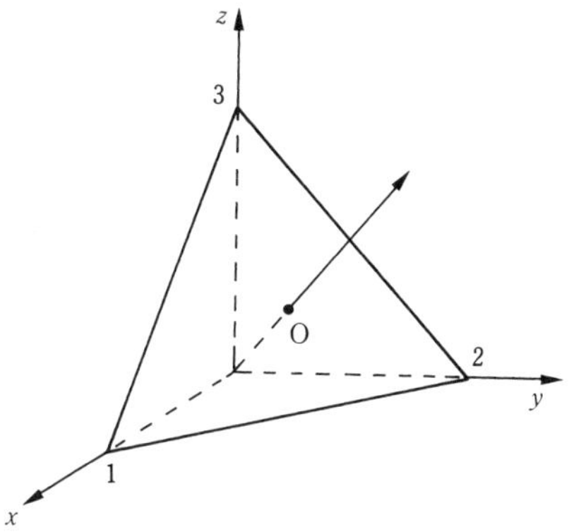

図 2.7 3 次元空間の中の正三角形

これまでに述べたことを簡単な例について具体的に見てみよう．正三角形の合同変換群，すなわち正三角形をそれ自身に移す操作全体の集合 $\{e, \theta, \theta^2, \sigma_1, \sigma_2, \sigma_3\}$ の表現を考える．図 2.6 で正三角形の中心のまわりの $2\pi/3$ 回転を θ で，3 本の対称軸に関する鏡映を σ_i $(i=1, 2, 3)$ で表している．いま 3 次元の直交座標系を導入し，図 2.7 のように正三角形を置いたとする．このとき合同操作によって空間座標がどのように変化するかを見る．例えば θ によって $x \to y$, $y \to z$, $z \to x$ のように変わるから，これを行列表示で表せば，

$$\theta : \begin{pmatrix} x \\ y \\ z \end{pmatrix} \longrightarrow \begin{pmatrix} y \\ z \\ x \end{pmatrix} = \begin{pmatrix} 0 & 1 & 0 \\ 0 & 0 & 1 \\ 1 & 0 & 0 \end{pmatrix} \begin{pmatrix} x \\ y \\ z \end{pmatrix}$$

となる．その他の合同操作についても同様にして，

$$\theta^2 : \begin{pmatrix} x \\ y \\ z \end{pmatrix} \longrightarrow \begin{pmatrix} z \\ x \\ y \end{pmatrix} = \begin{pmatrix} 0 & 0 & 1 \\ 1 & 0 & 0 \\ 0 & 1 & 0 \end{pmatrix} \begin{pmatrix} x \\ y \\ z \end{pmatrix}$$

$$\sigma_1 : \begin{pmatrix} x \\ y \\ z \end{pmatrix} \longrightarrow \begin{pmatrix} x \\ z \\ y \end{pmatrix} = \begin{pmatrix} 1 & 0 & 0 \\ 0 & 0 & 1 \\ 0 & 1 & 0 \end{pmatrix} \begin{pmatrix} x \\ y \\ z \end{pmatrix}$$

$$\sigma_2 : \begin{pmatrix} x \\ y \\ z \end{pmatrix} \longrightarrow \begin{pmatrix} z \\ y \\ x \end{pmatrix} = \begin{pmatrix} 0 & 0 & 1 \\ 0 & 1 & 0 \\ 1 & 0 & 0 \end{pmatrix} \begin{pmatrix} x \\ y \\ z \end{pmatrix}$$

$$\sigma_3 : \begin{pmatrix} x \\ y \\ z \end{pmatrix} \longrightarrow \begin{pmatrix} y \\ x \\ z \end{pmatrix} = \begin{pmatrix} 0 & 1 & 0 \\ 1 & 0 & 0 \\ 0 & 0 & 1 \end{pmatrix} \begin{pmatrix} x \\ y \\ z \end{pmatrix}$$

となることがわかる．したがってそれぞれの合同操作に次のように行列を対応させると,

$$e \longrightarrow E = \begin{pmatrix} 1 & 0 & 0 \\ 0 & 1 & 0 \\ 0 & 0 & 1 \end{pmatrix}, \qquad \theta \longrightarrow \Theta = \begin{pmatrix} 0 & 1 & 0 \\ 0 & 0 & 1 \\ 1 & 0 & 0 \end{pmatrix}$$

$$\theta^2 \longrightarrow \Theta^2 = \begin{pmatrix} 0 & 0 & 1 \\ 1 & 0 & 0 \\ 0 & 1 & 0 \end{pmatrix}, \qquad \sigma_1 \longrightarrow \Sigma_1 = \begin{pmatrix} 1 & 0 & 0 \\ 0 & 0 & 1 \\ 0 & 1 & 0 \end{pmatrix}$$

$$\sigma_2 \longrightarrow \Sigma_2 = \begin{pmatrix} 0 & 0 & 1 \\ 0 & 1 & 0 \\ 1 & 0 & 0 \end{pmatrix}, \qquad \sigma_3 \longrightarrow \Sigma_3 = \begin{pmatrix} 0 & 1 & 0 \\ 1 & 0 & 0 \\ 0 & 0 & 1 \end{pmatrix}$$

これらの行列の集合 $\{E, \Theta, \Theta^2, \Sigma_1, \Sigma_2, \Sigma_3\}$ は行列の積の演算に関して合同変換群と同じ構造をしており，群の 3 次元表現になっている．表現空間は 3 次元直交座標空間である．またこの表現は以下に見るように完全可約である．

いま，表現空間の座標軸を回転して，z 軸が正三角形の回転軸に一致するようにしよう．まずはじめに z 軸のまわりの負の方向（時計まわり）に座標を $\pi/4$ 回転する．こうすると正三角形の回転軸は y-z 面内に入る．空間の基底は式 (2.28) に従って変換されるから，この回転に対する変換行列は,

$$V^{(1)} = \begin{pmatrix} \frac{1}{\sqrt{2}} & \frac{1}{\sqrt{2}} & 0 \\ -\frac{1}{\sqrt{2}} & \frac{1}{\sqrt{2}} & 0 \\ 0 & 0 & 1 \end{pmatrix} \tag{2.29}$$

となる．次に x 軸のまわりの負の方向に $\theta = \tan^{-1}\sqrt{2}$ だけ回転すると，新しい z 軸は正三角形の回転軸に一致することになる．このときの変換行列は,

$$V^{(2)}=\begin{pmatrix} 1 & 0 & 0 \\ 0 & \dfrac{1}{\sqrt{3}} & \sqrt{\dfrac{2}{3}} \\ 0 & -\sqrt{\dfrac{2}{3}} & \dfrac{1}{\sqrt{3}} \end{pmatrix} \tag{2.30}$$

となる．したがって全体の変換行列は，

$$V=V^{(1)}V^{(2)}=\begin{pmatrix} \dfrac{1}{\sqrt{2}} & \dfrac{1}{\sqrt{6}} & \dfrac{1}{\sqrt{3}} \\ -\dfrac{1}{\sqrt{2}} & \dfrac{1}{\sqrt{6}} & \dfrac{1}{\sqrt{3}} \\ 0 & -\sqrt{\dfrac{2}{3}} & \dfrac{1}{\sqrt{3}} \end{pmatrix}$$

$$V^{-1}=\begin{pmatrix} \dfrac{1}{\sqrt{2}} & -\dfrac{1}{\sqrt{2}} & 0 \\ \dfrac{1}{\sqrt{6}} & \dfrac{1}{\sqrt{6}} & -\sqrt{\dfrac{2}{3}} \\ \dfrac{1}{\sqrt{3}} & \dfrac{1}{\sqrt{3}} & \dfrac{1}{\sqrt{3}} \end{pmatrix} \tag{2.31}$$

であることがわかる．そこで表現行列に対して式 (2.25) の同値変換を行うと，

$$E'=E, \qquad \Theta'=\begin{pmatrix} -\dfrac{1}{2} & \dfrac{\sqrt{3}}{2} & 0 \\ -\dfrac{\sqrt{3}}{2} & -\dfrac{1}{2} & 0 \\ 0 & 0 & 1 \end{pmatrix}$$

$$\Theta'^2=\begin{pmatrix} -\dfrac{1}{2} & -\dfrac{\sqrt{3}}{2} & 0 \\ \dfrac{\sqrt{3}}{2} & -\dfrac{1}{2} & 0 \\ 0 & 0 & 1 \end{pmatrix}, \qquad \Sigma'_1=\begin{pmatrix} \dfrac{1}{2} & \dfrac{\sqrt{3}}{2} & 0 \\ \dfrac{\sqrt{3}}{2} & -\dfrac{1}{2} & 0 \\ 0 & 0 & 1 \end{pmatrix} \tag{2.32}$$

$$\Sigma'_2=\begin{pmatrix} \dfrac{1}{2} & -\dfrac{\sqrt{3}}{2} & 0 \\ -\dfrac{\sqrt{3}}{2} & -\dfrac{1}{2} & 0 \\ 0 & 0 & 1 \end{pmatrix}, \qquad \Sigma'_3=\begin{pmatrix} -1 & 0 & 0 \\ 0 & 1 & 0 \\ 0 & 0 & 1 \end{pmatrix}$$

とブロック対角化される．これらの行列の中の 2 行 2 列の行列部分はまた群の表現になっていて，2 次元表現を構成している．1 行 1 列の部分は恒等表現になっている．したがって，3 次元表現が 2 次元表現と 1 次元表現の直和に分解された．この 2 次元表現はもうそれ以上小さい次元の表現に分解できないので既約である．このように表現空間の基底を変換することによって，もとの表現を既約な表現の直和に分解することができた．

さて，群 G の元に対応する 1 次変換の作用のもとで表現空間の中のベクトルはまたその空間の中のベクトルに変換され，空間の外にはみだすことはない．すなわち表現空間は群のすべての元に対応する変換のもとで不変になっている．このような空間を群 G に関する**不変部分空間**（invariant subspace）という．群の表現空間はその群の不変部分空間である．完全可約な表現の表現空間である不変部分空間はさらにいくつかの不変部分空間に分解することができる．この分解を進めていって，それ以上分解すると不変性が破れてしまうような不変部分空間を既約であるという．既約な不変部分空間の基底が既約表現の基底であることはこれまでに述べたことから明らかであろう．

表現の既約性に関して次の定理が有用である．

定理 2.2　群 G の二つの既約表現を D_1，D_2 とし，それぞれの表現空間を V_1，V_2 とする．V_1 から V_2 への 1 次変換 A がすべての $g\in\mathrm{G}$ に対して，

$$AD_1(g)=D_2(g)A$$

を満たすなら，A は V_1 から V_2 への同型写像であるか，$A=0$ である．

証明　A の核 $\mathrm{N}=\{x\in\mathrm{V}_1,\ Ax=0\}$ に対し，$AD_1(g)x=D_2(g)Ax=0$ であるから $D_1(g)x\in\mathrm{N}$，すなわち N は既約な不変部分空間である．ゆえに $\mathrm{N}=\mathrm{V}_1$ であるか $\mathrm{N}=0$ である．$\mathrm{N}=\mathrm{V}_1$ であれば $A=0$ であり，$\mathrm{N}=0$ ならば A は $A\neq0$ で単射である．このとき $x\in\mathrm{V}_1$ に対して $D_2Ax=AD_1x\in\mathrm{V}_2$ であるから V_1 の像 $A\mathrm{V}_1$ は D_2 のもとで不変である．したがって D_2 の既約性により $A\mathrm{V}_1=\mathrm{V}_2$ となり，A は V_1 から V_2 への全単射である．

定理 2.3　シューア（Schur）のレンマ

群 G の完全可約な表現 D が既約であるための必要十分条件は，すべての $D(g)$

$(g\in \mathrm{G})$ と可換な1次変換 A が $A=a\mathbf{1}$ $(a\in\mathbf{C})$ に限られることである．

必要条件の証明　a を A の固有値とし，$B=A-a\mathbf{1}$ とすると $\det B=0$ である．このときすべての $g\in\mathrm{G}$ に対し $BD(g)=D(g)B$ であるから定理2.2により B は同型写像であるか $B=0$ である．しかし $\det B=0$ だから同型写像ではありえない．したがって表現 D が既約なら $B=0$，すなわち $A=a\mathbf{1}$ である．

十分条件の証明　完全可約な表現 D が既約でないときはすべての $D(g)$ と可換であって，$A=a\mathbf{1}$ でないものがあることをいえばよい．D が完全可約のとき，その表現空間 V は既約な不変部分空間 $\mathrm{V}_1,\cdots\cdots,\mathrm{V}_n$ の直和である．したがって V の任意のベクトル $\boldsymbol{x}$ は

$$\boldsymbol{x}=\boldsymbol{x}_1+\cdots\cdots+\boldsymbol{x}_n \qquad (\boldsymbol{x}_i\in\mathrm{V}_i)$$

と一意的に分解できる．そこで V 上の1次変換を $A\boldsymbol{x}=a_1\boldsymbol{x}_1+\cdots\cdots+a_n\boldsymbol{x}_n$ $(a_1,\cdots\cdots,a_n\in\mathbf{C})$ によって定義すると，A はすべての $D(g)$ と可換であり，かつ $a\mathbf{1}$ という形ではない．以上で定理2.3が証明できた．

次に直積表現について述べておこう．1.2節で述べた直積群と混同しないよう注意しておく．いま，群Gの二つの表現 $D^{(a)}$，$D^{(b)}$ を考え，その基底をそれぞれ $\boldsymbol{a}_1,\boldsymbol{a}_2,\cdots\cdots,\boldsymbol{a}_n$ および $\boldsymbol{b}_1,\boldsymbol{b}_2,\cdots\cdots,\boldsymbol{b}_m$ とする．この2組の基底から nm 個の積 $\boldsymbol{a}_i\boldsymbol{b}_j$ をつくると，これらは群Gの作用により，

$$g:\boldsymbol{a}_i\boldsymbol{b}_j \longrightarrow \sum_k\sum_l \boldsymbol{a}_k\boldsymbol{b}_l D_{ki}{}^{(a)}(g)D_{lj}{}^{(b)}(g) \tag{2.33}$$

と変換する．ここで，

$$[D^{(a\times b)}(g)]_{kl,ij}\equiv D_{ki}{}^{(a)}(g)D_{lj}{}^{(b)}(g) \tag{2.34}$$

を行列 $D_{ki}{}^{(a)}(g), D_{lj}{}^{(b)}(g)$ の直積，あるいはテンソル積という．これは (k,l) と (i,j) を添字とする nm 行 nm 列の行列と見ることができ，$g,g'\in\mathrm{G}$ に対して，

$$D^{(a\times b)}(g)D^{(a\times b)}(g')=D^{(a\times b)}(gg') \tag{2.35}$$

が成り立つことがわかる．したがって $D^{(a\times b)}$ は $\{\boldsymbol{a}_i\boldsymbol{b}_j;i=1,2,\cdots\cdots,n,\ j=1,2,\cdots\cdots,m\}$ を基底とする nm 次元の表現になっており，これを表現 $D^{(a)}$，$D^{(b)}$ の**直積表現**といって，$D^{(a)}\otimes D^{(b)}$ と書く．表現の直積をつくることによってより高い次元の表現をつくることができる．この際注意すべきことは，もとの表

現 $D^{(a)}$, $D^{(b)}$ が既約であっても，それらの直積表現 $D^{(a)} \otimes D^{(b)}$ は既約であるとは限らない．直積表現の中にどのような既約表現が含まれているかを知ることによって，高次元の既約表現を求めることができる．具体例については後の章で扱うことにする．

問　　題

2.8 ベクトル空間の基底の変換 (2.28) のもとで，行列は (2.25) の変換を受けることを確かめよ．またベクトル $\boldsymbol{x}=\sum_i x_i \boldsymbol{a}_i=\sum_i x_i' \boldsymbol{a}_i'$ のそれぞれの基底に関する成分 x_i, x_i' は $x_i'=\sum_k V_{ik}{}^{-1} x_k$ と変換されることを示せ．

2.9 3 次元直交座標系の z 軸のまわりの回転（回転角 θ）による基底の変換行列は，

$$V=\begin{pmatrix} \cos\theta & -\sin\theta & 0 \\ \sin\theta & \cos\theta & 0 \\ 0 & 0 & 1 \end{pmatrix}$$

で与えられることを示せ．同様にして x 軸，y 軸のまわりの回転による基底の変換行列を求めよ．

2.10 前問の結果を用いて，変換行列 (2.29), (2.30), (2.31) を確かめよ．

2.11 1 次写像 $A：\mathrm{V}_1 \to \mathrm{V}_2$ が単射すなわち 1 対 1 写像であるための必要十分条件は，1 次写像 A の核 $\mathrm{N}=\{\boldsymbol{x}\in \mathrm{V}_1,\ A\boldsymbol{x}=0\}$ が $\mathrm{N}=0$ となることである．これを証明せよ．

2.12 直積表現 (2.34) が実際に群 G の表現になっていることを確かめよ．

2.5　量子論と群の表現

1.4 節で波動関数 ψ に対するユニタリ変換がハミルトニアン H と可換なら，物理系はこの変換のもとで不変であり，このような変換全体 $\mathrm{G}=\{U, V, \cdots\cdot\}$ は群をなすことを述べた．シュレーディンガー方程式 (1.32) に G に属する変換 U を作用させ，U が H と可換であることを使うと，

$$H(U\psi)=E(U\psi)$$

だから，ψ がシュレーディンガー方程式の解なら $U\psi$ も同じエネルギー固有値 E をもつ解である．$U\psi$ が ψ の定数倍でなければこの固有状態は縮退していることになる．固有値 E に対する一つの固有関数 ψ_1 から出発して，G のすべての元を ψ_1 に作用させることにより独立な固有関数の組 $\psi_1, \psi_2, \cdots, \psi_n$ （$n \leqq g$，g は群 G の位数）を得る．これらの関数は群 G の表現の基底になっている．表現空間はこれらの固有関数によって張られる関数空間である．一般に物理系がある変換 ρ のもとで不変ならそのエネルギー固有状態は縮退しており，縮退した状態の波動関数に対する変換 U_ρ によって群の表現が得られるのである．この表現は一般に既約とは限らない．

例 2.3　1.4 節で述べた空間反転の例を考えてみよう．物理系が空間反転 (1.47)のもとで不変なら，波動関数に対するユニタリ演算子 U_P はハミルトニアン H と可換である．

$$U_P H = H U_P \tag{2.36}$$

恒等変換 I は明らかにハミルトニアンと可換で，$U_P{}^2 = I$ だから，$G=\{I, U_P\}$ は位数 2 の巡回群である．そこでシュレーディンガー方程式の一つの固有関数を ψ_1 とすると，$\psi_1, \psi_2 = U_P\psi_1$ は同じエネルギー状態に属する二つの縮退した固有関数である．これらに対する G の変換は，

$$I\begin{pmatrix}\psi_1\\ \psi_2\end{pmatrix}=\begin{pmatrix}1 & 0\\ 0 & 1\end{pmatrix}\begin{pmatrix}\psi_1\\ \psi_2\end{pmatrix}, \qquad U_P\begin{pmatrix}\psi_1\\ \psi_2\end{pmatrix}=\begin{pmatrix}0 & 1\\ 1 & 0\end{pmatrix}\begin{pmatrix}\psi_1\\ \psi_2\end{pmatrix} \tag{2.37}$$

であるから，行列，

$$\left\{\begin{pmatrix}1 & 0\\ 0 & 1\end{pmatrix}, \begin{pmatrix}0 & 1\\ 1 & 0\end{pmatrix}\right\} \tag{2.38}$$

によって群 G の表現が得られた．ところでこの表現は既約ではない．実際，新しい表現の基底を，

$$\psi_{\mathrm{e}}=\frac{1}{\sqrt{2}}(\psi_1+\psi_2), \qquad \psi_{\mathrm{o}}=\frac{1}{\sqrt{2}}(\psi_1-\psi_2) \tag{2.39}$$

と選ぶと，この基底のもとでの G の変換は次のようになる．

$$I\begin{pmatrix}\psi_{\mathrm{e}}\\ \psi_{\mathrm{o}}\end{pmatrix}=\begin{pmatrix}1 & 0\\ 0 & 1\end{pmatrix}\begin{pmatrix}\psi_{\mathrm{e}}\\ \psi_{\mathrm{o}}\end{pmatrix}, \qquad U_P\begin{pmatrix}\psi_{\mathrm{e}}\\ \psi_{\mathrm{o}}\end{pmatrix}=\begin{pmatrix}1 & 0\\ 0 & -1\end{pmatrix}\begin{pmatrix}\psi_{\mathrm{e}}\\ \psi_{\mathrm{o}}\end{pmatrix} \tag{2.40}$$

したがって行列表現 (2.38) は二つの既約表現の直和に分解できることがわかる．いずれも 1 次元表現で，それぞれ偶パリティ，奇パリティの状態に対応している．

例 2.4　次によく知られた水素原子の場合について考えてみよう．原子核である陽子は電子に比べて無限に重く，中心に固定されているものとする．ハミルトニアンは式 (1.33) においてポテンシャル $V(r)$ をクーロン・ポテンシャル，

$$V(r) = -\frac{e^2}{4\pi\varepsilon_0}\frac{1}{r} \tag{2.41}$$

にとればよい．クーロン・ポテンシャルは中心からの距離 r のみの関数であるから，この系は中心のまわりに回転対称である．したがって式 (1.44) より空間回転の演算子，

$$U_R(\boldsymbol{\theta}) = \exp\left(-\frac{i}{\hbar}\boldsymbol{\theta}\cdot\boldsymbol{L}\right) \tag{2.42}$$

はハミルトニアンと可換であり，系のエネルギーは式 (2.42) の変換に対して縮退しているはずである．

水素原子のシュレーディンガー方程式を解くことにより，その固有状態は三つの量子数 n，l，m で指定されることが知られている．$n=1, 2, 3, \cdots$ は主量子数，$l=0, 1, 2, \cdots$ は軌道角運動量量子数または方位量子数，$m=l, l-1, l-2, \cdots, -l$ は磁気量子数とよばれる．波動関数は，

$$u_{nlm}(r, \theta, \varphi) = R_{nl}(r)\, Y_{lm}(\theta, \varphi) \tag{2.43}$$

という形に表される．(r, θ, φ) は電子の位置ベクトル $\boldsymbol{r}$ を球座標で表したものである．エネルギー固有値は電子質量を m_{e} として，

$$E_n = -\frac{m_{\mathrm{e}}e^4}{32\pi^2{\varepsilon_0}^2\hbar^2}\frac{1}{n^2} \tag{2.44}$$

で与えられるから，l および m の両方について縮退している．l に関する縮退はクーロン・ポテンシャルが $1/r$ に比例することによっている．m に関する縮退がここで問題にしている回転対称性によるものである．固有関数 (2.43) の中で空間回転に関係するのは $Y_{lm}(\theta, \varphi)$ の部分である．関数空間 $\{Y_{lm}(\theta, \varphi)\}$ は空間回転 (2.42) のつくる回転群の表現空間である．この表現は既約で，既約表現は量子数 l で指定される．l の指定された表現では $m=l, l-1, \cdots, -l$

の $(2l+1)$ 個の固有関数 Y_{lm} が表現の基底であるから，表現の次元は $(2l+1)$ 次元となる．固有関数 Y_{lm} は**球面調和関数**とよばれ，これについては 6.2 節で詳しく述べる．Y_{lm} に空間回転の演算子 (2.42) を施したものはまた $(2l+1)$ 個の固有関数 Y_{lm} の 1 次結合で表されるから，

$$\exp\left(-\frac{i}{\hbar}\boldsymbol{\theta}\cdot\boldsymbol{L}\right)Y_{lm}=\sum_{m'=-l}^{l}Y_{lm'}D_{m'm}(\boldsymbol{\theta}) \tag{2.45}$$

係数 $D_{m'm}(\boldsymbol{\theta})$ は回転の演算子 (2.42) の $(2l+1)$ 次表現を与える．空間回転が既約表現の表現空間の中での変換行列として表されるのである．

3 リー群とリー代数

3.1 線形変換群

この章では n 次元ベクトル空間におけるいろいろな1次変換のつくる群について考察する．この群は1次変換の連続的なパラメータによるので連続群である．n 次元複素ベクトル空間における正則な1次変換全体は群をなし，これを**複素一般線形変換群** $\mathrm{GL}(n, \mathbf{C})$ という．これは2.4節で述べたように，n 次複素正則行列全体のつくる群である．この群は線形変換群の中では最も大きな群で，その部分群としていろいろな線形変換群が得られる．特に実ベクトル空間における正則な1次変換全体のつくる群は**実一般線形変換群**とよばれ，$\mathrm{GL}(n, \mathbf{R})$ と表す．これは n 次実正則行列全体のなす群である．また正則行列の中で，行列式が1であるようなものの全体は一般線形変換群の部分群であり，**複素特殊線形変換群** $\mathrm{SL}(n, \mathbf{C})$，あるいは**実特殊線形変換群** $\mathrm{SL}(n, \mathbf{R})$ という．

これまでのベクトル空間にはベクトルの長さ，あるいは2点間の距離というものは定義されていなかった．距離の定義されたベクトル空間を**計量ベクトル空間**という．以下では次のようにベクトルの長さあるいは内積を定義した複素ベクトル空間を考える．これは3次元ユークリッド空間の拡張であると考えられる．n 次元ベクトル空間の基底を $\boldsymbol{e}_1, \boldsymbol{e}_2, \cdots\cdot, \boldsymbol{e}_n$ とし，この基底に関するベクトル $\boldsymbol{v}$ の成分を $v_1, v_2, \cdots\cdot, v_n \in \mathbf{C}$ とすると，

$$\boldsymbol{v} = v_1\boldsymbol{e}_1 + v_2\boldsymbol{e}_2 + \cdots\cdot + v_n\boldsymbol{e}_n \tag{3.1}$$

である．そこで二つのベクトル $\boldsymbol{u}$, $\boldsymbol{v}$ の内積を，

$$(\boldsymbol{u}, \boldsymbol{v}) = u_1{}^* v_1 + u_2{}^* v_2 + \cdots\cdot + u_n{}^* v_n \tag{3.2}$$

で定義する．内積をこのように定義すると，ベクトル空間の基底は，

$$(\boldsymbol{e}_i, \boldsymbol{e}_j) = \delta_{ij} \tag{3.3}$$

を満たしていなければならない．このような性質をもった基底を**正規直交基底**（orthonormal basis）という．実際に式 (3.1) で，$\boldsymbol{u}=\boldsymbol{e}_i$ とおくと，$u_i=1$ 以外は 0 であるから，内積の定義 (3.2) により式 (3.3) が成り立つ．ベクトル $\boldsymbol{v}$ の長さは $(\boldsymbol{v}, \boldsymbol{v})^{1/2}$ で定義される．

そこで内積 $(\boldsymbol{u}, \boldsymbol{v})$ を不変に保つような 1 次変換を考えよう．これを**ユニタリ変換**（unitary transformation）という．変換行列を U とすると，ベクトルの成分は，

$$u'_i = \sum_{j=1}^{n} U_{ij} u_j, \qquad v'_i = \sum_{k=1}^{n} U_{ik} v_k \tag{3.4}$$

と変換されるから，

$$(\boldsymbol{u}', \boldsymbol{v}') = \sum_{i=1}^{n} u'_i{}^* v'_i = \sum_{j,k} \left(\sum_i U_{ij}{}^* U_{ik}\right) u_j{}^* v_k = (\boldsymbol{u}, \boldsymbol{v}) \tag{3.5}$$

であるためには，

$$\sum_{i=1}^{n} U_{ij}{}^* U_{ik} = \delta_{jk} \tag{3.6}$$

でなければならない．U にエルミート共役な行列を $U^\dagger$ とすると，

$$(U^\dagger)_{ji} = U_{ij}{}^* \tag{3.7}$$

であるから，条件 (3.6) より，

$$U^\dagger U = U U^\dagger = 1 \tag{3.8}$$

が導ける．条件 (3.8) が示すように，U のエルミート共役 $U^\dagger$ が U の逆行列 U^{-1} になっているような行列を**ユニタリ行列**（unitary matrix）という．内積を不変に保つような変換の変換行列はユニタリ行列である．ユニタリ行列の全体は群をなす．実際二つのユニタリ行列 U，V の積 UV もまたユニタリ行列であり，単位元および逆元の存在も明らかである．これを n 次**ユニタリ群**（unitary group）といい，$\mathrm{U}(n)$ と表す．さらに制限を加えて，行列式が 1 であるようなユニタリ行列全体のつくる群を**特殊ユニタリ群**（special unitary group）といって，$\mathrm{SU}(n)$ と記す．これは $\mathrm{U}(n)$ の部分群である．

ユニタリ変換は複素ベクトル空間での変換であったが，これを実ベクトル空間に限ったものが**直交変換**（orthogonal transformation）である．すなわち実

ベクトル空間において内積を不変に保つような変換を直交変換といい，その変換行列を**直交行列**（orthogonal matrix）という．式 (3.8) に対応して，直交行列 A は次の条件を満たす．

$$A^{\mathrm{T}}A=AA^{\mathrm{T}}=1 \tag{3.9}$$

ただし A^{T} は A の転置行列，

$$(A^{\mathrm{T}})_{ji}=A_{ij} \tag{3.10}$$

である．直交行列の全体は群をなし，これを**直交群**（orthogonal group）といい，$\mathrm{O}(n)$ と表す．特に行列式が 1 であるような直交行列のつくる群を**特殊直交群**（special orthogonal group）または n 次元**回転群**といい，$\mathrm{SO}(n)$ と記す．これは n 次元実ベクトル空間における回転のなす群である．$\mathrm{O}(n)$ あるいは $\mathrm{SO}(n)$ は実ベクトル空間での群であるが，これを複素ベクトル空間に拡張したのが**複素直交群** $\mathrm{O}(n,\mathbf{C})$ である．これは $v_1{}^2+v_2{}^2+\cdots\cdots+v_n{}^2\,(v_i\in\mathbf{C})$ を不変に保つような複素直交変換あるいは複素直交行列のつくる群である．

以上のほかに**シンプレクティック群**（symplectic group）とよばれる群がある．これは次の条件，

$$A^{\mathrm{T}}JA=J, \qquad J=\begin{pmatrix} 0 & \mathbf{1} \\ -\mathbf{1} & 0 \end{pmatrix} \qquad (\mathbf{1}\text{ は }n\times n\text{ 単位行列}) \tag{3.11}$$

を満たす $2n\times 2n$ 実行列 A の全体のつくる群で，$\mathrm{Sp}(n,\mathbf{R})$ と記す．また式 (3.11) で A を $2n\times 2n$ 複素行列に一般化したものを複素シンプレクティック群といい，$\mathrm{Sp}(n,\mathbf{C})$ と表す．特に A がユニタリ行列の場合にはユニタリ・シンプレクティック群とよび，$\mathrm{Sp}(n)$ と表す．

4 次元実ベクトル空間で内積が，

$$\langle x,y\rangle=x_1y_1-x_2y_2-x_3y_3-x_4y_4 \tag{3.12}$$

で定義された空間を**ミンコフスキー空間**（Minkowski space）という．$\langle x,y\rangle$ を不変にする 1 次変換を**ローレンツ変換**（Lorentz transformation）といって，特殊相対論において重要な変換である．ローレンツ変換の全体は群をつくり，これを**ローレンツ群**という．一般に $(m+n)$ 次元実ベクトル空間において内積が，

$$\langle x,y\rangle=x_1y_1+\cdots\cdots+x_my_m-x_{m+1}y_{m+1}-\cdots\cdots-x_{m+n}y_{m+n} \tag{3.13}$$

で定義されているとき，これを不変にする 1 次変換の全体は群をつくり，これ

を O(n, m) と表す．4 次元ミンコフスキー空間におけるローレンツ群は O$(3, 1)$ である．

以上で述べたような線形変換群は**線形リー群**（Lie group）とよばれるものである．一般に GL$(n, \mathbf{C})$ の部分群 G で，GL$(n, \mathbf{C})$ の中で閉じているものを n 次の線形リー群という．部分群 G が GL$(n, \mathbf{C})$ の中で閉じているとは，G に属する元の列 A_n をとったとき，$\lim_{n\to\infty} A_n = A \in \mathrm{GL}(n, \mathbf{C})$ ならば $A \in \mathrm{G}$ となっていることである．例えば G として SU(n) を考えると，A_n はユニタリ行列であり $A_n{}^\dagger A_n = A_n A_n{}^\dagger = 1$ を満たしている．$\lim_{n\to\infty} A_n = A$ ならば A もユニタリ行列の条件を満たすことは明らかだから，SU(n) は GL$(n, \mathbf{C})$の中で閉じており，n 次の線形リー群である．極限をとる操作は和および積を保つから，線形変換群を定義する行列の関係も保たれる．したがってこの節で述べた線形変換群はすべて GL$(n, \mathbf{C})$ の部分群であり，GL$(n, \mathbf{C})$ の中で閉じていることがいえる．

問　　題

3.1　ユニタリ変換の条件 (3.6) から式 (3.8) の前半の関係，$U^\dagger U = 1$ はただちに導ける．後半の関係，$UU^\dagger = 1$ はどのようにして導けるか．

3.2　直交行列の全体および行列式が 1 であるような直交行列の全体はそれぞれ群の定義を満たすことを具体的に確かめよ．

3.3　シンプレクティック群 Sp$(n, \mathbf{R})$ は，$2n$ 次元実ベクトル空間の 2 次形式，

$$x_1 y_{n+1} - x_{n+1} y_1 + x_2 y_{n+2} - x_{n+2} y_2 + \cdots\cdot + x_n y_{2n} - x_{2n} y_n$$

を不変にするような 1 次変換の変換行列のつくる群であることを示せ．

3.4　SL$(n, \mathbf{C}/\mathbf{R})$ は GL$(n, \mathbf{C}/\mathbf{R})$ の不変部分群であることを示せ．

3.5　2 次元ミンコフスキー空間におけるローレンツ変換の変換行列は，

$$V = \begin{pmatrix} \cosh\zeta & \sinh\zeta \\ \sinh\zeta & \cosh\zeta \end{pmatrix}$$

で与えられることを導き，このような変換行列の全体は群になることを示せ．

3.2　無限小変換とリー代数

線形リー群の単位元 e は恒等変換である．単位元のごく近くにある元は微小変換を表している．例として 2 次元回転群 SO(2) を考えよう．これは 2 次元の座標回転であるから，その元は，

$$A(t)=\begin{pmatrix}\cos t & -\sin t\\ \sin t & \cos t\end{pmatrix} \tag{3.14}$$

である．実変数 t が 0 のとき，$A(0)$ が単位元である．十分小さな t に対する変換 $A(t)$ が単位元の近傍にある元である．t が十分小さいとき，

$$A(t)\simeq A(0)+A'(0)t$$

であるから，単位元の近傍にある元のふるまいは $t=0$ における微係数 $A'(0)$ によって決まる．$A'(0)$ をパラメータ t に関する**無限小変換**または**接変換**という．しかしここで非常に重要なことは，もし初めに $t=0$ において $A'(0)$ が与えられていれば，単位元の近傍だけでなく，任意の t に対する $A(t)$ をも知ることができるということである．実際に $A(t)$ は次の微分方程式に従うことがわかる．

$$\frac{\mathrm{d}}{\mathrm{d}t}A(t)=XA(t),\qquad X=A'(0) \tag{3.15}$$

すなわち $A(t)$ は線形微分方程式 (3.15) の初期条件 $A(0)=1$ のもとでの解であり，それは微分方程式の解の一意性により X によって一意的に定まる．この意味で X を SO(2) の**生成子**（generator）という．

さて，式 (3.15) の形の微分方程式は指数関数の解を与えるものである．ただしいまの場合，解は行列の指数関数である．

$$A(t)=\exp(tX),\qquad X=\begin{pmatrix}0 & -1\\ 1 & 0\end{pmatrix} \tag{3.16}$$

一般に正方行列 A の指数関数 $\exp A$ は無限級数，

$$\exp A=1+A+\frac{A^2}{2!}+\cdots=\sum_{n=0}^{\infty}\frac{A^n}{n!} \tag{3.17}$$

によって定義される．この級数は任意の行列 A に対して絶対収束することが

知られている．したがって行列 $\exp(tX)$ の各成分は任意の t について収束する t のべき級数で表されるから，

$$\begin{aligned} &A'(t)=X+tX^2+\cdots\cdots=X\exp(tX)=XA(t) \\ &A(0)=1 \end{aligned} \tag{3.18}$$

となって，たしかに式 (3.16) は微分方程式 (3.15) のただ一つの解である．

ここで式 (3.16) が式 (3.14) に等しいことを実際に確かめてみよう．行列の指数関数の定義より，

$$\begin{aligned} \exp(tX) &= \sum_{n=0}^{\infty}\frac{t^nX^n}{n!} \\ &= \sum_{m=0}^{\infty}\frac{(-1)^m t^{2m}}{(2m)!}\mathbf{1}+\sum_{m=0}^{\infty}\frac{(-1)^m t^{2m+1}}{(2m+1)!}\begin{pmatrix}0 & -1\\ 1 & 0\end{pmatrix} \end{aligned} \tag{3.19}$$

ただしここで級数を偶数べきと奇数べきに分け，行列 X の性質，

$$X^{2m}=(-1)^m\mathbf{1},\qquad X^{2m+1}=(-1)^m X \tag{3.20}$$

を用いた．三角関数のべき級数表示，

$$\sin t=\sum_{m=0}^{\infty}\frac{(-1)^m t^{2m+1}}{(2m+1)!},\qquad \cos t=\sum_{m=0}^{\infty}\frac{(-1)^m t^{2m}}{(2m)!} \tag{3.21}$$

を用いれば式 (3.19) よりただちに式 (3.14) が得られる．

もう少し一般的な例として，3 次元回転群 SO(3) の場合を考えよう．この群の元は行列式が 1 であるような 3×3 直交行列 O である．

$$O^{\mathrm{T}}O=1 \tag{3.22}$$

この条件は 9 個の行列成分のあいだに 6 個の関係を与えるから，直交行列 O の独立な成分の数，すなわち自由度は 3 である．単位元の近傍にある元を $O=1+M$ と表すと，

$$O^{\mathrm{T}}O=(1+M^{\mathrm{T}})(1+M)=1 \tag{3.23}$$

M の行列成分は微小量であるから 2 次以上を無視すると，

$$M+M^{\mathrm{T}}=0,\qquad M^{\mathrm{T}}=-M \tag{3.24}$$

すなわち M は実交代行列である．その一般形は t^1，t^2，t^3 が微小量のとき，

$$M=\begin{pmatrix}0 & t^3 & -t^2\\ -t^3 & 0 & t^1\\ t^2 & -t^1 & 0\end{pmatrix}=\sum_{i=1}^{3}X_i t^i \tag{3.25}$$

と書ける．3 個のパラメータ t^i に対応して 3 個の無限小変換 X_i，

$$X_1=\begin{pmatrix}0&0&0\\0&0&1\\0&-1&0\end{pmatrix},\qquad X_2=\begin{pmatrix}0&0&-1\\0&0&0\\1&0&0\end{pmatrix}$$
$$X_3=\begin{pmatrix}0&1&0\\-1&0&0\\0&0&0\end{pmatrix} \tag{3.26}$$

が得られる．任意の大きさの t^i に対して，$\exp(t^1X_1)$，$\exp(t^2X_2)$，$\exp(t^3X_3)$ はそれぞれ SO(3) の部分群 SO(2) で，**1 助変数部分群**（one parameter subgroup）とよばれる．これらは 3 次元の三つの座標軸のまわりの回転を表している．後に一般的な定理として述べるが，ここでも重要なことは無限小変換 X_i が与えられたとき SO(3) の単位元と連続的につながる任意の元は 3 個のパラメータ t^i によって $\exp(\sum_{i=1}^{3} t^iX_i)$ と与えられることである．X_i は SO(3) の生成子である．

ここで一般論を述べよう．線形リー群の元である行列の独立成分の数を d とすると，d 個のパラメータ $t^i(i=1,\cdots\cdot,d)$ に対応して d 個の独立な無限小変換 X_i がある．これら X_i の張るベクトル空間を線形リー群の**リー代数**という．また d を**リー群の次元**という．$\mathrm{GL}(n,\mathbf{C})$ の次元は $d=2n^2$ であるから，リー代数は n 次の複素正方行列の全体である．同様に $\mathrm{GL}(n,\mathbf{R})$ のリー代数は n 次実正方行列の全体である．$\mathrm{SL}(n,\mathbf{C})$ は行列式が 1 の複素行列の全体であるから単位元の近傍にある元を $T=1+M$ と表すと，微小量について 2 次以上を無視して，

$$\begin{aligned}\det T&=(1+m_1)(1+m_2)\cdots\cdot(1+m_n)\\&\simeq 1+(m_1+m_2+\cdots\cdot+m_n)\\&=1+\mathrm{Tr}\,M=1\end{aligned} \tag{3.27}$$

ここで $m_i(i=1,\cdots\cdot,n)$ は M の対角成分である．したがって行列式が 1 という条件は無限小変換 X_i のトレースが $\mathrm{Tr}\,X_i=0$ ということになる．$\mathrm{SL}(n,\mathbf{C})$ のリー代数は $\mathrm{Tr}\,X=0$ となるような n 次複素正方行列 X の全体である．同様に $\mathrm{SL}(n,\mathbf{R})$ のリー代数はトレースが 0 となるような n 次実正方行列の全体である．

ユニタリ群 $\mathrm{U}(n)$ はユニタリ行列の全体である．n 次ユニタリ行列 U に対す

るユニタリ条件 $U^\dagger U=1$ は行列成分のあいだに n^2 個の条件を与えるから，U の独立な成分は $d=2n^2-n^2=n^2$ である．単位元の近くの元を $U=1+M$ と表すと，M について 2 次以上の微小量を無視して，

$$U^\dagger U=(1+M^\dagger)(1+M)=1+M^\dagger+M=1 \tag{3.28}$$

したがって n^2 個の無限小変換 $X_i(i=1,\cdots,n^2)$ はエルミート交代行列，

$$X_i^\dagger+X_i=0, \qquad X_i^\dagger=-X_i \tag{3.29}$$

である．すなわち $\mathrm{U}(n)$ のリー代数は $n\times n$ エルミート交代行列の全体である．特殊ユニタリ群 $\mathrm{SU}(n)$ の場合は，ユニタリ行列にさらに行列式が 1 という条件が加わるから，独立な行列成分の数は $d=n^2-1$ となる．またこの条件は式 (3.27) と同様にして無限小変換 X_i のトレースが 0 という条件を与えるので，$\mathrm{SU}(n)$ のリー代数はトレースが 0 であるような $n\times n$ エルミート交代行列の全体である．

複素(実)直交群 $\mathrm{O}(n,\mathbf{C})$ または $\mathrm{O}(n)$ の元は複素(実)直交行列 O,

$$O^{\mathrm{T}}=O^{-1} \tag{3.30}$$

であり，式 (3.30) は複素(実)行列成分に対して $n(n+1)/2$ 個の関係を与えるから，群の次元は $\mathrm{O}(n,\mathbf{C})$ の場合は $d=2n^2-n(n+1)=n(n-1)$ となり，$\mathrm{O}(n)$ の場合は $d=n(n-1)/2$ である．無限小変換 $X_i(i=1,\cdots,d)$ は，式 (3.23), (3.24) と同様にして $n\times n$ 複素(実)交代行列，

$$X_i^{\mathrm{T}}+X_i=0, \qquad X_i^{\mathrm{T}}=-X_i \tag{3.31}$$

となる．これらが複素(実)直交群のリー代数である．特殊直交群あるいは回転群 $\mathrm{SO}(n)$ は行列式が 1 であるような実直交行列全体のつくる群である．実直交行列の行列式は常に ±1 であり，行列式が 1 の実直交行列の独立成分の数はやはり $d=n(n-1)/2$ である．リー代数は n 次実交代行列の全体である．

シンプレクティック群 $\mathrm{Sp}(n,\mathbf{R})$ は式 (3.11) を満たす $2n$ 次の実行列 A の全体のつくる群である．式 (3.11) は $4n^2$ 個の行列成分のあいだに $n(2n-1)$ 個の関係式を与えるから，$\mathrm{Sp}(n,\mathbf{R})$ の次元は $d=n(2n+1)$ である．またリー代数は，

$$X_i^{\mathrm{T}}J+JX_i=0 \tag{3.32}$$

を満たす $2n$ 次の実行列全体である．

次にローレンツ群のリー代数を求めてみよう．ローレンツ群はミンコフス

キー空間の内積 (3.12) を不変にする1次変換の全体である．いま，

$$g=\begin{pmatrix}1 & & & 0\\ & -1 & & \\ & & -1 & \\ 0 & & & -1\end{pmatrix} \tag{3.33}$$

とすると，ミンコフスキー空間の内積 (3.12) は，

$$\langle x, y\rangle=\sum_{i,j=1}^{4} x^i g_{ij} y^j=(x, gy) \tag{3.34}$$

と表せる．g_{ij} をミンコフスキー空間の**計量**（metric）という．内積 (3.12) を不変にする1次変換 $x'=Ax$ のもとで

$$\begin{aligned}\langle x', y'\rangle&=\langle Ax, Ay\rangle=(Ax, gAy)\\&=(x, A^{\mathrm{T}}gAy)\\&=(x, gy)\end{aligned} \tag{3.35}$$

であるから，ミンコフスキー空間の内積を不変にする1次変換の行列は，

$$A^{\mathrm{T}}gA=g \tag{3.36}$$

を満たす正則行列であり，これらの全体がローレンツ群をつくる．微小変換 $A=1+M$ を式 (3.36) に代入することにより，ローレンツ群のリー代数は，

$$M^{\mathrm{T}}g+gM=0 \tag{3.37}$$

を満たす，すべての行列 M よりなることがわかる．これまでに述べたリー群とリー代数を表3.1にまとめておこう．

線形リー群のリー代数を無限小変換を考えることによって定義したが，これはまた次のように定義してもよい．

定義　線形リー群 G が与えられたとき，任意の実数 t に対して，

$$\exp(tX)\in \mathrm{G}$$

となる X の全体を G の**リー代数**（Lie algebra）という．

実際，t が小さいとき $\exp(tX)\simeq 1+tX$ であるから，この定義によるリー代数は無限小変換によって得られたリー代数に含まれる．逆に無限小変換によって得られたリー代数 X に対して $\exp(tX)$ が G に属することもいえるので両者

表 3.1　リー群とリー代数

群	記号	群の元	次元	リー代数の元
複素一般 1 次変換群	$GL(n, \mathbf{C})$	複素正則行列	$2n^2$	任意の複素行列
実一般 1 次変換群	$GL(n, \mathbf{R})$	実正則行列	n^2	任意の実行列
複素特殊 1 次変換群	$SL(n, \mathbf{C})$	複素正則行列 行列式$=1$	$2n^2-2$	任意の複素行列 トレース$=0$
実特殊 1 次変換群	$SL(n, \mathbf{R})$	実正則行列 行列式$=1$	n^2-1	任意の実行列 トレース$=0$
ユニタリ群	$U(n)$	ユニタリ行列	n^2	エルミート交代行列
特殊ユニタリ群	$SU(n)$	ユニタリ行列 行列式$=1$	n^2-1	エルミート交代行列 トレース$=0$
複素直交群	$O(n, \mathbf{C})$	複素直交行列	$n(n-1)$	複素交代行列
直交群	$O(n)$	実直交行列	$\frac{1}{2}n(n-1)$	実交代行列
特殊直交群，回転群	$SO(n)$	実直交行列 行列式$=1$	$\frac{1}{2}n(n-1)$	実交代行列
ユニタリ・シンプレクティック群	$Sp(n)$	$2n$ 次ユニタリ行列 $A^{\mathrm{T}}JA=J$	$n(2n+1)$	$2n$ 次エルミート交代行列 $X^{\mathrm{T}}J+JX=0$
ローレンツ群	$O(3, 1)$	4 次実行列 $A^{\mathrm{T}}gA=g$	6	4 次実行列 $X^{\mathrm{T}}g+gX=0$

の定義は同等である．$\{\exp(tX),\ t\in\mathbf{R}\}$ は G の 1 助変数部分群である．

リー代数は次の性質をもつ．

(1)　X がリー代数に属するならば，任意の実数 a に対し aX もリー代数に属する．

(2)　X, Y がリー代数に属するなら，$X+Y$ もリー代数に属する．

(3)　X, Y がリー代数に属するなら，$[X, Y]\equiv XY-YX$ もリー代数に属する．

表 3.1 にまとめたように，リー群のリー代数はそれぞれの性質をもつ行列の集合である．これらの性質は行列を定数倍しても，あるいは行列の和をとっても変わらないから，(1) と (2) が成り立つ．(1) と (2) よりリー代数はベクトル空間である．(3) はリー代数の行列としての性質が $[X, Y]$ についても成り立つことをいえばよい．あるいはまた次のように証明してもよい．X がリー代数に属するとき，任意の実数パラメータ s に対して $\exp(sX)$ はリー群の元であるから，群の元の積 $\exp(sX)\exp(tY)\exp(-sX)\exp(-tY)$ もまた群の元である．微小変換の積もまた微小変換であるから s，t が微小量のとき，u を微小なパラメータ，Z をリー代数の元として，

$$\exp(sX)\exp(tY)\exp(-sX)\exp(-tY)\simeq 1+uZ \tag{3.38}$$

と書ける．s，t それぞれについて1次までの範囲で，

$$(1+sX)(1+tY)(1-sX)(1-tY)\simeq 1+st(XY-YX)$$
$$\simeq 1+uZ$$

であるから，$u=st$，$Z=[X, Y]$ となって，$[X, Y]$ はリー代数の元である．

$$[X, Y]\equiv XY-YX \tag{3.39}$$

を X，Y の**交換子積**あるいは単に**交換子**（commutator）という．交換子は次の恒等式を満たしている．

$$\begin{aligned}
&(1)\quad [X+Y, Z]=[X, Z]+[Y, Z]\\
&(2)\quad [aX, Y]=a[X, Y] \qquad (a\in\mathbf{R})\\
&(3)\quad [X, Y]=-[Y, X]\\
&(4)\quad [X, [Y, Z]]+[Y, [Z, X]]+[Z, [X, Y]]=0
\end{aligned} \tag{3.40}$$

4番目の恒等式を**ヤコビ(Jacobi)の恒等式**という．

一般にベクトル空間 W の任意の二つの元 X，Y に対して，その交換子あるいは交換子積とよばれる W の元 $[X, Y]$ が定まり，上記の四つの性質が満たされるとき，W を**リー代数**あるいは**リー環**という．次の節で見るように，リー代数が重要なのはその背後に必ずリー群が存在しているからである．線形リー群の次元はそのリー代数のベクトル空間としての次元に等しいことに注意しよう．

問　　題

3.6 X がそれぞれ実交代行列，エルミート交代行列，対称行列，エルミート行列ならば，任意の実数 t に対して $\exp(tX)$ がそれぞれ直交行列，ユニタリ行列，対称行列，エルミート行列であることを示せ．

3.7 シンプレクティック群 $\mathrm{Sp}(n, \mathbf{R})$ の次元が $d=n(2n+1)$ であることを確かめよ．

3.8 n 次正方行列 A の固有値が $a_1, a_2, \cdots, a_n$ であるとき，$\exp A$ の固有値は $\exp a_1, \exp a_2, \cdots, \exp a_n$ であることを示せ．

3.9 n 次正方行列 A に対して次の公式を証明せよ．

$$\det(\exp A)=\exp(\mathrm{Tr}\, A)$$

3.10　表 3.1 に挙げたリー代数 X について，$\exp(tX)\ (t\in\mathbf{R})$ がそれぞれのリー群に属することを確かめよ．

3.3　リー代数によるリー群の構成

前節では無限小変換を考えることにより，線形リー群に対してそのリー代数が決まることを見た．線形リー群 G の次元を d とすると，群の元である行列の独立なパラメータの数は d 個であり，これに対応して d 個の独立な無限小変換 $X_1, \cdots\cdot, X_d$ があって，これらはベクトル空間としてのリー代数の基底 (basis) になっている．そしてリー代数に属する任意の X に対し $\exp X$ は G の元である．ところが逆に G の任意の元 g がリー代数のある元 X により $g=\exp X$ と表せるとは限らないのである．しかし単位元の十分近くの任意の元についてはこのように表せることをまず示そう．

線形リー群 G の任意の元 g は d 個の実数パラメータ $(t^1, \cdots\cdot, t^d)$ に依存している．これらのパラメータは $t^1=\cdots\cdot=t^d=0$ のとき単位元近傍の元が恒等変換 $g(0)=\mathbf{1}$ となるようにとられているものとする．d 個のパラメータを $t^i=\lambda x^i$ ととり，$g(\lambda)$ と表す．パラメータ λ を微小量 $\delta\lambda$ だけ動かしたとき，$g(\lambda+\delta\lambda)$ は $g(\lambda)$ から少しだけ変化しているから，

$$g(\lambda+\delta\lambda)=g(\delta\lambda)g(\lambda) \tag{3.41}$$

と書けるはずである．微小変換 $g(\delta\lambda)$ はリー代数の元を $X=\sum_{i=1}^{d}x^iX_i$ とすると，

$$g(\delta\lambda)\simeq 1+\delta\lambda X \tag{3.42}$$

であるから，$g(\lambda+\delta\lambda)-g(\lambda)\simeq\delta\lambda Xg(\lambda)$，すなわち次の微分方程式を得る．

$$\frac{\mathrm{d}}{\mathrm{d}\lambda}g(\lambda)=Xg(\lambda) \tag{3.43}$$

これは式 (3.15) と同じ形の方程式であり，その解は $g(\lambda)=\exp(\lambda X)g_0$ である．特に $\lambda=0$ で単位元になるのは $g_0=\mathbf{1}$ ととった場合であるから，$\lambda=0$ で単位元になる任意の元は $\exp(\lambda X)$ の形に書ける．ここで $\lambda x^i=t^i$ であることから次の定理を得る．

定理 3.1　線形リー群の単位元の近傍にある任意の元 g は，

$$g=\exp\left(\sum_{i=1}^{d} t^i X_i\right) \tag{3.44}$$

と表すことができる．t^i は十分小さい実数パラメータである．

単位元の近傍にない元については式 (3.44) のように書けるとは限らない．その例を二つ挙げよう．

例 3.1　$\mathrm{SL}(2,\mathbf{R})$ の元，

$$g(t)=\begin{pmatrix} -e^t & 0 \\ 0 & -e^{-t} \end{pmatrix} \qquad (-\infty<t<\infty)$$

は t をどのようにとっても単位元にもってくることはできない．もしこれを $\mathrm{SL}(2,\mathbf{R})$ のリー代数 X によって $\exp X$ と表すことができたとすると $g^{1/2}=\exp(X/2)$ も $\mathrm{SL}(2,\mathbf{R})$ に属するはずであるが，これは不可能である．リー代数の二つの元，

$$X_1=\begin{pmatrix} 0 & -1 \\ 1 & 0 \end{pmatrix}, \qquad X_2=\begin{pmatrix} 1 & 0 \\ 0 & -1 \end{pmatrix}$$

を用いて $g(t)=\exp(\pi X_1)\exp(tX_2)$ と表すことはできる．$\mathrm{SL}(2,\mathbf{R})$ のように群のパラメータの変域が無限区間にわたるものを**ノンコンパクト群**という．表 3.1 に挙げた群では，$\mathrm{U}(n)$，$\mathrm{SU}(n)$，$\mathrm{O}(n)$，$\mathrm{SO}(n)$，$\mathrm{Sp}(n)$ 以外はノンコンパクト群である．ノンコンパクト群ではすべての元がリー代数 X によって $\exp X$ と表せるとは限らない．またパラメータの変域が有限である群は**コンパクト群**とよばれる．

例 3.2　2 次元直交群 $\mathrm{O}(2)$ は 2×2 直交行列の全体である．これらの直交行列は行列式が 1 のものと -1 のものとに分類される．行列式が 1 である直交行列の全体は $\mathrm{O}(2)$ の部分群であり，それは特殊直交群 $\mathrm{SO}(2)$ である．$\mathrm{SO}(2)$ の元は前節で見たように式 (3.14) または式 (3.16) で表され，これは式 (3.44) の形になっている．実パラメータ t を 0 に近づけることにより $\mathrm{SO}(2)$ の任意の元は単位元に連続的に近づく．これに対し行列式が -1 の元は座標反転の行

列を，

$$T=\begin{pmatrix}1 & 0\\ 0 & -1\end{pmatrix} \tag{3.45}$$

とすると，一般に，

$$TA(t)=\begin{pmatrix}\cos t & -\sin t\\ -\sin t & -\cos t\end{pmatrix} \tag{3.46}$$

となる．この形の元は式 (3.44) のようには書けず，また実パラメータ t をどのように動かしても単位元の近傍にもってくることはできない．このように O(2) の元のうち行列式が -1 のものは式 (3.16) で与えられたリー代数の元 X を用いて式 (3.44) のようには表せない．

一般に n 次直交群 O(n) の元は行列式が 1 のものと -1 のものに分けられる．行列式が 1 の元の場合は O(n) の部分群をつくり，それは特殊直交群 SO(n) である．O(n) の中の SO(n) の元のみが $d=n(n-1)/2$ 個のパラメータを動かすことによって連続的に単位元につながっており，その元はまた一般的に式 (3.44) の形に書けることが示せるのである．O(n) も SO(n) も単位元の近傍の局所的なふるまいは同一であり，したがってリー代数も同じであるが，大域的な構造が異なっている．O(n) の部分群としての SO(n) を O(n) の連結成分という．

ここで連結ということについて説明しておこう．集合 A の二つの元 a，b について，A の中に a を始点，b を終点とする連続曲線があるとき，すなわち A の中に値をとる連続関数 $f(t)$ $(0\leqq t\leqq 1)$ が存在して $f(0)=a$，$f(1)=b$ であるとき，a，b は A 内で結ばれているといい，$a\sim b$ と表す．例えば，

$$a=\begin{pmatrix}1 & 0\\ 0 & 1\end{pmatrix},\qquad b=\begin{pmatrix}-1 & 0\\ 0 & -1\end{pmatrix}$$

は SO(2) の中で結ばれている．実際 SO(2) の任意の元は式 (3.14) で与えられるから，$f(t)=A(\pi t)$ は SO(2)の中の連続関数で，$f(0)=a$，$f(1)=b$ である．関係 $a\sim b$ は次の性質をもつような同値関係である．

(1)　$a\sim a$

(2)　$a\sim b$ ならば $b\sim a$

(3)　$a \sim b$ かつ $b \sim c$ ならば $a \sim c$

集合 A の元 a と A 内で結べる元の集合を a を含む A の**連結成分**といい，C(a) と表す．連結成分はその中の 1 個の元を代表として指定すれば定まる．もし元 b が a の連結成分に属しているなら C(b)＝C(a) である．また b が C(a) に属さなければ，二つの連結成分 C(a) と C(b) は完全に分離していて共通の元をもたない．一般に集合は共通な元をもたない，いくつかの連結成分の和集合になる．

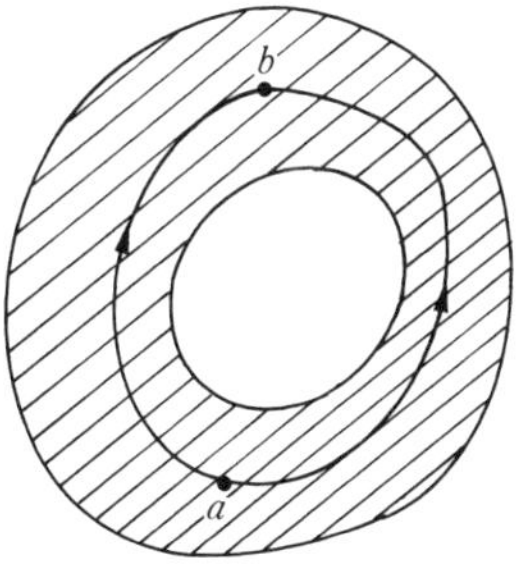

図 3.1　連結だが単連結ではない例

一つの連結成分だけからなる集合を**連結な集合**という．連結集合 A の任意の 2 点を結ぶ曲線が連続的な変形によってその 2 点を結ぶ他の任意の曲線に移り変わることができるとき，A は**単連結**（simply connected）であるという．

線形リー群 G の単位元を含む連結成分を G_0 とすると，次の定理が成り立つ．

定理 3.2　G_0 は G の不変部分群である．

はじめに G_0 が G の部分群であることを示そう．部分群であるための必要十分条件 (1.24) および (1.25) より，G_0 の任意の 2 元 a，b に対し積 ab^{-1} がまた G_0 に含まれることをいえばよい．a，b を単位元と結ぶ G 内の連続曲線を $f(t)$，$g(t)$ とすると，$f(0)=g(0)=\mathbf{1}$，$f(1)=a$，$g(1)=b$ である．そこで $h(t)=f(t)g(t)^{-1}$ とすると，$h(t)$ はまた G 内の連続曲線で，$h(0)=\mathbf{1}$，$h(1)=ab^{-1}$ である．したがって ab^{-1} は G_0 に含まれるから G_0 は G の部分群である．次に G_0 が不変部分群であることをいう．任意の $g \in G$ に対し $gG_0g^{-1}=G_0$ であることをいえばよい．G_0 の任意の元 a に対し，これを単位元に結ぶ G 内の連続関数を上と同様に $f(t)$ とすれば，$f'(t)=gf(t)g^{-1}$ は G 内の連続関数である．こ

のとき $f'(1)=gf(1)g^{-1}=gag^{-1}$，$f'(0)=\mathbf{1}$ であるから $gag^{-1}\in G_0$ すなわち $gG_0g^{-1}\subset G_0$ である．同様にして $g^{-1}G_0g\subset G_0$ がいえるから $gG_0g^{-1}\supset G_0$ となって，$gG_0g^{-1}=G_0$ がいえた．

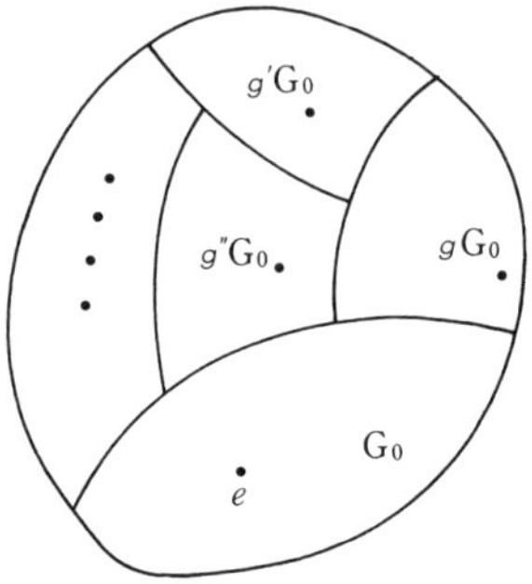

図 3.2　線形リー群の連結成分

定理 3.3　G の元 g を含む連結成分 $C(g)$ について，$C(g)=gG_0=G_0g$ である．

G_0 の任意の元 a と $f(t)$ を上と同様にとると，$f'(t)=gf(t)$ は G 内の連続曲線であり，$f'(1)=ga$，$f'(0)=g$ であるから ga は g と G 内で結ばれる．ゆえに $gG_0\subset C(g)$ である．次に $C(g)$ の任意の元を h とし，h を g と結ぶ連続曲線を $k(t)$ とすると $k'(t)=g^{-1}k(t)$ は $k'(1)=g^{-1}h$，$k'(0)=\mathbf{1}$ であるから $g^{-1}h$ は G_0 に含まれる．すなわち $g^{-1}C(g)\subset G_0$ であるから $gG_0\supset C(g)$．ゆえに $C(g)=gG_0$ がいえた．また G_0 が不変部分群であることより $gG_0=G_0g$ である．

定理 3.4　G_0 はそれ自身線形リー群であり，線形リー群 G とその単位元を含む連結成分 G_0 のリー代数は同一である．

G_0 は線形リー群 G の部分群であり，一般に特定の性質をもった行列全体からなる線形変換群であるから 3.1 節の定義により線形リー群である．また G_0 の単位元およびその近傍は G の単位元とその近傍でもあるから，両者の無限小変換すなわちリー代数が一致することは明らかである．

定理 3.2 および定理 3.3 により一般の線形リー群 G はいくつかの連結成分の和集合である．このうち単位元を含む連結成分を求めるには，G の不変部分群をさがせばよい．表 3.1 に挙げた群について見ると，GL$(n, \mathbf{C})$，SL$(n, \mathbf{C}/\mathbf{R})$，U$(n)$，SU$(n)$，SO$(n)$，Sp$(n)$ はただ一つの連結成分からなり，連結である．またこれらのうち，SL$(n, \mathbf{C})$，SU(n)，Sp(n) は単連結である．定理 3.4 からは O(n) と SO(n) が同一のリー代数をもつことがわかる．

さて定理 3.1 では線形リー群の単位元近傍の任意の元が適当なリー代数 X により，$\exp X$ と表せることを見た．単位元近傍以外の元については次の定理が知られている．

定理 3.5 (i) 連結な線形リー群あるいは線形リー群の単位元を含む連結成分 G の任意の元 g は，そのリー代数の有限個の元 $X_1, \cdots, X_n$ を用いて，

$$g = \exp X_1 \exp X_2 \cdot \cdots \cdot \exp X_n \tag{3.47}$$

と表せる．ただしリー代数の元 X_i とその数は g により異なる．またこの表し方は一意的とは限らない．

(ii) コンパクトで連結な線形リー群 G の任意の元 g はそのリー代数の適当な元 X を用いて $\exp X$ と表せる．したがってリー代数の基底を $X_1, \cdots, X_d$ とすると，適当な実数パラメータ $t^1, \cdots, t^d$ により，次のように書ける．

$$g = \exp\left(\sum_{i=1}^{d} t^i X_i\right) \tag{3.48}$$

この定理により連結線形リー群はそのリー代数により一意的に定まることになる．表 3.1 に挙げた群では，U(n)，SU(n)，SO(n)，Sp(n) が連結なコンパクト群で，その任意の元は式 (3.48) のように表せる．

こうして連結リー群の任意の元はそのリー代数によって式 (3.47) あるいは式 (3.48) のように書けることがわかった．今度は逆の命題を考えてみよう．いま式 (3.40) を満たす交換子の定義されたベクトル空間としての一般的なリー代数が与えられたとする．このように定義されたリー代数を**抽象リー代数**とよぶ．このリー代数に対応するリー群は一意的に決まるだろうか．これに関しては次の定理が知られている．

定理 3.6 抽象リー代数が与えられたとき，それに対応して単連結な線形リー

群が一意的に定まる．

定理 3.5 は，無限小変換により得られたリー代数にはその変換を含む連結リー群が一意的に対応していることを述べている．ところで無限小変換によって得られたいくつかのリー代数が抽象リー代数としては同等である場合がある．このとき抽象リー代数と連結リー群との対応は1対1ではない．一つの抽象リー代数にいくつもの連結リー群が対応しているのである．この場合これらの連結リー群の中で単連結なものはただ一つしかないことを定理 3.6 はいっている．この単連結なリー群を**普遍被覆群**（universal covering group）という．抽象リー代数には普遍被覆群が1対1に対応しているのである．このとき普遍被覆群 $\tilde{\mathrm{G}}$ と同じ抽象リー代数をもつ他の連結リー群 G のあいだには準同型対応のあることが知られている．すなわち $\tilde{\mathrm{G}}$ から G への準同型写像があり，その核すなわち G の単位元に写像される $\tilde{\mathrm{G}}$ の元の集合を Z とすると，Z は $\tilde{\mathrm{G}}$ の中心に属する離散的な不変部分群であることがわかる．実際もし Z が離散的でないとすると G よりも連続的なパラメータが多いことになり矛盾である．また Z が中心でないとすると，Z の元 z に非可換な $\tilde{\mathrm{G}}$ の元 g に関する共役元 $z'=gzg^{-1}\in \mathrm{Z}$ を考えると，g は連続的なパラメータによるので，これは Z が離散的ということに反する．ここで 2.3 節で述べた準同型定理を用いると次の定理を得る．

定理 3.7　与えられた抽象リー代数に対応する普遍被覆群 $\tilde{\mathrm{G}}$ の離散的な不変部分群を Z とする．このとき同じ抽象リー代数をもつ他の連結リー群 G は剰余類群 $\tilde{\mathrm{G}}/\mathrm{Z}$ によって与えられる．すなわち $\mathrm{G}\simeq\tilde{\mathrm{G}}/\mathrm{Z}$ である．

こうして一つの抽象リー代数から得られるすべての連結リー群を求めるには，普遍被覆群に含まれるすべての離散的な不変部分群を求めればよいことになる．

例 3.3　ここで最も簡単な例を挙げよう．2次元回転群 SO(2) のリー代数は式 (3.16) で与えられた 2×2 行列である．一方，1次元の平行移動からなる並進

群は群の積の演算が加法で定義された実数 x の集合である．これはまた E_1：$\{T(x)=\exp(ix),\ -\infty<x<\infty\}$ とし，積の演算を乗法で定義した群 E_1 に同型である．1 次元の並進群をこのように表したとき E_1 のリー代数は i である．ところで SO(2) を複素表示すれば，SO(2)：$R(\phi)=\exp(i\phi)\,(0\leqq\phi<2\pi)$ と表せるから両者のリー代数は i と同等である．すなわち 1 次元抽象リー代数には SO(2) と E_1 の二つが対応している．2 次元回転 $R(\phi)$ は円周上の点で表せるから，SO(2) のパラメータ空間は円周であり，これは単連結ではない．これに対して E_1 のパラメータ空間である直線は単連結であるから，E_1 は 1 次元抽象リー代数に対応した普遍被覆群である．このとき $\{2\pi n\leqq x<2\pi(n+1),\ n=0,\pm1,\cdots\cdots\}\to\{0\leqq\phi<2\pi\}$ という対応を考えると，$E_1\to$ SO(2) は準同型写像であり，$\{x=2\pi n,\ n=0,\pm1,\cdots\cdots\}$ はその核である．このように普遍被覆群のパラメータ空間は他の連結リー群のパラメータ空間を覆っていて，これが被覆群の名前の由来である．E_1 の部分群として 2π の整数倍の並進からなる群 Z を考えると，これは明らかに E_1 の離散的な不変部分群である．このとき剰余類群 E_1/Z は 2π の整数倍の平行移動は動かないのと同じと見なして得られる群であり，SO(2) に同型，$E_1/Z\simeq$ SO(2) である．

コンパクトで連結な線形リー群では X，Y，Z をそのリー代数の適当な元とすると，$\exp X$ と $\exp Y$ の積もまた群の元であるから $\exp Z$ の形に書くことができる．この Z を X と Y およびその交換子で表したものが次の公式である．

キャンベル-ハウスドルフ（Campbell-Hausdorff）の公式　リー代数の元 X，Y に対し，$\exp X\exp Y=\exp Z$ とすると，

$$\begin{aligned}Z&=Z_x+Z_y\\&=\sum\frac{(-1)^{m-1}}{m}\frac{1}{p_1!q_1!\cdots\cdots p_m!q_m!}\frac{1}{p_1+q_1+\cdots\cdots+p_m+q_m}\\&\quad\times\{\hat{X}^{p_1}\hat{Y}^{q_1}\cdots\cdots\hat{X}^{p_{m-1}}\hat{Y}^{q_m}X+\hat{X}^{p_1}\hat{Y}^{q_1}\cdots\cdots\hat{X}^{p_m}\hat{Y}^{q_{m-1}}Y\}\end{aligned}\tag{3.49}$$

ここで $\sum$ はすべての自然数 m および $p_i+q_i>0\,(1\leqq i\leqq m)$ を満たす，すべての負でない整数の組 $(p_1,q_1,\cdots\cdots,p_m,q_m)$ の上にわたる和である．ただし Z_x の和においては $p_m=1$，$q_m=0$，Z_y の和においては $q_m=1$ という条件を課する．

また $\hat{X}$ は次のように定義された演算である.

$$\hat{X}Y \equiv [X, Y], \qquad \hat{X}^2 Y \equiv [X, [X, Y]], \qquad \cdots\cdot$$

$\hat{Y}$ についても同様である. この定義より明らかに $\hat{X}X = \hat{Y}Y = 0$ である. 初めの数項を書くと,

$$Z = X + Y + \frac{1}{2}[X, Y] + \frac{1}{12}([X, [X, Y]] + [Y, [Y, X]]) + \cdots\cdot \tag{3.50}$$

となる. 一般に Z は X と Y の多重交換子の和で表される. X, Y がリー代数の元であるとき, その交換子 $[X, Y]$ もリー代数に属するから Z もリー代数の元であることがわかる. したがって Z はリー代数の基底 $\{X_1, \cdots\cdot, X_d\}$ の 1 次結合で表される.

問　題

3.11 キャンベル-ハウスドルフの公式により, 式 (3.50) を確かめよ.

3.12 $\mathrm{GL}(n, \mathbf{R})$ の連結な部分集合 G の元の行列式の符号は一定であることを証明せよ.

3.13 ローレンツ群 $\mathrm{O}(3, 1)$ の連結成分を求めよ.

3.14 連結な線形リー群が可換であるためには, そのリー代数が可換であることが必要十分であることを示せ.

3.15 二つの連結な線形リー群 G_1 と G_2 のリー代数をそれぞれ X, Y とする. このとき $\mathrm{G}_1 \subset \mathrm{G}_2$ となるための必要十分条件は $X \subset Y$ であることを示せ.

3.16 $\mathrm{SO}(n)$ は $\mathrm{O}(n)$ の不変部分群である. $\mathrm{O}(n)$ の $\mathrm{SO}(n)$ に関する剰余類群 $\mathrm{O}(n)/\mathrm{SO}(n)$ を求め, これは Z_2 に同型であることを示せ.

3.4　リー群と多様体

これまでは変換群としてのリー群を考え, 連結な線形リー群は単位元近傍の局所的な性質すなわちリー代数によって一意的に決まることを見た. この節ではリー群を別の幾何学的な角度から見てみよう.

リー群の元は行列であり，例えば $\mathrm{GL}(n,\mathbf{C})$ の場合は n 次複素正則行列である．n 次複素行列は $2n^2$ 個の実数成分で決まるから $2n^2$ 次元数空間 $\mathbf{R}^{2n^2}$ の点 $(x^1,\cdots,x^{2n^2})$ と見なすこともできる．$\mathrm{GL}(n,\mathbf{C})$ は $\mathbf{R}^{2n^2}$ の中から行列式が 0 となるような集合 $\mathrm{N}=\{A,\ \det A=0\}$ を除いた残りの集合である．

$$\mathrm{GL}(n,\mathbf{C})=\mathbf{R}^{2n^2}-\mathrm{N} \tag{3.51}$$

集合 N は方程式 $\det A=0$ によって決まる $2n^2$ 次元空間の中の曲面であり，これを超曲面とよぶ．N に属する点の列 A_n をとったとき，$\lim_{n\to\infty}A_n=A\in\mathbf{R}^{2n^2}$ ならば $A\in\mathrm{N}$ であるから N は閉集合である．閉集合の余集合は開集合であるから $\mathrm{GL}(n,\mathbf{C})$ は $\mathbf{R}^{2n^2}$ の中の開部分集合である．$\mathrm{SL}(n,\mathbf{C})$ は $\mathbf{R}^{2n^2}$ の中で行列式が 1 であるような集合であり，それ自身一つの超曲面である．一般に線形リー群は $\mathrm{GL}(n,\mathbf{C})$ の部分群であるから $\mathbf{R}^{2n^2}$ の中の超曲面で表される．この超曲面は各点で接平面の存在する滑らかな超曲面であり，リー群とは群であると同時にその元の集合が滑らかな超曲面の構造をもつものである．このような滑らかな超曲面を記述するために導入されたのが**微分可能多様体**（differentiable manifold）という概念である．

本題に入るまえに位相空間に関する基本的な用語を説明しておこう．集合 M の各点 P に対し，点 P を含む M の開集合のことを P の**開近傍**または単に**近傍**という．点 P の開近傍全体のつくる集合 $\Sigma(\mathrm{P})$ が次の条件を満たすとする．

(1)　$\Sigma(\mathrm{P})$ は空集合ではない．また $\mathrm{U}\in\Sigma(\mathrm{P})$ ならば $\mathrm{P}\in\mathrm{U}$.

(2)　$\mathrm{U}_1,\mathrm{U}_2\in\Sigma(\mathrm{P})$ に対し，$\mathrm{U}_3\subset\mathrm{U}_1\cap\mathrm{U}_2$ となる $\mathrm{U}_3\in\Sigma(\mathrm{P})$ が存在する．

(3)　$\mathrm{U}\in\Sigma(\mathrm{P})$ のとき，U の点 Q に対し $\mathrm{V}\subset\mathrm{U}$ となるような開近傍 $\mathrm{V}\in\Sigma(\mathrm{Q})$ が存在する．

このとき集合 M に一つの**位相**（topology）が定義されるといい，集合 M を**位相空間**（topological space）という．$\Sigma(\mathrm{P})$ を点 P の**基本近傍系**という．上の三つの条件の意味は図を描いて見ればただちにわかる．位相空間の中の任意の 2 点が互いに交わらない開近傍をそれぞれもつとき，このような位相空間を**ハウスドルフ（Hausdorff）空間**という．これは 2 点をつなぐどんな線も無限に細分できることを意味している．物理でふつうに考える連続空間は位相空間であり，かつハウスドルフ空間である．例えば n 個の実数の組 $(x^1,\cdots,x^n)$ の

つくる集合 $\mathbf{R}^n$ はその例である．リー群の元の集合も位相空間になっており，その意味でリー群は**位相群**（topological group）とよばれるものの一つである．

集合 M の開部分集合の族 $\Gamma(\mathrm{M})$ があって，$\Gamma(\mathrm{M})$ に属するすべての集合の和集合が M に等しいとき，$\Gamma(\mathrm{M})$ を集合 M の**開被覆**（open covering）という．位相空間 M の任意の開被覆が与えられたとき，M がその開被覆に属する有限個の集合で覆われるならば，この位相空間は**コンパクト**（compact）であるという．n 次元ユークリッド空間のような距離の定義された空間では有界な閉集合はコンパクトである．また有界であっても閉集合でなければコンパクトではない．例えば 1 次元数直線上の開区間 $\mathrm{M}=(0,1)$ を考えよう．開部分集合の族として，

$$\Gamma(\mathrm{M})=\{(a_i, b_j)\ ;\ a_1>a_2>\cdots\cdots>0,\ \lim_{i\to\infty}a_i=0\ ;$$
$$b_1<b_2<\cdots\cdots<1,\ \lim_{j\to\infty}b_j=1\}$$

をとると，

$$\mathrm{M}=\bigcup_{i,j=1}^{\infty}(a_i, b_j)$$

であるから $\Gamma(\mathrm{M})$ は M の一つの開被覆である．この $\Gamma(\mathrm{M})$ に属する有限個の集合で M を被うことはできないから開区間はコンパクトではない．これに対して閉区間 $\mathrm{M}=[0,1]$ は端の点が M に含まれるので，M の任意の開被覆は $[0,a)$，$(b,1]$ の形の部分集合を含んでいる．したがってこの場合は有限個の集合で M を被うことができる．

$$\mathrm{M}=[0,a)\ \cup\ (c,d)\ \cup\cdots\cdots\cup\ (b,1]$$
$$(0<c<a<\cdots\cdots<1)$$

よって閉区間はコンパクトである．また半無限区間 $\mathrm{M}=[0,\infty)$ を被うには明らかに無限個の部分集合が必要であるからコンパクトではない．2 次元以上の空間についても同様である．例えば周も含めた正方形の内部はコンパクトである．これに対して周を含まない正方形の内部は閉集合でないからコンパクトではない．また $\{(x,y)\ ;\ x\geqq 0,\ y\geqq 0\}$ は閉集合であるが有界ではないのでコンパクトではない．一般に集合 M がコンパクトであるためには，M に含まれる任意の点列 $\{x_n\}$ が M の中の点に収束する部分点列 $\{x_{n_i}\}$ を必ずもつことが必要十

分である．

ハウスドルフ空間Mの各点の開近傍から$\mathbf{R}^n$の開集合の上への連続的な1対1写像（全単射）が存在するとき，空間Mをn次元多様体という．Mの点Pが$\mathbf{R}^n$の点$(x^1(\mathrm{P}), x^2(\mathrm{P}), \cdots\cdot, x^n(\mathrm{P}))$に写像されるとき，$x^i(\mathrm{P})$を点Pの座標という．おおざっぱにいうと多様体とは局所的に座標が定義できるような連続空間，あるいは連続的な点の集合のことである．どんな集合でも，その元が連続的なパラメータで表せればそれは多様体であり，その次元は独立なパラメータの数に等しい．したがってこれまでに見てきた連続群の元の集合は多様体である．

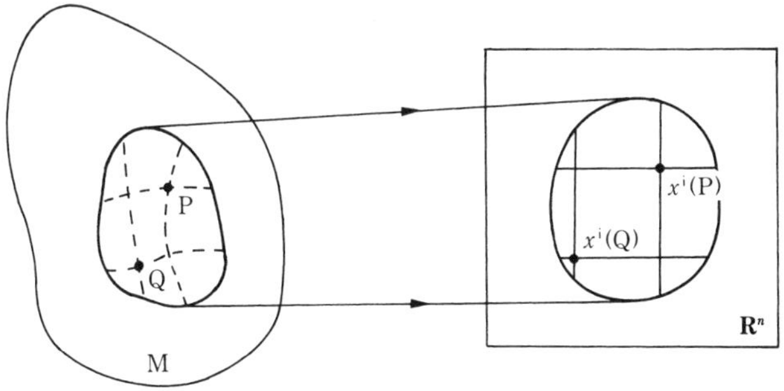

図3.3　多様体Mの局所的座標系

多様体Mの，重なる部分をもつ二つの開近傍をU，Vとし，これらの$\mathbf{R}^n$の開集合への全単射をそれぞれf，gとすると，UとVの共通部分は二つの写像により二つの異なる座標系が与えられることになる．図3.4からわかるようにUとVの共通部分に含まれる点Pのfによる写像を$f(\mathrm{P})=(x^1, \cdots\cdot, x^n)$，$g$による写像を$g(\mathrm{P})=(y^1, \cdots\cdot, y^n)$とすると，点$(x^1, \cdots\cdot, x^n)$は$\mathbf{R}^n$から$\mathbf{R}^n$への合成写像$g\cdot f^{-1}$によって点$(y^1, \cdots\cdot, y^n)$に移るから次の関数関係が得られる．

$$y^i=y^i(x^1, \cdots\cdot, x^n) \qquad (i=1, \cdots\cdot, n) \tag{3.52}$$

すべての関数y^iがn個の変数x^kについて無限回微分可能であるとき，このような多様体を**微分可能多様体**とよぶ．特に関数y^iが解析関数であるとき，すなわちy^iが定義域内の任意の点$(x^1, \cdots\cdot, x^n)$の近傍でテイラー（Taylor）展

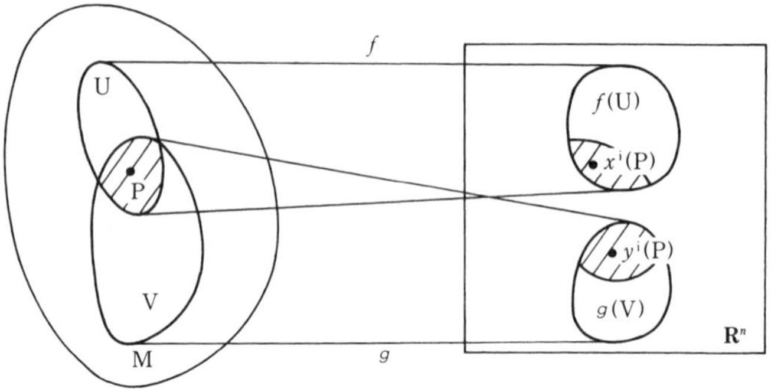

図 3.4　重なりをもつ二つの開集合の座標系

開できるような関数であるとき，その多様体を**解析的多様体**（analytic manifold）という．物理に出てくる多様体はほとんどの場合解析的多様体である．

例 3.4　簡単な例として 1 次元多様体を考えよう．図 3.5 のような折れ曲がりのある直線上の二つの開近傍から $\mathbf{R}^1$ への全単射 f, g によって二つの座標系，すなわち x 座標，y 座標を与えたとき，$y=g\cdot f^{-1}(x)$ は明らかに $x=x_0$ において微分可能でないからこの 1 次元多様体は微分可能多様体ではない．微分可能多様体とは十分滑らかな曲線，曲面あるいは超曲面のことである．

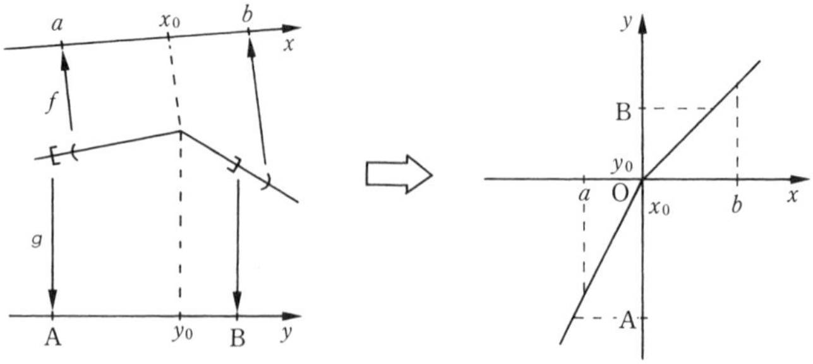

図 3.5　微分可能でない 1 次元多様体

ベクトル空間は多様体の一つの例である．実ベクトル空間 V の基底を $(\boldsymbol{a}_1, \cdots, \boldsymbol{a}_n)$ とすると任意のベクトル $\boldsymbol{x}$ は，

$$\boldsymbol{x}=x^1\boldsymbol{a}_1+\cdots\cdots+x^n\boldsymbol{a}_n \tag{3.53}$$

と表せる．この関係はVの点 $\boldsymbol{x}$ と $\mathbf{R}^n$ の点 $(x^1, \cdots\cdots, x^n)$ との連続的な1対1対応 $f:\boldsymbol{x}\to(x^1, \cdots\cdots, x^n)$ を与えるからVは n 次元多様体である．n 次元実ベクトル空間は多様体として $\mathbf{R}^n$ と同一である．ベクトル空間Vの別の基底として $(\boldsymbol{b}_1, \cdots\cdots, \boldsymbol{b}_n)$ をとると，同じVの点 $\boldsymbol{x}$ は，

$$\boldsymbol{x}=y^1\boldsymbol{b}_1+\cdots\cdots+y^n\boldsymbol{b}_n \tag{3.54}$$

と表せる．これは写像 $g:\boldsymbol{x}\to(y^1, \cdots\cdots, y^n)$ を定義するから，二つの写像 f, g によりVは二つの座標系が与えられたことになる．基底が1次独立のベクトルの集合であることから二つの基底は次のように1次結合の関係で結ばれる．

$$\boldsymbol{a}_i=\sum_{j=1}^{n}c_{ji}\boldsymbol{b}_j \tag{3.55}$$

したがって式(3.53)は，

$$\boldsymbol{x}=\sum_{i=1}^{n}x^i\boldsymbol{a}_i=\sum_{j=1}^{n}\left(\sum_{i=1}^{n}c_{ji}x^i\right)\boldsymbol{b}_j \tag{3.56}$$

と書けるから式(3.54)と比べることにより，$\mathbf{R}^n$ から $\mathbf{R}^n$ への合成写像 $g\cdot f^{-1}$ による次の関数関係が得られる．

$$y^j=\sum_{i=1}^{n}c_{ji}x^i \qquad (j=1, \cdots\cdots, n) \tag{3.57}$$

すべての関数 y^j は x^i について明らかに無限回微分可能であり，これはまた解析関数でもあるからベクトル空間は微分可能多様体であり，また解析的多様体でもある．

多様体M上の関数 $f(\mathrm{P})$ $(\mathrm{P}\in\mathrm{M})$ が微分可能であるというのは，f を点Pの座標 $(x^1, \cdots\cdots, x^n)\in\mathbf{R}^n$ の関数 $f(x^1, \cdots\cdots, x^n)$ と考えたとき，それが微分可能であることである．この条件は局所座標系のとり方に無関係である．また微分可能多様体MからNへの写像 χ が微分可能であるとは，任意の点 $\mathrm{P}\in\mathrm{M}$ とその像 $\mathrm{P}'=\chi(\mathrm{P})$ に対してPの座標を $(x^1, \cdots\cdots, x^n)$，P' の座標を $(y^1, \cdots\cdots, y^m)$ として χ を，

$$y^i=\chi^i(x^1, \cdots\cdots, x^n) \qquad (i=1, \cdots\cdots, m) \tag{3.58}$$

と表したとき χ^i が微分可能な関数であることである．特にMからNの上への1対1の無限回微分可能な写像 χ で，その逆 χ^{-1} も無限回微分可能である

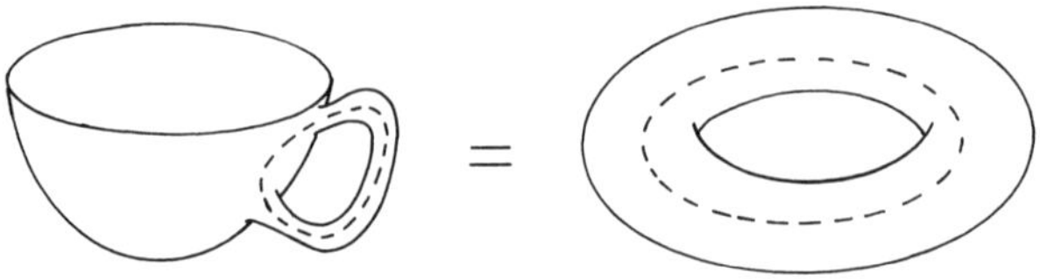

図 3.6　紅茶茶わんとトーラス

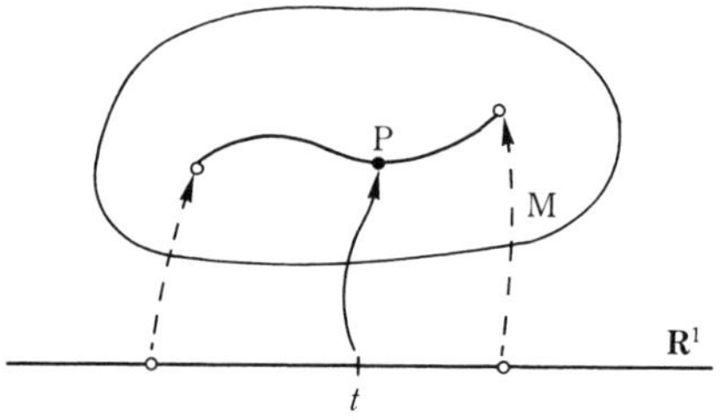

図 3.7　多様体中の曲線

とき，χ を**微分同相写像**（diffeomorphism）という．また M と N は**微分同相**（diffeomorphic）であるという．二つの微分可能多様体が微分同相であるとき，一方から他方へ滑らかな変形によって移ることができる．例えば取手の付いた紅茶茶わんの滑らかな表面はトーラス（ドーナツの表面）と微分同相である．

微分可能多様体 M の中の曲線とは図 3.7 に示したように，$\mathbf{R}^1$ の開集合から M の中への微分可能な写像 $x^i(t)$ のことである．いま M 上の微分可能な関数 $f(x^1, \cdots\cdot, x^n)$ を考え，点 P を通る曲線に沿っての関数の値を，

$$f(t)=f(x^1(t), \cdots\cdot, x^n(t)) \tag{3.59}$$

とする．このとき関数 f の曲線に沿った方向微分は，

$$\frac{\mathrm{d}f}{\mathrm{d}t}=\sum_{i=1}^{n}\frac{\mathrm{d}x^i}{\mathrm{d}t}\frac{\partial f}{\partial x_i} \tag{3.60}$$

である．これはどんな関数についても成り立つから，

$$\frac{\mathrm{d}}{\mathrm{d}t}=\sum_{i=1}^{n}\frac{\mathrm{d}x^i}{\mathrm{d}t}\frac{\partial}{\partial x^i} \tag{3.61}$$

と書くことができる．$(\mathrm{d}x^i/\mathrm{d}t)$ はこの曲線の点 P における接ベクトルの成分である．点 P を通る別の曲線 $x^i(u)$ についても同様にして，

$$\frac{\mathrm{d}}{\mathrm{d}u}=\sum_{i=1}^{n}\frac{\mathrm{d}x^i}{\mathrm{d}u}\frac{\partial}{\partial x^i} \tag{3.62}$$

であり，$(\mathrm{d}x^i/\mathrm{d}u)$ は曲線 $x^i(u)$ の点 P における接ベクトルの成分である．任意の実数 a，b に対して，

$$a\frac{\mathrm{d}}{\mathrm{d}t}+b\frac{\mathrm{d}}{\mathrm{d}u}=\sum_{i=1}^{n}\left(a\frac{\mathrm{d}x^i}{\mathrm{d}t}+b\frac{\mathrm{d}x^i}{\mathrm{d}u}\right)\frac{\partial}{\partial x^i} \tag{3.63}$$

を考えると，$(a\mathrm{d}x^i/\mathrm{d}t+b\mathrm{d}x^i/\mathrm{d}u)$ は点 P を通るある曲線 $x^i(s)$ の接ベクトルであるはずだから，式 (3.63) は，

$$a\frac{\mathrm{d}}{\mathrm{d}t}+b\frac{\mathrm{d}}{\mathrm{d}u}=\frac{\mathrm{d}}{\mathrm{d}s} \tag{3.64}$$

と書ける．すなわち点 P を通る任意の曲線に沿った方向微分あるいは接ベクトルの集合 $\{\mathrm{d}/\mathrm{d}t\}$ は P においてベクトル空間を構成する．これを P における**接空間**（tangent space），あるいは**接ベクトル空間**（tangent vector space）といい，$\mathrm{T_P(M)}$ と表す．$(\partial/\partial x^1, \partial/\partial x^2, \cdots, \partial/\partial x^n)$ は $\mathrm{T_P(M)}$ の基底であり，$(\mathrm{d}x^i/\mathrm{d}t)$ はこの基底に関する接ベクトル $\mathrm{d}/\mathrm{d}t$ の成分である．接空間の次元は多様体の次元と同じである．

微分可能多様体 M の各点 P に対して接ベクトル $\boldsymbol{X}_\mathrm{P}\in\mathrm{T_P(M)}$ を対応させる写像を**ベクトル場**（vector field）とよぶ．$\{x^1, \cdots, x^n\}$ が点 P の近傍の局所座標系であるとき，

$$\boldsymbol{X}_\mathrm{P}=\sum_{i=1}^{n}v^i(\mathrm{P})\frac{\partial}{\partial x^i} \tag{3.65}$$

と書くことができる．$(v^1(\mathrm{P}), \cdots, v^n(\mathrm{P}))$ を $\boldsymbol{X}_\mathrm{P}$ の $\{x^1, \cdots, x^n\}$ に関する成分という．$v^i(\mathrm{P})$ が微分可能であるとき，ベクトル場は微分可能であるという．

ここでリー群の一般的な定義を与えよう．

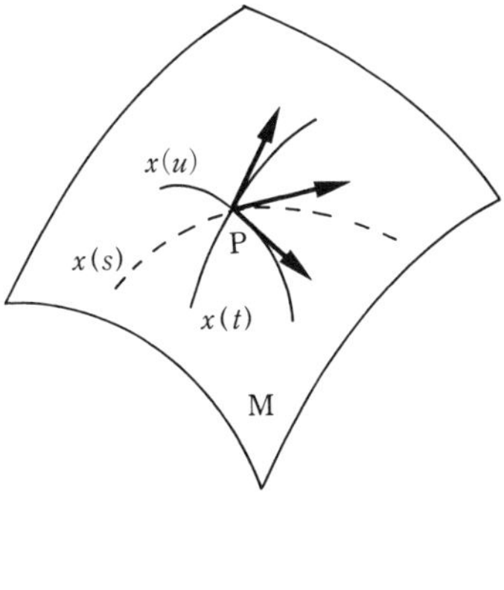

図 3.8　M の点 P における接ベクトル

(1)　リー群Gとはその元全体の集合が微分可能多様体であり，

(2)　群の元 a, x に対して，

$$\text{左移動}\quad \mathrm{L}_a : x \longrightarrow ax$$

$$\text{右移動}\quad \mathrm{R}_a : x \longrightarrow xa$$

というGのそれ自身への変換を考えると，$\mathrm{L}_a(x)=ax$ および $\mathrm{R}_a(x)=xa$ は x の座標に関する無限回微分可能な関数である．いい換えれば左移動および右移動は微分同相写像である．

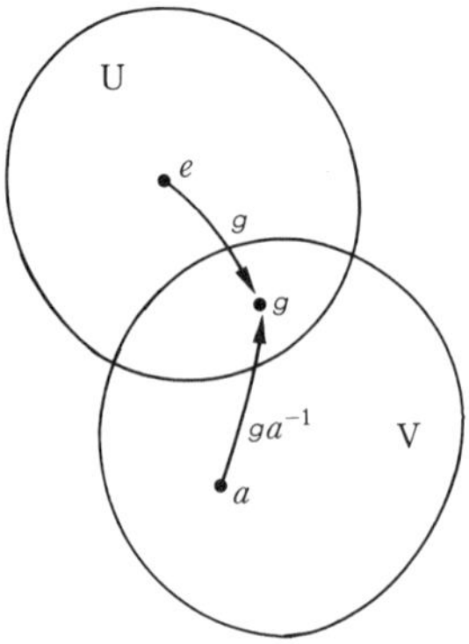

図 3.9　連結リー群の二つの開近傍

これまでに述べた線形リー群はここで与えた意味でのリー群になっていることは容易に確かめることができる．実際，単位元の近傍の元は式 (3.44) のように書けるから，U，V を単位元 e および a のまわりの重なり合う開近傍とすると，共通部分に含まれる元 g は U に関する座標 $(y^1, \cdots, y^d)$ を用いて，

$$g=\exp\left(\sum_{i=1}^{d} y^i X_i\right) \simeq 1+\sum_{i=1}^{d} y^i X_i \tag{3.66}$$

と書ける．一方 V に関する座標 $(x^1, \cdots, x^d)$ により，

$$\begin{aligned} g&=\exp\left(\sum_{i=1}^{d} x^i X_i\right) a \\ &\simeq \left(1+\sum_{i=1}^{d} x^i X_i\right) a \end{aligned} \tag{3.67}$$

と表せるから上の二つの式を等しいとおいて，

$$1+\sum_{i=1}^{d} y^i X_i=\left(1+\sum_{i=1}^{d} x^i X_i\right) a \tag{3.68}$$

さて X_i はリー代数の1次独立な基底であるから，$\{X_i,\ i=1,\cdots,d\}$ で張られる行列のつくるベクトル空間の内積を $(A,B)=\mathrm{tr}(AB^\dagger)$ で定義し，基底を $(X_i,X_j)=\delta_{ij}$ となるように選べば，式 (3.68) に $X_i{}^\dagger$ を掛けてトレースをとることにより，

$$y^i=\sum_{j=1}^{d}c_{ji}x^j+b_i \tag{3.69}$$

が得られる．ここで $c_{ji}=\mathrm{Tr}(X_jaX_i{}^\dagger)$，$b_i=\mathrm{Tr}\{(a-1)X_i{}^\dagger\}$ とおいた．関数 y^i が変数 $x^j(j=1,\cdots,d)$ の無限回微分可能な関数であることは明らかである．したがって U は微分可能多様体である．定理 3.5 により連結なリー群は U の元から生成されるので，連結な線形リー群は微分可能多様体である．また左移動，右移動が無限回微分可能であることは，群の元が式 (3.47) のように指数関数で書けることからただちにわかる．連結でない線形リー群 G の場合には単位元を含む連結成分を G_0 とすると，図 3.2 のようにそれぞれの連結成分 $g\mathrm{G}_0(g\in\mathrm{G})$ が微分可能多様体であるから，全体としても微分可能多様体であることがいえる．

リー群 $\mathrm{G}=\{\exp\sum_{i=1}^{d}x^iX_i\}$ の中の単位元を通る曲線 $g(t)=\exp(t\sum c^iX_i)$ を考え，単位元におけるこの曲線の接ベクトル $\mathrm{d}/\mathrm{d}t$ を求めると，

$$\frac{\mathrm{d}}{\mathrm{d}t}\exp(t\sum_{i=1}^{d}c^iX_i)|_{t=0}=\sum_{i=1}^{d}c^iX_ig(0) \tag{3.70}$$

であるからリー代数の基底 X_i は群多様体 G の単位元における接空間 $\mathrm{T}_e(\mathrm{G})$ の基底であることがわかる．G の元 a による左移動 $\mathrm{L}_a:g\to ag$ のもとで単位元 e の近傍は a の近傍に移る．また e を通る曲線 $g(t)$ は a を通る曲線 $ag(t)$ に写像されるから，曲線 $ag(t)$ の a における接ベクトル $\mathrm{d}/\mathrm{d}t$ は，

$$\frac{\mathrm{d}}{\mathrm{d}t}a\exp(t\sum_{i=1}^{d}c^iX_i)|_{t=0}=\sum_{i=1}^{d}c^i(aX_ia^{-1})ag(0) \tag{3.71}$$

となって $\{aX_ia^{-1}\}$ は多様体 G の点 a における接空間 $\mathrm{T}_a(\mathrm{G})$ の基底になっている．こうして G の各点 a にベクトル $\mathrm{V}_a=\sum_{i=1}^{d}c^i(aX_ia^{-1})$ を対応させることによってベクトル場が定義される．このベクトル場は e における $V_e=\sum_{i=1}^{d}c^iX_i$ より $V_a=aV_ea^{-1}$ によって得られる．このようなベクトルを**左不変ベクトル場**という．左不変ベクトル場はそのつくり方から明らかなように，単位元 e におけ

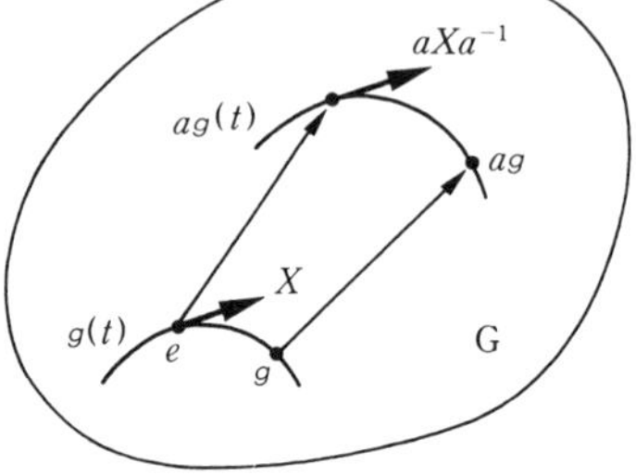

図 3.10 左移動による接ベクトルの写像

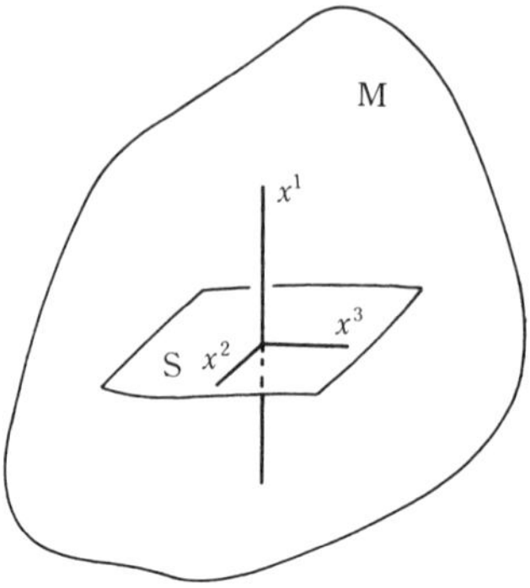

図 3.11 3 次元多様体 M の中の 2 次元多様体 S

る接空間 $T_e(G)$ と同型である．一般にはこの左不変ベクトル場をリー群 G のリー代数という．同様にして右移動 $R_a : ga$ を考えることにより，**右不変ベクトル場** $V_a = a^{-1}V_e a$ が得られる．右不変ベクトル場も $T_e(G)$ と同型であり，リー代数をつくっている．

この節のはじめに述べたように線形リー群は一般に $GL(n, \mathbf{C})$ の部分群であるから，$\mathbf{R}^{2n^2}$ の開集合 (3.51) の中の滑らかな超曲面で表される．滑らかな超曲面とは微分可能な**部分多様体** (submanifold) のことである．ここで n 次元微分可能多様性 M の中の m 次元部分多様体 S ($m<n$) は次の性質をもつ M の点の集合である．S の任意の点 P に M 内のある開近傍があって，その近傍に含まれる S のすべての点の座標が $x^1 = \cdots\cdots = x^{n-m} = 0$ を満たすように M の座標系がとれるとき，S を M の部分多様体という．図 3.11 では座標軸 x^1 と S との交点 P の座標を $x^1=0$ ととれる．微分可能多様体の部分多様体はそれ自身微分可能多様体である．したがって線形リー群が微分可能多様体であることはこのことからもわかる．

問 題

3.17 局所座標系 $(x^1, \cdots\cdots, x^n)$ に関して二つの接ベクトル，

$$X = \sum_{i=1}^{n} \xi^i \frac{\partial}{\partial x^i}, \qquad Y = \sum_{i=1}^{n} \eta^i \frac{\partial}{\partial x^i}$$

が与えられたとき次式を証明せよ．

$$[X, Y]=\sum_{k=1}^{n}\sum_{i=1}^{n}\left(\xi^i\frac{\partial\eta^k}{\partial x^i}-\eta^i\frac{\partial\xi^k}{\partial x^i}\right)\frac{\partial}{\partial x^k}$$

これは接ベクトルの交換子もまた接ベクトルであり，その成分が，

$$\sum_{i=1}^{n}\left(\xi^i\frac{\partial\eta^k}{\partial x^i}-\eta^i\frac{\partial\xi^k}{\partial x^i}\right)\qquad(k=1,\cdots,n)$$

であることを意味している．

3.18　解析的多様体があり，$X=\mathrm{d}/\mathrm{d}\lambda$ を接ベクトルとする曲線を $x^i(\lambda)$ とする．曲線に沿って ε だけ移動したとき，曲線上の 2 点の座標は，

$$x^i(\lambda+\varepsilon)=\exp(\varepsilon X)x^i(\lambda)$$

と関係づけられることを示せ．このような曲線を接ベクトル X の積分曲線という．

3.5　群上の積分

リー群 G 上で定義された関数 $f(g)$ $(g\in \mathrm{G})$ が与えられたとき，この関数の群上での積分を考えよう．G のそれ自身への変換である左移動，右移動は群多様体の座標軸の変換と考えることもできるから，群多様体上での積分は左移動あるいは右移動に対して不変であるように定義されるべきである．このように定義された群上の積分を**不変積分**という．左移動に対して不変な積分，

$$\int f(ag)\,\mathrm{d}g_{\mathrm{L}}=\int f(g)\,\mathrm{d}g_{\mathrm{L}} \tag{3.72}$$

を与える積分測度 $\mathrm{d}g_{\mathrm{L}}$ を**左不変ハール測度**（left Haar measure）という．同様にして右不変なハール測度も定義される．群が局所コンパクトであればこのような積分測度は定数倍を除いてただ一つ存在することが知られている．ここで位相空間が**局所コンパクト**（locally compact）とは各点のまわりに，コンパクトな開近傍の閉包すなわち境界も含めた近傍が存在することである．リー群は一般に局所コンパクトである．

例 3.5　不変積分の最も簡単な例は実数の加法群の場合である．実数の全体 $\mathbf{R}$ は群の積の演算を実数の和で定義することにより群をなす．この群の不変積分は実数直線上の通常の積分である．実際，

$$\int_{-\infty}^{\infty} f(x+a)\,\mathrm{d}x = \int_{-\infty}^{\infty} f(x)\,\mathrm{d}x \tag{3.73}$$

が任意の $a \in \mathbf{R}$ について成り立つ．このようなアーベル群の場合には左右の区別はないから，不変測度は $\mathrm{d}x$ である．また正の実数の全体 $\mathbf{R}^+$ は乗法に関して群をなしている．この群に対して次の積分，

$$\int_{0}^{\infty} f(ax)\,\frac{\mathrm{d}x}{x} = \int_{0}^{\infty} f(x)\,\frac{\mathrm{d}x}{x} \tag{3.74}$$

が任意の $a \in \mathbf{R}^+$ について成り立つから，不変測度は $\mathrm{d}x/x$ である．

一般のリー群について左不変ハール測度を求めてみよう．そのために単位元付近の体積要素が左移動に対してどのように変化するかを調べる．まず準備として多様体上の体積要素がどのように表されるかを見ておく．n 次元微分可能多様体上の点 P における体積要素とは，P における n 個の 1 次独立な微小接ベクトルの張る体積である．例えば 2 次元多様体の体積（面積）要素 $\mathrm{d}V_2(\mathrm{P})$ は点 P における 2 次元接空間の二つの 1 次独立な微小ベクトル $\mathrm{d}\boldsymbol{t}_1 = (\delta t_1{}^1, \delta t_1{}^2)$，$\mathrm{d}\boldsymbol{t}_2 = (\delta t_2{}^1, \delta t_2{}^2)$ の張る平行四辺形の面積，

$$\begin{aligned}\mathrm{d}V_2(\mathrm{P}) &= \begin{vmatrix} \delta t_1{}^1 & \delta t_2{}^1 \\ \delta t_1{}^2 & \delta t_2{}^2 \end{vmatrix} \\ &= \det[\mathrm{d}\boldsymbol{t}_1, \mathrm{d}\boldsymbol{t}_2]\end{aligned} \tag{3.75}$$

である．一般に n 次元多様体の体積要素は，

$$\mathrm{d}V_n(\mathrm{P}) = \begin{vmatrix} \delta t_1{}^1 \cdots\cdots \delta t_n{}^1 \\ \vdots \quad \cdots\cdots \quad \vdots \\ \delta t_1{}^n \cdots\cdots \delta t_n{}^n \end{vmatrix} = \det[\mathrm{d}\boldsymbol{t}_1, \cdots\cdots, \mathrm{d}\boldsymbol{t}_n] \tag{3.76}$$

で与えられる．このように定義された体積要素は $\det[\mathrm{d}\boldsymbol{t}_1, \cdots\cdots, \mathrm{d}\boldsymbol{t}_n]$ の正負によって点 P における局所座標系が右手系か左手系かを定義している．多様体全体にわたって右手系か左手系いずれか一定の向き付けができるとき，この多様体は向き付け可能であるという．連結なリー群あるいはリー群の連結成分は

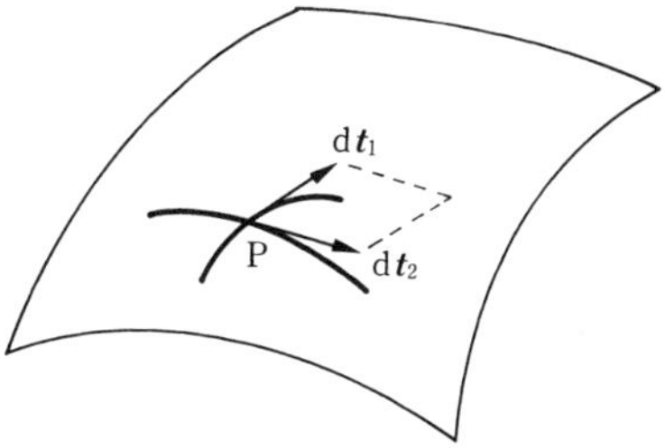

図 3.12 2 次元多様体の体積

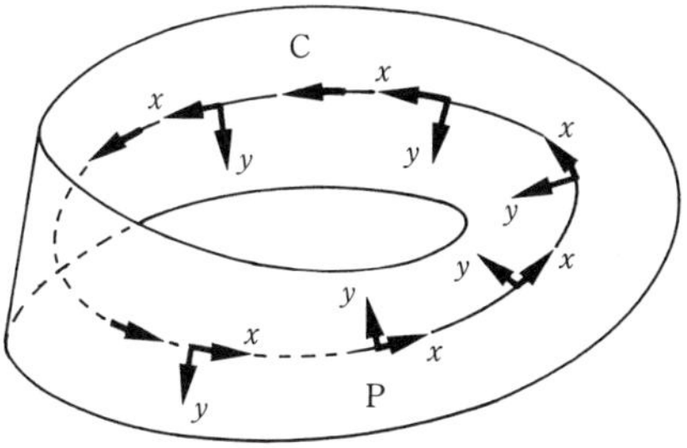

図 3.13 メビウスの帯

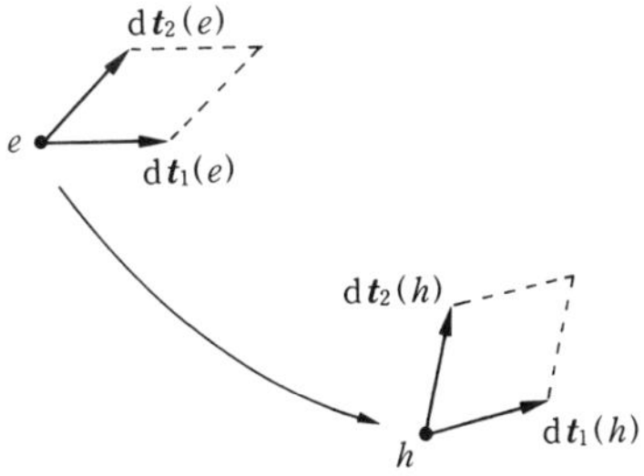

図 3.14 体積要素の左移動による変化

向き付け可能多様体である．向き付け可能でない多様体の例にメビウス（Möbius）の帯がある．メビウスの帯はテープを 1 回ひねって輪にしたものである．図 3.13 で点 P での右手座標系は曲線 C に沿って 1 周すると左手系となってもどってくる．

リー群 G の単位元付近の体積要素が左移動に対してどのように変化するかを見るために，単位元近傍の元 $g=\exp(\sum_{i=1}^{d}\delta t^i X_i)$ の $h=\exp(\sum_{i=1}^{d}u^i X_i)$ による左移動，

$$\exp\left(\sum_{i=1}^{d}u^i X_i\right)\exp\left(\sum_{i=1}^{d}\delta t^i X_i\right)=\exp\left(\sum_{i=1}^{d}\phi^i(u,\delta t)X_i\right) \tag{3.77}$$

を考える．移動後のパラメータ $\phi^i(u,\delta t)$ を δt について 1 次まで展開すると，

$$\phi^i(u,\delta t)=\phi^i(u,0)+\sum_{j=1}^{d}\left.\frac{\partial\phi^i(u,x)}{\partial x^j}\right|_0\delta t^j \tag{3.78}$$

$\phi^i(u,0)=u^i$ であるから，単位元付近の微分ベクトル $\mathrm{d}\boldsymbol{t}_a(e)=(\delta t_a{}^1,\cdots\cdots,\delta t_a{}^d)$

$(a=1, \cdots, d)$ (d はリー群 G の次元) は h の近傍の微小ベクトル,

$$\mathrm{d}t_a{}^i(h) = \phi^i(u, \delta t_a) - \phi^i(u, 0)$$
$$= \sum_{j=1}^{d} \left.\frac{\partial \phi^i(u, x)}{\partial x^j}\right|_0 \mathrm{d}t_a{}^j(e)$$
$$= \sum_{j=1}^{d} C_{\mathrm{L}}{}^i{}_j(h)\,\mathrm{d}t_a{}^j(e) \tag{3.79}$$

に変換される．ここで,

$$C_{\mathrm{L}}{}^i{}_j(h) = \left.\frac{\partial \phi^i(u, x)}{\partial x^j}\right|_0 \tag{3.80}$$

とおいた．したがって体積要素は式 (3.76) より,

$$\mathrm{d}V_d(h) = \det[C_{\mathrm{L}}{}^i{}_j(h)]\,\mathrm{d}V_d(e) \tag{3.81}$$

と変換されることがわかる．これより左移動 L_h に対して不変なハール測度 $\mathrm{d}g_{\mathrm{L}}$ は,

$$\mathrm{d}g_{\mathrm{L}} = \det[C_{\mathrm{L}}{}^i{}_j(h)]^{-1}\,\mathrm{d}V_d(h) \tag{3.82}$$

によって与えられる．右不変ハール測度 $\mathrm{d}g_{\mathrm{R}}$ は,

$$C_{\mathrm{R}}{}^i{}_j(h) = \left.\frac{\partial \phi^i(x, u)}{\partial x^j}\right|_0 \tag{3.83}$$

とおき換えることによって得られる．

線形リー群は $\mathrm{GL}(n, \mathbf{C})$ の閉部分群であるから $\mathbf{R}^{2n^2}$ の中の閉集合である．この閉集合が有界であればコンパクトである．$\mathrm{GL}(n, \mathbf{C})$ の有界閉集合となる部分群を**コンパクト群**という．これに対して有界でないような群を**ノンコンパクト群**という．例えば $\mathrm{O}(n)$ は直交行列 $\{x_{ij}\}$, $\sum_{k=1}^{n} x_{ik}x_{jk} = \delta_{ij}\,(1 \leqq i, j \leqq n)$ の全体である．$\mathrm{GL}(n, \mathbf{C})$ における直交行列の点列を $\{x_{ij}{}^{(m)}, m=1, 2, \cdots\}$ とするとその極限も直交行列の条件を満たすから $\mathrm{O}(n)$ は閉集合であり，また $|x_{ij}| \leqq 1$ であるから有界集合である．ゆえに $\mathrm{O}(n)$ はコンパクト群である．同様に $\mathrm{SO}(n)$, $\mathrm{U}(n)$, $\mathrm{SU}(n)$, $\mathrm{Sp}(n, \mathbf{R})$ はコンパクト群である．これに対し $\mathrm{SL}(n, \mathbf{C}/\mathbf{R})$ やローレンツ群は有界集合でないからノンコンパクト群である．コンパクト群は有界閉集合であるから群のパラメータの範囲も有界閉区間であり，群多様体の体積 $\int_{\mathrm{G}} \mathrm{d}g_{\mathrm{L}}$ も有限である．ノンコンパクト群の体積は有限ではない．

コンパクト群 G では全体積が有限であるから，全体積で割ったものを左不

変測度と定義すれば $\int_G dg_L = 1$ としてよい．このとき G 上の連続関数 f に対してその左不変積分，

$$I(f) = \int_G f(g)\,dg_L \tag{3.84}$$

はただ一つ存在することが知られている．このことからコンパクト群の左不変積分 $I(f)$ は右不変でもあることが示せる．実際に G の任意の元 g_0 に対して $I(f)$ から新しい積分 $I^*(f)$ を，

$$I^*(f) = \int_G f(gg_0)\,dg_L \tag{3.85}$$

で定義すれば，$I^*(f)$ はまた G 上の左不変積分である．そこで左不変積分の一意性により $I^*(f) = I(f)$ であるから，

$$\int_G f(gg_0)\,dg_L = \int f(g)\,dg_L \tag{3.86}$$

が成り立ち，左不変積分は右不変でもある．すなわちコンパクト群の左不変ハール測度は両側不変である．

問　　題

3.19　三角行列の群，

$$T = \left\{ \begin{pmatrix} x & y \\ 0 & z \end{pmatrix} ;\ x, y, z \in \mathbf{R},\ \ x > 0,\ \ z > 0 \right\}$$

の左不変ハール測度は $dx dy dz / x^2 z$ で与えられることを示せ．右不変測度はどうなるか．

3.20　$GL(n, \mathbf{R})$ の左不変測度は群の元 $g = (g_{ij})$ の行列要素をパラメータとするとき，

$$dg = (\det g)^{-n} \prod_{1 \leq i, j \leq n} dg_{ij}$$

であることを示せ．これはまた右不変測度でもあることを示せ．

4 リー代数の表現と分類

4.1 リー代数の一般的性質

連結な線形リー群にはそのリー代数が一意的に対応している．リー代数はリー群の単位元の近傍の局所的な性質によって決まるが，逆にリー代数はリー群の局所的性質のみならず連結リー群あるいはリー群の単位元を含む連結成分の全体をも決定してしまうことが重要である．3.3 節の定理 3.5 で述べたようにコンパクトで連結な線形リー群の場合には，任意の元 g はそのリー代数の基底 $X_1, \cdots, X_d$ と実数パラメータ $t^i (i=1, \cdots, d)$ を用いて，

$$g=\exp\left(\sum_{i=1}^{d} t^i X_i\right) \tag{4.1}$$

と与えられるのである．リー群は連続無限個の元の集合であるが，その性質は有限次元のリー代数によって決まってしまうことは注目に値する．

一般にベクトル空間 W の任意の二つの元 X，Y に対して，その交換子あるいは交換子積とよばれる W の元 $[X, Y]$ が定まり，式 (3.40) の四つの性質が満たされるとき，W を抽象リー代数とよぶのであった．定理 3.6 で述べたように，抽象リー代数には一般的にはいくつかの連結線形リー群が対応し，特に単連結な線形リー群は一意的に対応している．

リー代数の基底を $\{X_1, \cdots, X_d\}$ とするとこれらのあいだの交換子もまたリー代数に属するから，$[X_i, X_j]$ は基底の 1 次結合で表される．

$$[X_i, X_j]=\sum_{k=1}^{d} f_{ij}{}^{k} X_k \tag{4.2}$$

1次結合の実数係数 $f_{ij}{}^k$ を**構造定数**（structure constant）という．リー代数の構造はこれによって完全に決まるのである．したがってこのリー代数に対応する連結リー群の性質も構造定数によって決まることになる．ここでリー代数に関する基本的な定義をまとめておく．

リー代数 W の**部分代数**（subalgebra）K とは W の部分空間で，交換子をとる演算に関して閉じているような空間である．すなわち $X, Y \in$K なら $[X, Y] \in$K となるような部分空間である．この定義よりただちに線形リー群 H が線形リー群 G の部分群なら H のリー代数 K は G のリー代数 W の部分代数であることがいえる．

リー代数 W の**イデアル**（ideal）K とは，K の任意の元と W のすべての元との交換子がまた K に属するような部分代数である．すなわち $X \in$W，$Y \in$K なら $[X, Y] \in$K である．

二つのリー代数 K，L の任意の元 $X \in$K，$Y \in$L が可換，$[X, Y]=0$ であるとき，$X+Y$ の全体もリー代数になることは容易に確かめることができる．こうして得られるリー代数を K と L の直和（direct sum）といい，W＝K⊕L と表す．

リー代数 W のすべての元 $X, Y \in$W が可換，すなわち $[X, Y]=0$ であるとき，このようなリー代数を**可換リー代数**または**アーベリアン**（Abelian）リー代数という．可換な線形リー群のリー代数はアーベリアンである．

連結線形リー群の場合にはそのリー代数とのあいだに次の定理が成り立つ．

定理 4.1　(1)　連結線形リー群 H が連結線形リー群 G の部分群であるための必要十分条件は，H のリー代数 K が G のリー代数 W の部分代数であることである．

(2)　連結線形リー群 G の連結な部分群 H が G の不変部分群であるための必要十分条件は，H のリー代数 K が G のリー代数 W のイデアルとなることである．

(3)　連結線形リー群 G が連結な部分群 H_1, H_2 の直積，$G=H_1 \otimes H_2$ であるための必要十分条件は，G, H_1, H_2 それぞれのリー代数を W, K_1, K_2 とすると，W は K_1 と K_2 の直和，$W=K_1 \oplus K_2$ となることである．

(4)　連結線形リー群Gが可換群であるための必要十分条件はGのリー代数Wがアーベリアンであることである.

リー代数Wのすべての元と可換な部分集合Sは可換なイデアルになる. 実際Sに属する任意の2元 $X, Y \in$ S とWの元 A についてヤコビの恒等式を適用すれば,

$$[A, [X, Y]] + [Y, [A, X]] + [X, [Y, A]] = 0 \tag{4.3}$$

ここで $[A, X] = [A, Y] = 0$ であるから $[A, [X, Y]] = 0$ がすべての $A \in$ W について成り立つ. ゆえに $[X, Y] \in$ S だからSは部分代数である. これが可換なイデアルであることはSの定義により明らかである. SをWの**中心**(center)という. 線形リー群Gの中心Zのリー代数Sは群Gのリー代数Wの中心である.

可換なイデアルを含まないようなリー代数を**半単純リー代数**(semi-simple Lie algebra)という. またいかなるイデアルをも含まないリー代数を**単純リー代数**(simple Lie algebra)という. 半単純リー代数は一般に単純リー代数の直和であることが示せる. そのためにまずリー代数の構造は構造定数 $f_{ij}{}^k$ によって決まるのでその性質を見ておこう.

定義(4.2)より,

$$f_{ij}{}^k = -f_{ji}{}^k \tag{4.4}$$

である. またヤコビの恒等式,

$$[X_i, [X_j, X_k]] + [X_j, [X_k, X_i]] + [X_k, [X_i, X_j]] = 0 \tag{4.5}$$

と式(4.2)より構造定数に対する次の関係が得られる.

$$f_{jk}{}^n f_{in}{}^m + f_{ki}{}^n f_{jn}{}^m + f_{ij}{}^n f_{kn}{}^m = 0 \tag{4.6}$$

ここで上下対になっている同一の添字 n に関しては, そのとりうるすべての値に関して和をとるものとする. 特に断らない限りこの約束は以下でも用いる.

次のように定義される量を**カルタン計量**(Cartan metric)という.

$$g_{ij} = f_{in}{}^m f_{jm}{}^n \tag{4.7}$$

これはその定義より明らかに i, j について対称, $g_{ij} = g_{ji}$ である. アーベリアン代数に対する g_{ij} は0である. g_{ij} を成分とする行列 g の行列式が0でないと

き，g の逆行列が存在し，その成分 g^{ij} は

$$g^{ij}g_{jk}=\delta^{i}{}_{k} \tag{4.8}$$

を満たす．式 (4.7)，(4.8) でも添字に関する和の約束を用いていることに注意しよう．g_{ij} および g^{ij} を用いて添字の上げ下げを定義することができる．例えば，

$$f_{jki}=g_{in}f_{jk}{}^{n} \tag{4.9}$$

によってすべての添字が下付の量を定義すると，これは i，j，k に関して完全反対称であることをヤコビの関係式 (4.6) を用いて示すことができる．

リー代数 $\mathrm{W}=\{X_i, i=1,\cdots,d\}$ のイデアルを $\mathrm{K}=\{X_a, a=1,\cdots,r, r<d\}$ とすると，イデアルの定義により，

$$g_{ai}=f_{ab}{}^{c}f_{ic}{}^{b} \tag{4.10}$$

ここで b，c に関する和は 1 から r までに限られる．したがってイデアルがアーベリアンのときは $f_{ab}{}^{c}=0$ であるから $g_{ai}=0\,(i=1,\cdots,d)$ となって，$\det g=0$ である．この対偶をとれば，$\det g\neq 0$ ならリー代数 W のイデアルはアーベリアンではない，すなわち W は半単純リー代数である．この逆も証明することができて，次の定理が成り立つ．

定理 4.2　半単純リー代数　$\Longleftrightarrow$　$\det g\neq 0$

単純リー代数はそれ自身以外にイデアルをもたないから W＝K の特別な場合であると考えることができるのでやはり $\det g\neq 0$ である．この意味で単純リー代数は半単純でもある．

リー代数 $A=a^iX_i$，$B=b^iX_i$ の双 1 次形式をカルタン計量を用いて次のように定義する．

$$(A,B)\equiv(a,b)=g_{ij}a^ib^j \tag{4.11}$$

これを**キリング形式**（Killing form）という．カルタン計量はリー代数の基底 X_i を用いて，

$$g_{ij}=(X_i,X_j) \tag{4.12}$$

とも書ける．リー代数 A, B, C の交換子とキリング形式のあいだには次の関係が成り立つ．

$$(A, [B, C]) = (B, [C, A]) = (C, [A, B]) = f_{ijk}a^i b^j c^k \tag{4.13}$$

以上で準備が整ったので，半単純リー代数は一般的には単純リー代数の直和であることを示そう．半単純リー代数 W がイデアル K を含むとして，K のすべての元 B とカルタン計量のもとで直交する W の元の集合を $K^\perp$ と書くことにする．すなわち，

$$K^\perp = \{A \in W\ ;\ (A, B) = 0,\ \ {}^\forall B \in K\}$$

である．ここで $X, Y \in K^\perp$，$Z \in K$ に式 (4.13) を適用することにより $[X, Y] \in K^\perp$ がいえるので，$K^\perp$ は W の部分代数であることがわかる．イデアル K はそれ自身，単純リー代数として一般性を失わない．半単純リー代数 W の基底 $X_i\ (i=1, \cdots, d)$ のうち，$X_a\ (a=1, \cdots, r)$ を K の基底とし，$X_\alpha\ (\alpha = r+1, \cdots, d)$ を残りの基底とすると，$\det g_{ab} \neq 0$ だから g_{ab} の逆行列 g^{ab} が存在し，

$$\tilde{X}_\alpha = X_\alpha - (X_\alpha, X_a) X_b g^{ab}$$

は K の基底 X_a に直交する $K^\perp$ の基底である．

ベクトル空間 W の任意の元は常に K に属する元と $K^\perp$ に属する元の和に分解できるから W は $K^\perp \cup K$ で張られる．すなわち $W = K^\perp \cup K$．次に $A \in K^\perp$，$B \in K$，$C \in W$ とすると K はイデアルだから $[B, C] \in K$ であることに注意して式 (4.13) を適用すれば，

$$(B, [C, A]) = (C, [A, B]) = (A, [B, C]) = 0 \tag{4.14}$$

まず $(B, [C, A]) = 0$ より $[C, A] \in K^\perp$ だから，$K^\perp$ もイデアルであることがわかる．次に $(C, [A, B]) = 0$ より $[A, B]$ は W のすべての元と直交していることがわかる．ベクトル空間 W の計量 g_{ij} が $\det g \neq 0$ であるとき，W のすべて

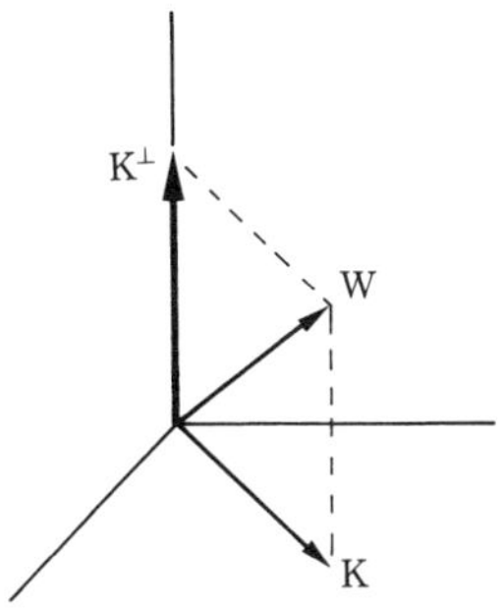

図 4.1　K と $K^\perp$

の元と直交するのは0しかないことがいえるので，$[A, B]=0$ である．したがって W は K と $K^{\perp}$ の直和であることがいえた．K も $K^{\perp}$ もイデアルであるから，半単純リー代数 W がイデアルの直和に分解できた．$K^{\perp}$ がさらにイデアルを含んでいるときには，これまでの議論を繰り返すことによってそれ以上イデアルを含まない部分代数の直和，すなわち単純リー代数の直和に分解できることがわかる．

さてここでベクトル空間 W が $\det g \neq 0$ であるとき，W のすべての元と直交する元は0しかないことの証明を与えておこう．W の基底を $X_1, \cdots, X_d$ とすると，$(X_i, X)=0 (i=1, \cdots, d)$ なら $X=0$ をいえばよい．X を基底の1次結合，$X=\sum x^i X_i$ で表すと，

$$(X_i, X)=\sum_{j=1}^{d} x^j (X_i, X_j)=\sum_{j=1}^{d} g_{ij} x^j=0$$

これは d 個の線形斉次方程式であるからその係数の行列式が $\det g \neq 0$ であるとき，恒等的に $x^i=0 (i=1, \cdots, d)$ の解しかない．ゆえに $X=0$ である．以上により次の定理を証明した．

定理 4.3　半単純リー代数は単純リー代数の直和である．

連結リー群のリー代数が半単純あるいは単純であるとき，これを半単純リー群あるいは単純リー群という．いい換えれば半単純リー群とは可換な不変部分群を含まないような連結リー群であり，単純リー群とはいかなる不変部分群をも含まない連結リー群である．この定理と定理 4.1 より半単純リー群は単純リー群の直積である．

2.4 節で群の表現について述べた．群 G の表現とは G から $GL(n, \mathbf{C})$ への準同型写像 D のことであった．すなわち群 G の各元 g_i に n 行 n 列の正則行列 $D(g_i)$ が対応しており，行列の集合 $\{D(g_i)\}$ が群 G の定義を満たしているのである．同様にしてリー代数 W から $GL(n, \mathbf{C})$ への準同型写像 ρ を**リー代数の表現**という．いい換えればリー代数 W の元 A に n 行 n 列の行列 $\rho(A)$ が対応しており，行列の集合 $\{\rho(A)\}$ がリー代数の定義を満たしているとき，ρ をリー代数の表現というのである．$\rho(A)$ の作用するベクトル空間を表現空間とい

い，その次元 n を表現の次元という．特にリー代数の基底 X_i には $\rho(X_i)$ が対応して，

$$[\rho(X_i), \rho(X_j)] = f_{ij}{}^k \rho(X_k) \tag{4.15}$$

が成り立つ．コンパクトな連結リー群の元は式 (4.1) のようにリー代数によって与えられるので，その表現 D はリー代数の表現 ρ を用いて，

$$D(g) = \exp[\sum_t t^i \rho(X_i)] \tag{4.16}$$

と書くことができる．

表現行列 $\rho(X_i)$ を構造定数 $f_{ij}{}^k$ を用いて，

$$\{\rho(X_i)\}^k{}_j = f_{ij}{}^k \tag{4.17}$$

と与えると，これが実際にリー代数の表現になっていることは容易に確かめることができる．例えば式 (4.15) はヤコビの恒等式を使って確かめられる．この表現をリー代数の**随伴表現**（adjoint representation）といい，$\mathrm{ad}(X_i)$ と表す．カルタン計量 (4.7) およびキリング形式 (4.11) は随伴表現を用いて，

$$g_{ij} = \mathrm{Tr}\{\mathrm{ad}(X_i)\mathrm{ad}(X_j)\} \tag{4.18}$$

$$(A, B) = \mathrm{Tr}\{\mathrm{ad}(A)\mathrm{ad}(B)\} \tag{4.19}$$

と書くことができる．

リー代数のそれぞれの元と表現行列のあいだの対応は準同型であるから一般には n 対 1 である．特に 1 対 1 対応のとき**忠実な表現**という．随伴表現はリー代数の中心を除いて忠実な表現になっている．中心すなわちリー代数のすべての元と可換なイデアルの任意の元 X については $\mathrm{ad}(X)=0$ となるからである．半単純リー代数は中心をもたないので，その随伴表現は忠実である．リー代数の随伴表現が与えられたとき，式 (4.16) で $\rho(X_i)=\mathrm{ad}(X_i)$ とおくことによってリー群 G の表現が得られる．これを G の随伴表現 Ad(G) という．これは群の中心 Z を除いて群の忠実な表現である．$g \in \mathrm{Z}$ に対しては $\mathrm{Ad}(g) = 1$ であるから，Z は準同型写像 G → Ad(G) の核である．したがって準同型定理 2.1 により Ad(G) は剰余類群 G/Z の忠実な表現になっている．

例 4.1　簡単な例として 3 次元直交群 SO(3) を考えよう．3.2 節で見たようにそのリー代数 $X_i (i=1,2,3)$ は式 (3.26) で与えられ，それらの交換子の関係あ

るいは交換関係は次のようになる．

$$[X_i, X_j] = -X_k, \qquad (i, j, k) = (1, 2, 3), (2, 3, 1), (3, 1, 2) \tag{4.20}$$

したがって構造定数は $f_{12}{}^{3} = f_{23}{}^{1} = f_{31}{}^{2} = -1$，そのほかは 0 となる．カルタン計量は $g_{ii} = -2\,(i=1, 2, 3)$，そのほかの成分は 0 となる．したがって $\det g = -8 \neq 0$ であるから SO(3) のリー代数は半単純である．実際にはこれはいかなるイデアルをも含まないので単純である．また随伴表現 $\mathrm{ad}(X_i)$ は式 (3.26) の行列そのもので与えられることも容易に確かめられる．

問　　題

4.1　定理 4.1 を証明せよ．

4.2　ヤコビの恒等式 (4.5) より構造定数に関する等式 (4.6) を導け．

4.3　式 (4.9) で定義された f_{ijk} が i, j, k について完全反対称であることを確かめよ．

4.4　リー代数 A, B, C の交換子積とキリング形式の関係 (4.13) を確かめよ．

4.5　リー代数 $X = x^i X_i$，$Y = y^i X_i$，$A = a^i X_i$ に対して次の関係が成り立つことを示せ．

$$(Y, \mathrm{ad}(A)X) \equiv (y, \mathrm{ad}(A)x) = (Y, [A, X])$$

これにより随伴表現を $\mathrm{ad}(A)X \equiv [A, X]$ と定義することもできる．

4.2　コンパクト群とそのリー代数

物理によくでてくる連続群は SO(n)，SU(n) といったコンパクト群である．コンパクト群の分類と表現に関してはリー代数に基づいた非常に単純で美しい理論があるのでそれについて述べよう．コンパクトで連結な線形リー群を G とし，その中心すなわち G のすべての元と可換な元からなる不変部分群を Z とする．前節で述べたように群 G の随伴表現は剰余類群 G/Z の忠実な表現であるから，コンパクト群の構造を調べるにはその随伴表現を用いるのが便利である．そこではじめにコンパクト群の表現に関する基本的な定理を挙げておく．

3.5 節で見たように，コンパクト群の群多様体上の積分は有限で，その積分測度は両側不変であるから群多様体の体積を $\int_G \mathrm{d}g=1$ と定義しておく．群の表現を D とし，その表現空間を V とする．V の一つの内積 $(x,y)\,(x,y\in \mathrm{V})$ をとり，

$$\langle x, y\rangle=\int_G (D(g)x, D(g)y)\,\mathrm{d}g \tag{4.21}$$

と定義すれば，$\langle x,y\rangle$ はまた V 上の内積である．積分が右不変でもあることから，群の任意の元 h に対し，

$$\begin{aligned}\langle D(h)x, D(h)y\rangle&=\int_G (D(gh)x, D(gh)y)\,\mathrm{d}g\\&=\int_G (D(g)x, D(g)y)\,\mathrm{d}g=\langle x, y\rangle\end{aligned} \tag{4.22}$$

すなわち $D(h)$ は内積 $\langle x,y\rangle$ を変えないから，この内積に関してユニタリである．このような表現 $D(h)$ を群のユニタリ表現という．こうして次の定理が得られる．

定理 4.4　コンパクト群の任意の表現は適当な内積を定義すれば，それに関してユニタリ表現となる．

この定理を随伴表現に適用してみる．リー代数の随伴表現の行列は式 (4.17) で与えられているように実数行列であるからコンパクト群の随伴表現の表現行列も式 (4.16) からもわかるように実数行列であり，定理 4.4 により直交行列となる．群の元が直交行列のときそのリー代数は実交代行列である (問題 3.6)．したがってコンパクト群のリー代数（以下コンパクト・リー代数とよぶ）の構造定数は，

$$f_{ij}{}^{k}=-f_{ik}{}^{j} \tag{4.23}$$

を満たし，すべての添字 i,j,k について完全反対称となるのである．

定理 4.5　コンパクト・リー代数の構造定数 $f_{ij}{}^{k}$ は i,j,k について完全反対称である．

これよりただちに，コンパクト・リー代数のカルタン計量の対角要素 g_{ii} は正の値をとりえないことがわかる．

$$g_{ii}=\sum_{j,k}f_{ij}{}^{k}f_{ik}{}^{j}=-\sum_{j,k}f_{ij}{}^{k}f_{ij}{}^{k}\leqq 0 \tag{4.24}$$

$g_{ii}=0$ となるのはすべての j,k について $f_{ij}{}^{k}=0$ となる場合であるから，X_i がリー代数の中心に属する場合である．したがってコンパクト・リー代数 W は中心 $\mathrm{W_c}$ と中心を含まない部分代数 $\mathrm{W_0}$ の直和 $\mathrm{W}=\mathrm{W_0}\oplus\mathrm{W_c}$ になる．このとき $\mathrm{W_0}$ は半単純である．なぜなら，もしそうでないとすると $\mathrm{W_0}$ は可換なイデアルを含むことになる．その元を X_a，X_b とすると $\mathrm{W_0}$ の任意の元 X_i に対して $f_{ai}{}^{b}=-f_{ab}{}^{i}=0$ だからイデアルの性質を使って $[X_a, X_i]=0$，すなわちコンパクト・リー代数の可換なイデアルは中心にほかならない．これは $\mathrm{W_0}$ が中心を含まないという仮定に反するから $\mathrm{W_0}$ は半単純であることがいえた．半単純リー代数は単純リー代数の直和であることを前節で述べた．また可換なリー代数は明らかに 1 次元リー代数の直和であるから次の定理を得る．

定理 4.6　任意のコンパクト・リー代数は単純リー代数と 1 次元リー代数の直和である．

1 次元リー代数に対応するコンパクト・リー群は 1 次元ユニタリ群 U(1) である．したがってこの定理により任意のコンパクトな連結線形リー群は一般的に単純リー群と U(1) の直積であることがわかる．任意のコンパクト・リー代数は単純リー代数に分解できるので，以下では単純リー代数のみを考えることにする．

リー代数の構造定数 $f_{ij}{}^{k}(i,j,k=1,\cdots,d)$ は $d^2(d-1)/2$ 個の成分からなるが，これらがすべて独立なわけではない．そこでリー代数の基底をうまく選んで，0 でない構造定数のみで交換関係 (4.2) を表すことを考える．定理 4.4 によりコンパクト・リー代数の任意の表現はエルミート交代行列で表されるから (問題 3.6)，リー代数の基底として $\hat{X}_i=-iX_i$ をとると，$\hat{X}_i$ の任意の表現はエルミート行列になる．以下では $\{\hat{X}_i\,;\,i=1,\cdots,d\}$ をリー代数のあらたな基底とする．構造定数を $\hat{f}_{ij}{}^{k}=-if_{ij}{}^{k}$ とすると，あらたな基底に対する交換関係

は,

$$[\hat{X}_i, \hat{X}_j] = \hat{f}_{ij}{}^k \hat{X}_k \tag{4.25}$$

となる．リー代数のベクトルについて見ると，$A = a^i X_i = \hat{a}^i \hat{X}_i$, $\hat{a}^i = ia^i \in \mathbf{C}$ と書ける．そこでカルタン計量を $\hat{g}_{ij} = (\hat{X}_i, \hat{X}_j) = -g_{ij}$ と定義すれば式 (4.24) より $\hat{g}_{ii} \geqq 0$ である．またキリング形式 (4.11) は $(A, B) = (\hat{a}, \hat{b}) = \hat{g}_{ij}\hat{a}^i \hat{b}^j$ となる．

リー代数の基底 $\{\hat{X}_1, \cdots\cdots, \hat{X}_d\}$ の中で互いに可換なものをすべて選び，それを $\hat{X}_a = H_a (a=1, \cdots\cdots, r)$ とする．

$$[H_a, H_b] = 0 \qquad (a, b = 1, \cdots\cdots, r) \tag{4.26}$$

これはすなわち構造定数のうち $\hat{f}_{ab}{}^k = 0 (k=1, \cdots\cdots, d)$ であることを意味している．コンパクト・リー代数では $\hat{f}_{ij}{}^k$ は i, j, k について完全反対称であるから，随伴表現の表現行列では，

$$\{\mathrm{ad}(\hat{X}_k)\}^a{}_b = \hat{f}_{kb}{}^a = 0 \qquad (a, b = 1, \cdots\cdots, r ; k = 1, \cdots\cdots, d) \tag{4.27}$$

となる．$\{H_a ; a=1, \cdots\cdots, r\}$ の張る空間はリー代数の部分空間であり，これを**カルタン部分代数**（Cartan subalgebra）という．カルタン部分代数の次元 r をリー代数の**階数**（rank）という．いい換えればリー代数の階数とは，対応するリー群の 1 次独立な生成子のうちで，互いに可換なものの最大個数である．階数はリー代数の基底のとり方にはよらず，リー代数に固有な量である．

リー代数の随伴表現はリー代数の中心を除いて忠実な表現であるから，コンパクトな単純リー代数の構造を調べるのにその随伴表現を用いても一般性は失われない．カルタン部分代数の随伴表現は式 (4.27) と構造定数の対称性から，

$$\mathrm{ad}(H_a) = \begin{array}{c} \quad\overbrace{}^{r} \;\; \overbrace{}^{d-r} \\ \left(\begin{array}{c|c} 0 & 0 \\ \hline 0 & \blacksquare \end{array}\right) \begin{array}{l} \}r \\ \}d-r \end{array} \end{array} \tag{4.28}$$

という形であることがわかる．随伴表現の表現空間はリー代数そのものであるから，$\mathrm{ad}(\hat{X}_k)$ はリー代数のベクトル $X = \hat{x}^i \hat{X}_i$, $Y = \hat{y}^i \hat{X}_i$ のあいだの 1 次変換の行列である．

$$\hat{y}^i = \{\mathrm{ad}(\hat{X}_k)\}^i{}_j \hat{x}^j \tag{4.29}$$

したがって式 (4.28) よりカルタン部分代数のベクトル $H = h^b H_b$ は $\mathrm{ad}(H_a)$ によりゼロベクトルに写像される．

$$\{\mathrm{ad}(H_a)\}^b{}_c h^c = 0 \tag{4.30}$$

いい換えればカルタン部分代数は 1 次写像 $\mathrm{ad}(H_a)$ の核である．また $\{\hat{X}_i, i=r+1,\cdots,d\}$ によって張られる $(d-r)$ 次元空間は，1 次変換 $\mathrm{ad}(H_a)$ によってそれ自身に写される．単純リー代数の場合には，この $(d-r)$ 次元空間は不変部分空間である．

さて行列 $\mathrm{ad}(H_a)\,(a=1,\cdots,r)$ は互いに可換だから，適当に基底を選ぶことによって同時に対角化できる．随伴表現の定義より $\mathrm{ad}(iH_a)$ は実交代行列であるから，線形代数の定理により適当な直交行列 T を用いて，

$$T^{-1}\mathrm{ad}(iH_a)T = \begin{pmatrix} \overbrace{0}^{r} & & & & \\ & \overbrace{\begin{matrix} 0 & \lambda_1^{(a)} \\ -\lambda_1^{(a)} & 0 \end{matrix}}^{d-r} & & & \\ & & \ddots & & \\ & & & 0 & \lambda_s^{(a)} \\ & & & -\lambda_s^{(a)} & 0 \end{pmatrix} \tag{4.31}$$

$(a=1,\cdots,r)$

という形にできる．この行列の 0 でない固有値は純虚数 $\pm i\lambda_1^{(a)},\cdots,\pm i\lambda_s^{(a)}$ $(s=(d-r)/2)$ だから，$\mathrm{ad}(H_a)$ の 0 でない固有値は正負の実数 $\pm\lambda_1^{(a)},\cdots,\pm\lambda_s^{(a)}$ の形に与えられることがわかる．これより $(d-r)$ は偶数でなければならない．したがって $\mathrm{ad}(H_a)$ の実数固有値 α_a に対して $-\alpha_a$ が対になって存在し，それぞれの固有ベクトルを $v_{\pm\alpha}=\{v_{\pm\alpha}{}^i, i=1,\cdots,d\}$ とすると，

$$\{\mathrm{ad}(H_a)\}^i{}_j v_\alpha{}^j = \alpha_a v_\alpha{}^i \tag{4.32}$$

と書くことができる．$\{\mathrm{ad}(H_a)\}^i{}_j = -if_{aj}{}^i$ は純虚数だから，式 (4.32) の複素共役をとることにより，

$$\{\mathrm{ad}(H_a)\}^i{}_j v_\alpha{}^{j*} = -\alpha_a v_\alpha{}^{i*} \tag{4.33}$$

を得る．したがって $v_{-\alpha}=v_\alpha{}^*$ であることがわかる．固有値 $\alpha_a\,(a=1,\cdots,r)$ は r 次元空間のベクトルと見なすことができ，これを**ルート**（root）とよぶ．

ここで $\mathrm{ad}(H_a)$ の反対称性より二つの固有ベクトル v_α, v_β について，

$$(v_\beta, \mathrm{ad}(H_a)v_\alpha) = \alpha_a(v_\beta, v_\alpha)$$
$$= \{\mathrm{ad}(H_a)\}^j{}_k v_{\beta j} v_\alpha{}^k$$

$$= -\{\mathrm{ad}(H_a)\}^k{}_j v_\beta{}^j v_{\alpha k}$$
$$= -\beta_a(v_\beta, v_\alpha)$$

であるから，$(\alpha_a+\beta_a)(v_\beta, v_\alpha)=0$. したがって固有ベクトルを規格化して，

$$(v_\beta, v_\alpha)=\delta_{\alpha+\beta,0} \tag{4.34}$$

を得る．これよりただちに $\mathrm{ad}(H_a)$ の固有値 α_a は縮退していないことが導ける．実際，もし固有値 α に v_α 以外の固有ベクトル u_α があるとすると，

$$(v_{-\alpha}, v_\alpha)=(v_{-\alpha}, u_\alpha)=1$$

だから $(v_{-\alpha}, v_\alpha-u_\alpha)=0$ となって，$v_\alpha-u_\alpha$ が 0 でないとするとそれは固有値 α に属さないベクトルとなり矛盾である．したがって $\mathrm{ad}(H_a)$ は $(d-r)$ 個の異なった固有値 α_a をもち，それぞれの固有ベクトルの張る空間，すなわち固有空間 V_α は 1 次元である．$E_\alpha=v_\alpha{}^i\hat{X}_i$, $E_{-\alpha}=v_{-\alpha}{}^i\hat{X}_i=v_\alpha{}^{i*}\hat{X}_i$ によってルート $\pm\boldsymbol{\alpha}$ に対応したリー代数の元 $E_{\pm\alpha}$ を定義すると，$\{H_a, E_\alpha, E_{-\alpha}\}$ をリー代数の新しい基底にとることができる．このとき，

$$(E_\alpha, E_\beta)=(v_\alpha, v_\beta)=\delta_{\alpha+\beta,0} \tag{4.35}$$

となる．またカルタン部分代数のカルタン計量 $\hat{g}_{ab}$ は定義 (4.12) および式 (4.18) により，

$$\hat{g}_{ab}=(H_a, H_b)$$
$$=\{\mathrm{ad}(H_a)\}^i{}_j\{\mathrm{ad}(H_b)\}^j{}_i$$
$$=\sum_\alpha\{\mathrm{ad}(H_a)\}^i{}_j v_\alpha{}^j v_{\alpha k}{}^*\{\mathrm{ad}(H_b)\}^k{}_i$$
$$=\sum_\alpha \alpha_a\alpha_b v_\alpha{}^i v_{\alpha i}{}^*$$

ここで固有ベクトルの完全性，

$$\sum_\alpha v_\alpha{}^j v_{\alpha k}{}^*=\delta^j{}_k$$

を用いた．ただし上式の和には固有値が 0 の固有関数 v_0 も含む．また式 (4.34) より $\sum_i v_\alpha{}^i v_{\alpha i}{}^*=1$ だからカルタン計量 $\hat{g}_{ab}$ について次の公式を得る．

$$\hat{g}_{ab}=(H_a, H_b)=\sum_\alpha \alpha_a\alpha_b \tag{4.36}$$

さて，式 (4.32) の両辺に $\hat{X}_i$ を掛けて i について和をとると，

$$\{\mathrm{ad}(H_a)\}^i{}_j v_\alpha{}^j\hat{X}_i=\hat{f}_{aj}{}^i v_\alpha{}^j\hat{X}_i=[H_a, E_\alpha]$$
$$=\alpha_a v_\alpha{}^i\hat{X}_i=\alpha_a E_\alpha$$

だから，次の交換関係を得る．

$$[H_a, E_\alpha] = \alpha_a E_\alpha \tag{4.37}$$

次にヤコビの恒等式により，

$$\begin{aligned}[H_a, [E_\alpha, E_{-\alpha}]] &= [E_\alpha, [H_a, E_{-\alpha}]] + [[H_a, E_\alpha], E_{-\alpha}] \\ &= 0\end{aligned}$$

であるから，$[E_\alpha, E_{-\alpha}]$ はカルタン部分代数に属する．したがって，

$$\begin{aligned}[E_\alpha, E_{-\alpha}] &= v_\alpha{}^i v_{-\alpha}{}^j [\widehat{X}_i, \widehat{X}_j] = v_\alpha{}^i v_{-\alpha}{}^j \hat{f}_{ij}{}^a H_a \\ &= -\{\mathrm{ad}(H^a)\}_{ij} v_\alpha{}^i v_{-\alpha}{}^j H_a \\ &= \alpha^a H_a\end{aligned}$$

となって，次式を得る．

$$[E_\alpha, E_{-\alpha}] = \alpha^a H_a \tag{4.38}$$

ここで $\{\mathrm{ad}(H^a)\}_{ij} = \hat{f}_{ji}{}^a = -\hat{f}_{ij}{}^a$ を用いた．さらに $[H_a, [E_\alpha, E_\beta]]$ についてヤコビの恒等式を適用すると，

$$[H_a, [E_\alpha, E_\beta]] = (\alpha_a + \beta_a)[E_\alpha, E_\beta]$$

で，$(\alpha_a + \beta_a)$ が $\mathrm{ad}(H_a)$ の固有値，すなわちルートであれば，それに対応する固有空間は 1 次元であるから，$[E_\alpha, E_\beta]$ は $E_{\alpha+\beta}$ に比例する．すなわち，

$$[E_\alpha, E_\beta] = N_{\alpha,\beta} E_{\alpha+\beta} \tag{4.39}$$

係数 $N_{\alpha,\beta}$ は $\boldsymbol{\alpha}$ と $\boldsymbol{\beta}$ に依存し，$\boldsymbol{\alpha}+\boldsymbol{\beta}$ がルートでない場合は 0 である．

以上をまとめると，階数 r のリー代数の基底 $\{H_a, E_\alpha, E_{-\alpha}\}$ は次の交換関係に従う．これを**カルタンの標準形**という．

$$\begin{aligned}&[H_a, H_b] = 0 \qquad (a, b = 1, \cdots, r) \\ &[H_a, E_{\pm\alpha}] = \pm \alpha_a E_{\pm\alpha} \\ &[E_\alpha, E_{-\alpha}] = \alpha^a H_a, \qquad [E_\alpha, E_\beta] = N_{\alpha,\beta} E_{\alpha+\beta} \\ &E_\alpha^\dagger = E_{-\alpha}, \qquad (E_\alpha, E_\beta) = \delta_{\alpha+\beta,0}, \qquad (H_a, H_b) = \hat{g}_{ab} = \sum_\alpha \alpha_a \alpha_b\end{aligned} \tag{4.40}$$

もとの基底の交換関係 (4.25) における構造定数 $\hat{f}_{ij}{}^k$ に対して，新しい基底の交換関係は α_a と $N_{\alpha,\beta}$ によって決まることがわかる．

カルタン部分代数の計量 $\hat{g}_{ab}$ は以下のようにしてユークリッド計量 $\hat{g}_{ab} = \delta_{ab}$ となるようにすることができる．$\hat{g}_{ab}$ は実対称行列であるから，カルタン部分代数の座標系を適当にとることによって $\hat{g}_{ab}$ を次のような対角形にすることが

できる．

$$\hat{g}_{ab}=c_a c_b \delta_{ab}, \qquad \hat{g}^{ab}=c_a^{-1} c_b^{-1} \delta_{ab}$$

そこで式 (4.36) において H_a をあらたに $c_a H_a$ とすれば，定着し直したカルタン部分代数の計量はユークリッド計量 $\hat{g}_{ab}=\delta_{ab}$ となる．このときルートも α_a を $c_a \alpha_a$ に，α^a を $c_a^{-1}\alpha^a$ におき換える．

この他に E_α の規格化を変えることもできる．式 (4.40) において cE_α（c は実数）をあらたに E_α と定義し直すと，

$$[E_\alpha, E_{-\alpha}]=c^2\alpha^a H_a, \qquad [E_\alpha, E_\beta]=cN_{\alpha,\beta}E_{\alpha+\beta}$$
$$(E_\alpha, E_\beta)=c^2\delta_{\alpha+\beta,0}$$

となり，カルタン計量など，その他の関係式は変わらない．

例 4.2 SO(3) のリー代数 (4.20) をカルタンの標準形に書いてみよう．$\widehat{X}_i=-iX_i$ と定義すると，カルタン計量は $\hat{g}_{ii}=2$，そのほかの成分は 0 となる．カルタン部分代数として $H_1=\widehat{X}_1$ をとると固有値は $\alpha=\pm 1, 0$ で，固有ベクトル $v_{\pm,0}$ は，

$$v_+^k=\frac{1}{2}(0,1,i), \qquad v_-=v_+^*$$

$$v_0^k=\frac{1}{\sqrt{2}}(1,0,0)$$

そこで，E_+, E_- を求めると，新しいリー代数の基底は，次のようになる．

$$H_1=\begin{pmatrix}0&0&0\\0&0&-i\\0&i&0\end{pmatrix}, \qquad E_+=\frac{1}{2}\begin{pmatrix}0&1&i\\-1&0&0\\-i&0&0\end{pmatrix}$$
$$E_-=E_+{}^\dagger \tag{4.41}$$

これらが次の交換関係を満たすことは容易に確かめられる．

$$[H_1, E_\pm]=\pm E_\pm, \qquad [E_+, E_-]=\frac{1}{2}H_1 \tag{4.42}$$

ここで $\alpha_1=1$ なら $\alpha^1=1/2$ であることに注意しよう．そのほかの交換子は 0 となる．これは階数 1 のリー代数である．式 (4.36) を考慮して $H_1/\sqrt{2}$ を改めて H_1 と規格化すれば，カルタン計量は $\hat{g}_{ab}=\delta_{ab}$ となり，$\alpha^1=\alpha_1=\pm 1/\sqrt{2}$，交換関係 (4.42) は，

$$[H_1, E_\pm] = \pm\frac{1}{\sqrt{2}}E_\pm, \qquad [E_+, E_-] = \frac{1}{\sqrt{2}}H_1$$

となる．また式 (4.42) において $\sqrt{2}E_\pm$ をあらたに $E_\pm$ と定義し直すと，

$$[H_1, E_\pm] = \pm E_\pm, \qquad [E_+, E_-] = H_1$$

となる．

問　　題

4.6　v_α，v_β を $\mathrm{ad}(H_a)$ の，固有値 α，β の固有ベクトルとするとき，$\hat{f}_{ij}{}^k v_\alpha{}^i v_\beta{}^j \equiv N_{\alpha,\beta} v_{\alpha+\beta}^k$ は固有値 $\alpha+\beta$ の固有ベクトルであることを示せ．比例係数 $N_{\alpha,\beta}$ は実数にとれる．これにより交換関係 (4.39) を導け．

4.7　SO(3) のリー代数 (4.41) に適当なユニタリ変換をすることによって，H_1 を対角形にすることができる．その対角成分が $\mathrm{diag}(0, 1, -1)$ の形になるような変換行列を求め，このとき $E_\pm$ がどのように変換されるか調べよ．

4.8　SO(3) のリー代数 $\hat{X}_i (i=1, 2, 3)$ に対して，

$$E_+ = \frac{1}{2}(\hat{X}_1 + i\hat{X}_2), \qquad E_- = \frac{1}{2}(\hat{X}_1 - i\hat{X}_2), \qquad H_1 = \hat{X}_3$$

と定義すると，これらは式 (4.42) を満たし，カルタンの標準形であることを確かめよ．

4.3　ルート空間とディンキン図

カルタンの標準形 (4.40) では，リー代数の構造はルート $\boldsymbol{\alpha}$ と $N_{\alpha,\beta}$ によって決まる．しかし以下で見るように $N_{\alpha,\beta}$ もルートによって決まることがわかるので，結局リー代数の構造はそのルートによって完全に決まるのである．そこで $N_{\alpha,\beta}$ を決めることから始めよう．交換関係，

$$[E_\alpha, E_\beta] = N_{\alpha,\beta} E_{\alpha+\beta} \tag{4.43}$$

と，そのエルミート共役を考えることにより $N_{\alpha,\beta}$ は次の条件を満たす．

$$N_{\alpha,\beta}=-N_{\beta,\alpha}=-N^*_{-\alpha,-\beta} \tag{4.44}$$

また $E_\alpha, E_\beta, E_{-\alpha-\beta}$ にヤコビの恒等式を適用することにより次の関係を得る．

$$\{\alpha^a N_{\beta,-\alpha-\beta}+\beta^a N_{-\alpha-\beta,\alpha}-(\alpha^a+\beta^a)N_{\alpha,\beta}\}H_a=0$$

ここで $\{H_a, a=1,\cdots,r\}$ は1次独立で，α，β は独立な任意のルートであるから，α^a，β^a の係数を0とおくことにより，次の条件を得る．

$$N_{\alpha,\beta}=N_{\beta,-\alpha-\beta}=N_{-\alpha-\beta,\alpha} \tag{4.45}$$

式(4.44)および式(4.45)が $N_{\alpha,\beta}$ の満たすべき条件である．次に $E_\alpha, E_{-\alpha}, E_\beta$ にヤコビの恒等式を適用すると，

$$N_{\alpha,\beta}N_{-\alpha,\alpha+\beta}+N_{\beta,-\alpha}N_{\alpha,\beta-\alpha}=-\alpha^a\beta_a$$

式(4.44)と式(4.45)の関係により $N_{-\alpha,\alpha+\beta}=N^*_{\alpha,\beta}$，$N_{\beta,-\alpha}=-N^*_{\alpha,\beta-\alpha}$ であるから，

$$|N_{\alpha,\beta-\alpha}|^2=|N_{\alpha,\beta}|^2+\alpha^a\beta_a \tag{4.46}$$

を得る．これは $N_{\alpha,\beta}$ がわかれば $N_{\alpha,\beta-\alpha}$ がわかるという漸化式になっている．そこで二つのルート $\boldsymbol{\alpha}$，$\boldsymbol{\beta}$ に対して，$\boldsymbol{\beta}+\boldsymbol{\alpha}, \boldsymbol{\beta}+2\boldsymbol{\alpha}, \cdots\cdots$ がまたルートであるとすると，ルートの数は有限であるからこのシリーズは無限には続かない．すなわち $\boldsymbol{\beta}+n\boldsymbol{\alpha}$ はルートだが $\boldsymbol{\beta}+(n+1)\boldsymbol{\alpha}$ はルートではないような $n(n\geqq 0)$ がある．同様にして $\boldsymbol{\beta}-\boldsymbol{\alpha}, \boldsymbol{\beta}-2\boldsymbol{\alpha}, \cdots\cdots$ というシリーズも有限で切れなければならないから，結局二つのルート $\boldsymbol{\alpha}$，$\boldsymbol{\beta}$ に対して次のルートのシリーズがあることになる．

$$\boldsymbol{\beta}-m\boldsymbol{\alpha}, \boldsymbol{\beta}-(m-1)\boldsymbol{\alpha}, \cdots\cdots, \boldsymbol{\beta}, \boldsymbol{\beta}+\boldsymbol{\alpha}, \cdots\cdots, \boldsymbol{\beta}+n\boldsymbol{\alpha} \quad (n, m\geqq 0) \tag{4.47}$$

式(4.46)の $\boldsymbol{\beta}$ を $\boldsymbol{\beta}+n\boldsymbol{\alpha}$ とおき，これを出発点として漸化式をこのルートのシリーズに適用する．まず $\boldsymbol{\beta}+(n+1)\boldsymbol{\alpha}$ はルートではないから $N_{\alpha,\beta+n\alpha}=0$．以下，$|N_{\alpha,\beta+(n-1)\alpha}|^2=\alpha^a(\beta+n\alpha)_a, \cdots\cdots$ と順次決めることができ，

$$|N_{\alpha,\beta+k\alpha}|^2=(n-k)\left[\alpha^a\beta_a+\frac{1}{2}(n+k+1)\alpha^a\alpha_a\right] \tag{4.48}$$

を得る．一方ルートの下端を考えることにより，

$$N_{-\alpha,\beta-m\alpha}=N^*_{\alpha,\beta-(m+1)\alpha}=0$$

であるから式(4.48)において $k=-m-1$ とおいて，

$$2\frac{(\boldsymbol{\alpha},\boldsymbol{\beta})}{(\boldsymbol{\alpha},\boldsymbol{\alpha})}=m-n \tag{4.49}$$

を得る．内積 $(\boldsymbol{\alpha},\boldsymbol{\beta})$ は $(\boldsymbol{\alpha},\boldsymbol{\beta})=\alpha^a\beta_a=\alpha^a\beta^b\hat{g}_{ab}$ と定義されている．式 (4.49) は $-n$ から $+m$ のあいだの整数であるから，$\boldsymbol{\alpha}$ と $\boldsymbol{\beta}$ がルートであるとき，

$$\boldsymbol{\beta}'=\boldsymbol{\beta}-2\frac{(\boldsymbol{\alpha},\boldsymbol{\beta})}{(\boldsymbol{\alpha},\boldsymbol{\alpha})}\boldsymbol{\alpha} \tag{4.50}$$

もルートである．また式 (4.48) と式 (4.49) により，

$$|N_{\alpha,\beta+k\alpha}|^2=\frac{1}{2}(n-k)(m+k+1)(\boldsymbol{\alpha},\boldsymbol{\alpha}) \tag{4.51}$$

を得る．$N_{\alpha,\beta}$ を実数に選ぶと，それはルート $\boldsymbol{\alpha}$ によって完全に決まることになる．

こうしてリー代数の構造は $\{\mathrm{ad}(H_a), a=1,\cdots,r\}$ の固有値 $\boldsymbol{\alpha}=(\alpha_1,\cdots,\alpha_r)$ によって決まることがわかった．ルート $\boldsymbol{\alpha}$ は r 次元のベクトル空間を張ると考えられる．このベクトル空間の計量はカルタン計量 (4.36) である．この空間を**ルート空間**（root space）という．ルート空間は次に述べる著しい性質

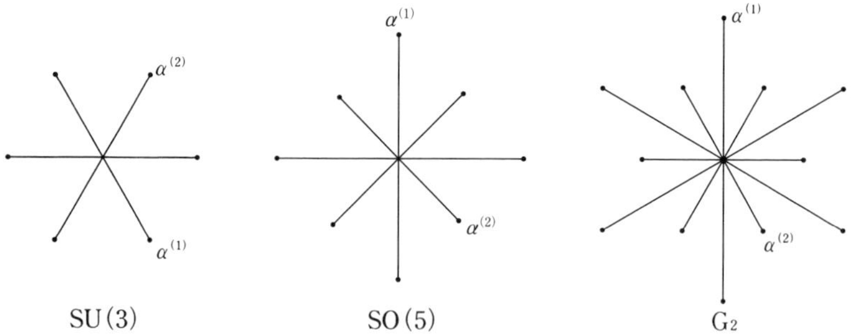

図 4.2　階数 2 の単純リー代数のルート図

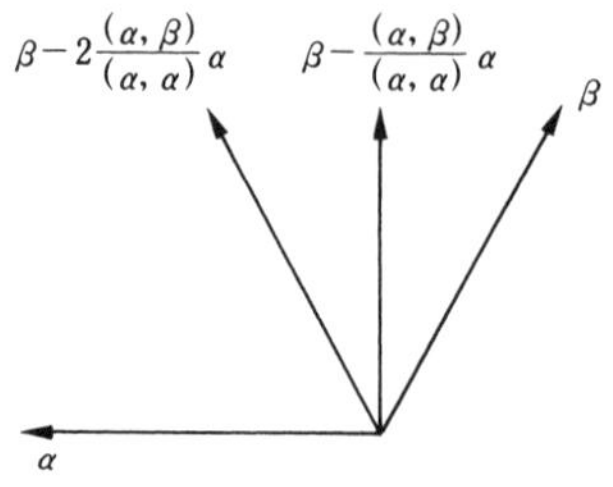

図 4.3　ワイル鏡映

をもっている．まず式 (4.49) において $\boldsymbol{\alpha}$ と $\boldsymbol{\beta}$ の役割を入れ替えたものも同様な議論によって整数であることがわかるから，

$$\cos^2\theta_{\alpha\beta}=\frac{(\boldsymbol{\alpha},\boldsymbol{\beta})^2}{(\boldsymbol{\alpha},\boldsymbol{\alpha})(\boldsymbol{\beta},\boldsymbol{\beta})}=\frac{1}{4}n_1n_2 \tag{4.52}$$

ここで n_1, n_2 は整数で，$\theta_{\alpha\beta}$ は二つのベクトル $\boldsymbol{\alpha}$，$\boldsymbol{\beta}$ のなす角である．また，

$$\frac{(\boldsymbol{\beta},\boldsymbol{\beta})}{(\boldsymbol{\alpha},\boldsymbol{\alpha})}=\frac{n_2}{n_1} \tag{4.53}$$

これより二つのルート $\boldsymbol{\alpha}$，$\boldsymbol{\beta}$ のなす角（鋭角）は $\theta_{\alpha\beta}=\pi/n\,(n=2,3,4,6)$ しかとれないことがわかる．さらに $n=3,4,6$ のとき，二つのルートの長さの比はそれぞれ $1,\sqrt{2},\sqrt{3}$ である．ルートのつくる図形を**ルート図**（root diagram）という．階数が 2 の場合ルートは 2 次元ベクトルで，そのすべてのルート図を図 4.2 に挙げた．これらは SU(3), SO(5) および G_2 というコンパクト単純リー群に対応したリー代数を決めている．一般に階数 r のリー代数のルート図は r 次元空間の図形で表される．単純リー代数はそのルート図によって完全に決まるのである．

ルート図は図 4.2 に見られるように，結晶のような対称性がある．この図からわかるように，ルートに垂直な面に関する鏡映に対してルート図は対称である．一般に式 (4.50) で与えられる $\boldsymbol{\beta}'$ は $\boldsymbol{\alpha}$ に垂直な面に関する $\boldsymbol{\beta}$ の鏡映になっている．これを**ワイル鏡映**（Weyl reflection）という．ルート図のワイル鏡映の全体は群をなし，これを**ワイル群**（Weyl group）という．ワイル群はカルタン部分代数の基底 H_a に対する変換群である．

ルート図では $(d-r)$ 個のルートが r 次元のベクトル空間を構成するから，r 個の 1 次独立なルートを用いて他のルートは表せるはずである．$(d-r)$ 個のルートから r 個の 1 次独立なルートを次のようにして選ぶ．まずルート $\boldsymbol{\alpha}=(\alpha_1,\cdots\cdot,\alpha_r)$ の最初の 0 でない成分 $\alpha_a\,(1\leqq a\leqq r)$ が正(負）のとき，これを**正（負）ルート**（positive/negative root）という．$(d-r)$ 個のルートのうち半分は正ルート，残りの半分は負ルートである．また二つのルート $\boldsymbol{\alpha}$，$\boldsymbol{\beta}$ が与えられたとき，$\boldsymbol{\alpha}-\boldsymbol{\beta}$ の最初の 0 でない成分 $\alpha_a-\beta_a$ が正のとき，$\boldsymbol{\alpha}>\boldsymbol{\beta}$ と大小関係を定義する．そこで 1 次独立な正ルートを小さい順に r 個とって，これらを**単純ルート**（simple root）とよび，r 次元ルート空間の基底とする．他の正ルー

トは交換関係 (4.43) を繰り返し用いることによって得られるので，結局それは単純ルート $\boldsymbol{\alpha}^{(1)}, \cdots, \boldsymbol{\alpha}^{(r)}$ の負でない整数係数の 1 次結合で表される．したがって任意のルートは，

$$\boldsymbol{\alpha} = \pm \sum_{i=1}^{r} n_i \boldsymbol{\alpha}^{(i)} \tag{4.54}$$

と表される．n_i は負でない整数である．こうしてコンパクト単純リー代数の構造は単純ルートによって一意的に決まることがわかった．図 4.2 に挙げた階数 2 の例では単純ルートは図中の $\boldsymbol{\alpha}^{(1)}$ と $\boldsymbol{\alpha}^{(2)}$ である．

単純ルートには次の性質がある．

(i)　$\boldsymbol{\alpha}$, $\boldsymbol{\beta}$ が単純ルートのとき，$\boldsymbol{\alpha}-\boldsymbol{\beta}$ はルートにはなりえない．なぜならもし $\boldsymbol{\alpha}-\boldsymbol{\beta}=\boldsymbol{\gamma}$ がルートであるとすると，それは正ルートか負ルートかのいずれかである．$\boldsymbol{\alpha}>\boldsymbol{\beta}$ とすると $\boldsymbol{\gamma}$ は正ルートで $\boldsymbol{\alpha}>\boldsymbol{\gamma}$ であるから $\boldsymbol{\gamma}$ も単純ルートのはずである．これは単純ルートが 1 次独立であることに反するから $\boldsymbol{\gamma}$ はルートではない．$\boldsymbol{\alpha}<\boldsymbol{\beta}$ の場合も同様．

(ii)　$\boldsymbol{\alpha}$, $\boldsymbol{\beta}$ が単純ルートのとき，$(\boldsymbol{\alpha}, \boldsymbol{\beta}) \leqq 0$.

なぜなら $\boldsymbol{\alpha}$, $\boldsymbol{\beta}$ についてルートのシリーズ (4.47) を考えると，(i) により $m=0$ であるから式 (4.49) によりただちにいえる．

性質 (ii) と表 4.1 から二つの単純ルート $\boldsymbol{\alpha}$, $\boldsymbol{\beta}$ のなす角は $\theta_{\alpha\beta}=\pi/2, 2\pi/3, 3\pi/4, 5\pi/6$ の 4 通りしかないことがわかる．またそれぞれの場合のルートの長さの比も表 4.1 のように決まっているので，これを次のような規則で図式化する．

(1)　単純ルートを小さな丸印○で表す．

(2)　二つの単純ルートのなす角は，図 4.4 のように対応する二つの丸印を結

表 4.1　二つのルートのなす角と，長さの比

$\theta_{\alpha\beta}$	$(\boldsymbol{\alpha}, \boldsymbol{\alpha})^{1/2}/(\boldsymbol{\beta}, \boldsymbol{\beta})^{1/2}$
$\dfrac{\pi}{2}$	——
$\dfrac{\pi}{3}, \dfrac{2}{3}\pi$	1
$\dfrac{\pi}{4}, \dfrac{3}{4}\pi$	$\sqrt{2}, \dfrac{1}{\sqrt{2}}$
$\dfrac{\pi}{6}, \dfrac{5}{6}\pi$	$\sqrt{3}, \dfrac{1}{\sqrt{3}}$

ぶ線分で表す．1 重線は $\theta_{\alpha\beta}=2\pi/3$，2 重線は $\theta_{\alpha\beta}=3\pi/4$，3 重線は $\theta_{\alpha\beta}=5\pi/6$ を表す．特に $\theta_{\alpha\beta}=\pi/2$ のときは線分で結ばない．また二つのルートの長さが異なるときは，長い方から短い方に向かった矢印（不等号）を付けて表す．

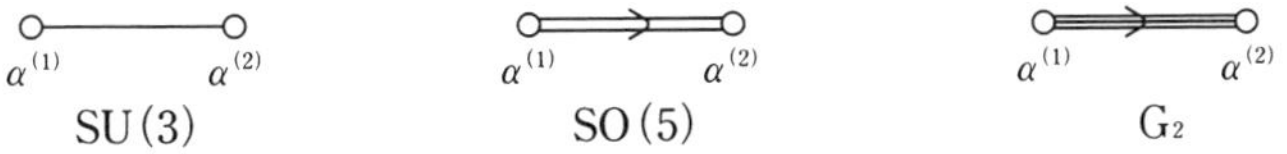

図 4.4 二つの単純ルートの相互関係の図式化

さて単純リー代数はその単純ルートを与えることによって一意的に決まるのであった．単純ルートはその長さと相互のあいだの角度を与えることによって決まる．したがってそれは次のように定義される行列，

$$C_{ij}=2(\boldsymbol{\alpha}^{(i)},\boldsymbol{\alpha}^{(j)})/(\boldsymbol{\alpha}^{(j)},\boldsymbol{\alpha}^{(j)}) \tag{4.55}$$

を与えることによっても一意的に決まる．この行列を**カルタン行列**（Cartan matrix）という．定義より明らかに $C_{ii}=2$，また $i\neq j$ のとき C_{ij} は式 (4.52) より 0, −1, −2, −3 しかとれないことがわかる．例えば図 4.2 に挙げた階数 2 の単純リー代数の場合，カルタン行列は次のようになる．

$$\mathrm{SU}(3):\begin{pmatrix} 2 & -1 \\ -1 & 2 \end{pmatrix},\qquad \mathrm{SO}(5):\begin{pmatrix} 2 & -2 \\ -1 & 2 \end{pmatrix},\qquad \mathrm{G}_2:\begin{pmatrix} 2 & -3 \\ -1 & 2 \end{pmatrix}$$

カルタン行列の内容を上述の規則に従って図式化したものを**ディンキン図**（Dynkin diagram）という．図 4.4 は上のカルタン行列に対応した階数 2 の単純リー代数のディンキン図である．一般に階数 r のコンパクト単純リー代数の単純ルート系には r 個の丸印をつないだ図形が 1 対 1 に対応する．したがってコンパクト単純リー代数を分類する問題はあらゆる可能なディンキン図を分類することに帰着する．その結果を表 4.2 および図 4.5 に挙げておこう．ここで，ディンキン図における単純ルートの番号付けは必ずしもルートの大小関係を表すものではないことを注意しておく．

各クラスにはコンパクト群が一意的に対応している．ただし階数 $r=1,2,3$ のとき，異なるクラスのディンキン図が同一の図形を与える場合がある．このとき異なるクラスのリー代数は同型であり，対応する群は準同型である．すなわち中心に関する剰余類群とのあいだに次の同型対応がある．

表 4.2　コンパクト単純リー代数の分類

クラス	階数	リー代数の次元	コンパクト群
A_r	$r=1, 2, 3, \cdots\cdot$	$d=(r+1)^2-1$	$SU(r+1)$
B_r	$r=1, 2, 3, \cdots\cdot$	$d=r(2r+1)$	$SO(2r+1)$
C_r	$r=1, 2, 3, \cdots\cdot$	$d=r(2r+1)$	$Sp(r)$
D_r	$r=3, 4, 5, \cdots\cdot$	$d=r(2r+1)$	$SO(2r)$
E_r	$r=6, 7, 8$	$d=78, 133, 248$	E_r
F_4	$r=4$	$d=52$	F_4
G_2	$r=2$	$d=14$	G_2

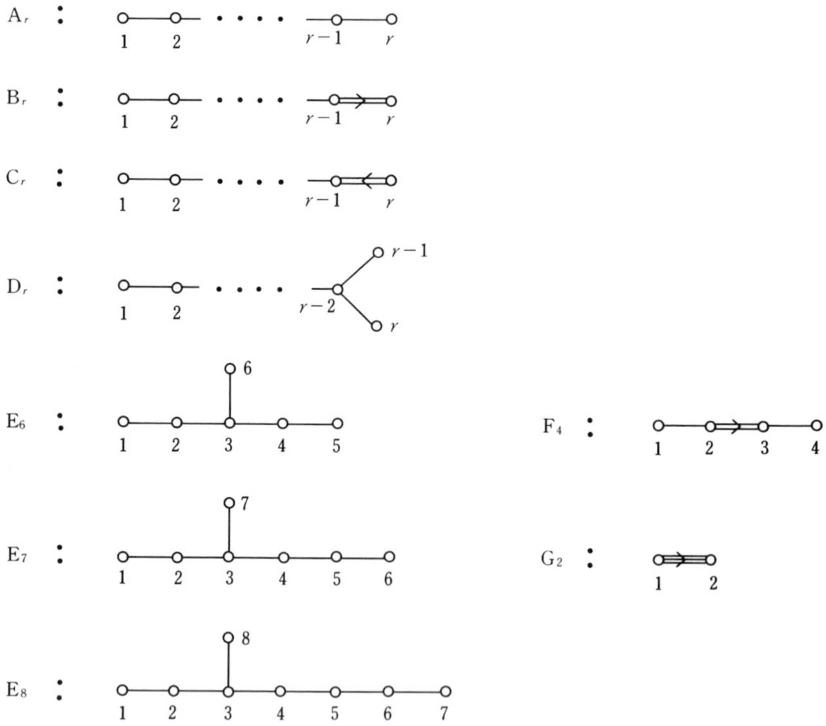

図 4.5　コンパクト単純リー代数のディンキン図

$A_1=B_1=C_1$:　$SU(2)/Z_2 \simeq SO(3) \simeq Sp(1)/Z_2$

$B_2=C_2$　　:　$SO(5) \simeq Sp(2)/Z_2$

$A_3=D_3$　　:　$SU(4)/Z_2 \simeq SO(6)$

ここで Z_n は位数 n の巡回群である．コンパクト群の中心 Z は以下のように一

般に Z_n である.

$$
\begin{aligned}
&\mathrm{SU}(n) &&: \quad Z=Z_n \\
& && \quad\;\; =\{\mathbf{1}\exp(2\pi im/n),\ m=1,\cdots,n\ ;\ \mathbf{1}\text{ は } n\times n \text{ 単位行列}\} \\
&\mathrm{SO}(2n),\mathrm{Sp}(n) &&: \quad Z=Z_2=\{\mathbf{1},\ -\mathbf{1}\ ;\ \mathbf{1}\text{ は } 2n\times 2n \text{ 単位行列}\} \\
&\mathrm{E}_6 &&: \quad Z=Z_3 \\
&\mathrm{E}_7 &&: \quad Z=Z_2
\end{aligned}
$$

表 4.2 に挙げたその他の群の中心は単位元 **1** のみである. また SO(n) 以外は単連結であり, SO(n) の普遍被覆群を Spin(n) と表すと, SO(n)＝Spin(n)/Z_2 である. SO(n)の普遍被覆群については第 6 章で詳述する. D_1 および D_2 は D_r ($r\geqq 3$) とは性質が異なるので表 4.2 には挙げていない. D_1 は SO(2) に対応し, アーベル群である. D_2 は SO(4) に対応し, SU(2)×SU(2) に準同型である.

ルート空間の計量が $\hat{g}_{ab}=\delta_{ab}$ となるようにカルタン部分代数 H_a を規格化しておくと, ルート空間はユークリッド空間となり, その直交基底を $\boldsymbol{e}_1,\cdots,\boldsymbol{e}_r$ とすると, 表 4.2 に挙げた各クラスのリー代数のルートは表 4.3 のように与えられる. なお, ここで直交基底の規格化 $|\boldsymbol{e}_i|$ は式 (4.36) により

表 4.3　コンパクト単純リー代数のルート

クラス	ルート	ルートの数	規格化 $\|\boldsymbol{e}_i\|$
A_r	$\boldsymbol{e}_i-\boldsymbol{e}_j$　$(1\leqq i\neq j\leqq r+1)$	$r(r+1)$	$1/\sqrt{2(r+1)}$
B_r	$\pm\boldsymbol{e}_i\pm\boldsymbol{e}_j,\ \pm\boldsymbol{e}_i$　$(1\leqq i\neq j\leqq r)$	$2r^2$	$1/\sqrt{2(2r-1)}$
C_r	$\pm\boldsymbol{e}_i\pm\boldsymbol{e}_j,\ \pm 2\boldsymbol{e}_i$　$(1\leqq i\neq j\leqq r)$	$2r^2$	$1/\sqrt{2(2r+2)}$
D_r	$\pm\boldsymbol{e}_i\pm\boldsymbol{e}_j$　$(1\leqq i\neq j\leqq r)$	$2r(r-1)$	$1/\sqrt{2(2r-2)}$
E_6	$\pm\boldsymbol{e}_i\pm\boldsymbol{e}_j$　$(1\leqq i\neq j\leqq 5)$	40	$1/\sqrt{24}$
	$\frac{1}{2}(\pm\boldsymbol{e}_1\pm\cdots\pm\boldsymbol{e}_5\pm\sqrt{3}\boldsymbol{e}_6)$, 偶数個の＋	32	
E_7	$\pm\boldsymbol{e}_i\pm\boldsymbol{e}_j\pm\sqrt{2}\boldsymbol{e}_7$　$(1\leqq i\neq j\leqq 6)$	62	1/6
	$\frac{1}{2}(\pm\boldsymbol{e}_1\pm\cdots\pm\boldsymbol{e}_6\pm\sqrt{2}\boldsymbol{e}_7)$, 偶数個の＋	64	
E_8	$\pm\boldsymbol{e}_i\pm\boldsymbol{e}_j$　$(1\leqq i\neq j\leqq 8)$	112	$1/\sqrt{60}$
	$\frac{1}{2}(\pm\boldsymbol{e}_1\pm\cdots\pm\boldsymbol{e}_8)$, 偶数個の＋	128	
F_4	$\pm\boldsymbol{e}_i\pm\boldsymbol{e}_j,\ \pm 2\boldsymbol{e}_i$　$(1\leqq i\neq j\leqq 4)$	32	1/6
	$\pm\boldsymbol{e}_1\pm\boldsymbol{e}_2\pm\boldsymbol{e}_3\pm\boldsymbol{e}_4$	16	
G_2	$\boldsymbol{e}_i-\boldsymbol{e}_j$　$(1\leqq i\neq j\neq k\leqq 3)$	6	$1/\sqrt{24}$
	$\pm(\boldsymbol{e}_i+\boldsymbol{e}_j-2\boldsymbol{e}_k)$	6	

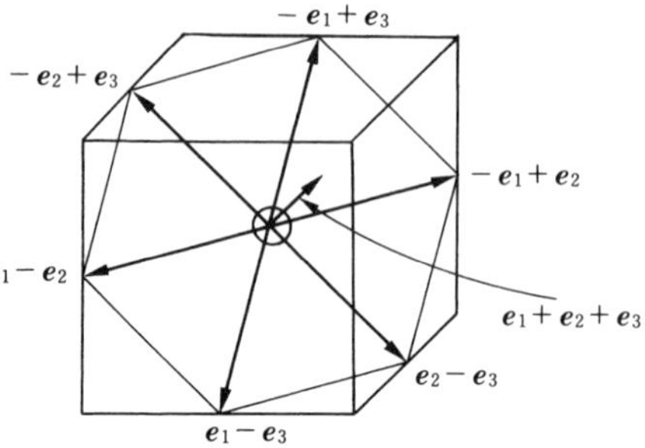

図 4.6　A_2 のルート空間

$$\sum_{\alpha}\alpha_a^2=\mathrm{Tr}\,\hat{g}=r\,(\text{階数})$$

となるように定められている．

A_r および G_2 のルート空間は $(r+1)$ 次元空間のベクトル $\boldsymbol{R}=\boldsymbol{e}_1+\cdots\cdots+\boldsymbol{e}_{r+1}$ に垂直な r 次元部分空間として表されている．A_2 の場合のようすを図 4.6 に示す．

問　　題

4.9　SU(3) のワイル群は正三角形の合同変換群に同型であることを示せ．

4.10　ルートの内積が正定値 $(\boldsymbol{\alpha},\boldsymbol{\alpha})\geqq 0$ および方向余弦 $(\boldsymbol{\alpha},\boldsymbol{e}_i)/(\boldsymbol{\alpha},\boldsymbol{\alpha})^{1/2}$ について $\sum_i(\boldsymbol{\alpha},\boldsymbol{e}_i)^2\leqq(\boldsymbol{\alpha},\boldsymbol{\alpha})$ であることから，ディンキン図の次の性質を導け．

(1)　閉じた図形は許されない．

(2)　一つの図形の中で三つ以上の 2 重線，二つ以上の 3 重線の存在は許されない．

(3)　一つの丸印につながる線分はたかだか 3 本である．

4.11　表 4.3 に挙げたルートのうちで単純ルートを選び出し，ディンキン図との対応を付けてみよ．

4.4　リー代数の表現

コンパクトな連結リー群の表現 $D(g)$ はリー代数の表現 $\rho(X_i)$ によって式

(4.16) のように与えられるから，群の表現を知るにはリー代数の表現を知ればよい．さらに定理 4.4 によりコンパクト群の表現は適当な内積に関してユニタリ表現となるから，リー代数の基底として $\hat{X}_i = -iX_i$ をとれば $\rho(\hat{X}_i)$ はエルミート行列による表現となる．群の表現行列は実数パラメータ t^i $(i=1, \cdots, d)$ により，

$$D(g) = \exp[i\sum_{i=1}^{d} t^i \rho(\hat{X}_i)] \tag{4.56}$$

と書ける．リー代数をカルタンの標準形で表すと，その表現は $\rho(H_a), \rho(E_\alpha)$, $\rho(E_{-\alpha}) = \rho^\dagger(E_\alpha)$ となる．以後誤解を招かない限り，リー代数の表現を表す場合にも ρ を省いて $H, E_\alpha, E_{-\alpha}$ と表すことにする．したがって $H_a, E_\alpha + E_{-\alpha}$, $i(E_\alpha - E_{-\alpha})$ はエルミート行列である．これらの行列が作用するベクトル空間を表現空間といい，その次元を表現の次元という．この表現空間はリー代数の表現空間であると同時に対応する群の表現空間でもある．リー代数のすべての元の表現行列がブロック対角化された形にできるとき，表現は完全可約であるという．また，それ以上小さくブロック対角化できない表現を既約表現という．式 (4.56) よりリー代数の既約表現は対応するリー群の既約表現を与えることは明らかである．既約表現は表現の次元 D で区別できるから，$\boldsymbol{D}$ でその表現を表す．例えば 3 次元表現であれば $\mathbf{3}$ と表す．

表現空間の基底をカルタン部分代数 H_a の固有ベクトルにとることにする．可換な行列 $H_a\,(a=1, \cdots, r)$ は共通の固有ベクトルをもつから，それを $|\mu, \boldsymbol{D}\rangle^i \equiv u_\mu{}^i\,(i=1, \cdots, D)$ と表すと，

$$H_a|\mu, \boldsymbol{D}\rangle = \mu_a|\mu, \boldsymbol{D}\rangle \qquad (a=1, \cdots, r) \tag{4.57}$$

である．随伴表現の基底はリー代数の次元が d であるから $|\boldsymbol{\alpha}, \boldsymbol{d}\rangle$ であり，式 (4.32) より $|\boldsymbol{\alpha}, \boldsymbol{d}\rangle \propto v_\alpha$ である．表現空間の内積を，

$$\langle \mu, \boldsymbol{D}|\nu, \boldsymbol{D}\rangle = (u_\mu^*)_i (u_\nu)^i \tag{4.58}$$

によって定義する．H_a はエルミート行列であることから，

$$\begin{aligned}\langle \mu, \boldsymbol{D}|H_a|\nu, \boldsymbol{D}\rangle &= (u_\mu^*)_i (H_a)^i{}_j (u_\nu)^j \\ &= \mu_a \langle \mu, \boldsymbol{D}|\nu, \boldsymbol{D}\rangle \\ &= \nu_a \langle \mu, \boldsymbol{D}|\nu, \boldsymbol{D}\rangle\end{aligned}$$

したがって異なる固有値に対応する固有ベクトルは直交する．固有ベクトルを

規格化して，

$$\langle \boldsymbol{\mu}, \boldsymbol{D} | \boldsymbol{\nu}, \boldsymbol{D} \rangle = \delta_{\mu_1\nu_1} \cdots \delta_{\mu_r\nu_r} \tag{4.59}$$

とする．H_a の固有値 $\boldsymbol{\mu} = (\mu_1, \cdots, \mu_r)$ は r 次元空間のベクトルであり，これを表現の**ウエイト**（weight）という．随伴表現のウエイトはルートにほかならない．ルート図と同様に，ウエイトのつくる r 次元空間の図形を**ウエイト図**（weight diagram）という．

固有ベクトル $|\mu, \boldsymbol{D}\rangle$ に E_α を作用させると，$E_\alpha|\mu, \boldsymbol{D}\rangle$ の固有値は，

$$\begin{aligned} H_a E_\alpha |\mu, \boldsymbol{D}\rangle &= [H_a, E_\alpha] |\mu, \boldsymbol{D}\rangle + E_\alpha H_a |\mu, \boldsymbol{D}\rangle \\ &= (\mu_a + \alpha_a) E_\alpha |\mu, \boldsymbol{D}\rangle \end{aligned}$$

であるから，$E_\alpha|\mu, \boldsymbol{D}\rangle$ は固有値 $(\mu_a+\alpha_a)$ の固有ベクトルである．比例係数を $N_{\alpha,\mu}$ とすると，

$$E_\alpha |\mu, \boldsymbol{D}\rangle = N_{\alpha,\mu} |\boldsymbol{\mu} + \boldsymbol{\alpha}, \boldsymbol{D}\rangle \tag{4.60}$$

と表すことができる．ところで，

$$\begin{aligned} \langle \mu, \boldsymbol{D} | [E_\alpha, E_{-\alpha}] | \mu, \boldsymbol{D}\rangle &= \langle \mu, \boldsymbol{D} | \alpha^a H_a | \mu, \boldsymbol{D}\rangle \\ &= \langle \mu, \boldsymbol{D} | E_\alpha E_{-\alpha} | \mu, \boldsymbol{D}\rangle - \langle \mu, \boldsymbol{D} | E_{-\alpha} E_\alpha | \mu, \boldsymbol{D}\rangle \end{aligned}$$

だから，

$$|N_{-\alpha,\mu}|^2 - |N_{\alpha,\mu}|^2 = \alpha^a \mu_a$$

また

$$\begin{aligned} N_{-\alpha,\mu} &= \langle \boldsymbol{\mu} - \boldsymbol{\alpha}, \boldsymbol{D} | E_{-\alpha} | \mu, \boldsymbol{D}\rangle \\ &= \langle \boldsymbol{\mu} - \boldsymbol{\alpha}, \boldsymbol{D} | E_\alpha{}^\dagger | \mu, \boldsymbol{D}\rangle \\ &= \langle \mu, \boldsymbol{D} | E_\alpha | \boldsymbol{\mu} - \boldsymbol{\alpha}, \boldsymbol{D}\rangle^* = N^*_{\alpha,\mu-\alpha} \end{aligned}$$

という関係があるので次の漸近式を得る．

$$|N_{\alpha,\mu-\alpha}|^2 = |N_{\alpha,\mu}|^2 + (\boldsymbol{\alpha}, \mu) \tag{4.61}$$

随伴表現の場合にはこれは式 (4.46) に帰着する．ルートのときに行ったのと同様にして，$|\mu, \boldsymbol{D}\rangle$ に E_α または $E_{-\alpha}$ を繰り返し掛けることによってウエイトのシリーズ，

$$\begin{aligned} &\boldsymbol{\mu} - m\boldsymbol{\alpha}, \mu - (m-1)\boldsymbol{\alpha}, \cdots, \mu, \mu + \boldsymbol{\alpha}, \cdots, \mu + n\boldsymbol{\alpha} \\ &\qquad (n, m \geqq 0) \end{aligned} \tag{4.62}$$

が得られる．式 (4.51) を導いたときと同じように，このシリーズに漸化式 (4.61) を適用して，

$$|N_{\alpha,\mu+k\alpha}|^2=\frac{1}{2}(n-k)(m+k+1)(\boldsymbol{\alpha},\boldsymbol{\alpha}) \tag{4.63}$$

を得る．また式 (4.49) に対応して，

$$2\frac{(\boldsymbol{\alpha},\boldsymbol{\mu})}{(\boldsymbol{\alpha},\boldsymbol{\alpha})}=m-n \tag{4.64}$$

である．さらにウエイト $\boldsymbol{\mu}$ に対して，

$$\boldsymbol{\mu}'=\boldsymbol{\mu}-2\frac{(\boldsymbol{\alpha},\boldsymbol{\mu})}{(\boldsymbol{\alpha},\boldsymbol{\alpha})}\boldsymbol{\alpha} \tag{4.65}$$

もウエイトである．したがってウエイト図はワイル群に対して対称である．容易に確かめられるように $(\boldsymbol{\mu}',\boldsymbol{\mu}')=(\boldsymbol{\mu},\boldsymbol{\mu})$ であるからワイル群はウエイトの長さを変えない．したがってウエイトのつくる格子点は同心球面上に位置している．図 4.7 に SU(3) の 8 次元表現 **8** および 15 次元表現 **15** のウエイト図を示す．図中の 2 重丸はウエイトが 2 重に縮退していることを表している．

ウエイトの正負や大小をルートのときと同じように定義する．ウエイト $\boldsymbol{\mu}=(\mu_1,\cdots,\mu_r)$ の最初の 0 でない成分の正負によってウエイトの正負を定義する．また二つのウエイト $\boldsymbol{\mu},\boldsymbol{\nu}$ の差 $\boldsymbol{\mu}-\boldsymbol{\nu}$ の最初の 0 でない成分が正のとき $\boldsymbol{\mu}>\boldsymbol{\nu}$ と定義するのである．既約表現のウエイトの大小をこのように定義したとき，最も大きなウエイトを**最高ウエイト**（highest weight）という．

最高ウエイトには縮退はなく，対応する固有ベクトルはただ一つ存在する．したがって最高ウエイトは既約表現を一意的に決める重要なパラメータである．このことは次のようにしてわかる．いま既約表現 $\boldsymbol{D}$ の最高ウエイト $\boldsymbol{\mu}$ に対応する一つの固有ベクトルを $|\boldsymbol{\mu},\boldsymbol{D}\rangle$ とし，$E_{\alpha_1}E_{\alpha_2}\cdots E_{\alpha_k}|\boldsymbol{\mu},\boldsymbol{D}\rangle$ の形のベクトルを考える．ここで $\boldsymbol{\alpha}_i$ は任意のルートである．すべての k についてのベクトルの集合 $\{E_{\alpha_1}E_{\alpha_2}\cdots E_{\alpha_k}|\boldsymbol{\mu},\boldsymbol{D}\rangle\}$ は既約表現全体を張る．したがって最高ウ

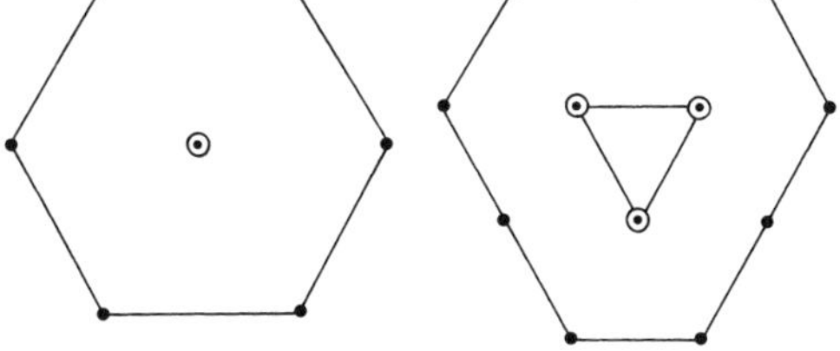

図 4.7 SU(3) の **8** および **15** のウエイト図

エイトに対応する別の固有ベクトル $|\boldsymbol{\mu}, \boldsymbol{D}\rangle'$ があったとすると，

$$|\boldsymbol{\mu}, \boldsymbol{D}\rangle' = cE_{\beta_1}E_{\beta_2}\cdots\cdot E_{\beta_l}|\boldsymbol{\mu}, \boldsymbol{D}\rangle$$

と書けるはずである．ただし $\boldsymbol{\beta}_1+\boldsymbol{\beta}_2+\cdots\cdot+\boldsymbol{\beta}_l=0$ で c は比例定数である．ところで $\boldsymbol{\beta}_i$ のうちで正ルートの E_β は交換関係を使って順次右に移動させ，$|\boldsymbol{\mu}, \boldsymbol{D}\rangle$ に直接かかるようにする．すると最高ウエイトの定義により，

$$E_\beta|\boldsymbol{\mu}, \boldsymbol{D}\rangle = 0 \qquad (\boldsymbol{\beta}>0) \tag{4.66}$$

であるから結局正ルートの E_β はすべて除くことができる．$\boldsymbol{\beta}_i$ の総和は 0 であるから，交換関係の結果 $|\boldsymbol{\mu}, \boldsymbol{D}\rangle'$ は $|\boldsymbol{\mu}, \boldsymbol{D}\rangle$ に比例することになり，最高ウエイトの固有ベクトルはただ一つ存在することがわかった．

既約表現の任意の固有ベクトルは最高ウエイトの固有ベクトル $|\boldsymbol{\mu}, \boldsymbol{D}\rangle$ に負ルートの E_α を繰り返し掛けることによって得られる．負ルートは単純ルート $\boldsymbol{\alpha}^{(i)}$ の負の整数係数の 1 次結合で表されるから，既約表現 $\boldsymbol{D}$ の任意の固有ベクトルは，

$$E_{-\alpha^{(i)}}E_{-\alpha^{(j)}}\cdots\cdot E_{-\alpha^{(k)}}|\boldsymbol{\mu}, \boldsymbol{D}\rangle \tag{4.67}$$

という形で与えられる．こうして既約表現のウエイトは最高ウエイトから単純ルートを引いていくことによってすべて得られるのである．

ウエイト $\boldsymbol{\mu}$ が最高ウエイトであるための必要十分条件は，すべての単純ルート $\boldsymbol{\alpha}^{(i)}$ $(i=1,\cdots\cdot,r)$ に対して $\boldsymbol{\mu}+\boldsymbol{\alpha}^{(i)}$ がウエイトにはならないことである．したがってウエイトのシリーズ (4.62) に対する式 (4.64) より，

$$2\frac{(\boldsymbol{\alpha}^{(i)}, \boldsymbol{\mu})}{(\boldsymbol{\alpha}^{(i)}, \boldsymbol{\alpha}^{(i)})} = m^i \tag{4.68}$$

となって，最高ウエイトに対する m^i は負でない整数である．それ以外のウエイトに対しては m^i は 0 または正負の整数であることがわかる．単純ルートは 1 次独立であるから，結局ウエイト $\boldsymbol{\mu}$ は $[m^1, \cdots\cdot, m^r]$ によって完全に決まることになる．これをウエイトの**ディンキン・インデックス** (Dynkin index) とよび，既約表現は最高ウエイトのディンキン・インデックスによって一意的に定まる．

$m^i=1, m^j=0 (j\neq i)$ であるような最高ウエイトを $\boldsymbol{\mu}^{(i)}$ とすると式 (4.68) より

$$2\frac{(\boldsymbol{\alpha}^{(i)},\boldsymbol{\mu}^{(j)})}{(\boldsymbol{\alpha}^{(i)},\boldsymbol{\alpha}^{(i)})}=\delta_{ij} \tag{4.69}$$

を得る．例えば$\boldsymbol{\mu}^{(1)}:[1,0,\cdots,0]$である．このとき任意のウエイト$\boldsymbol{\mu}$：$[m^1,\cdots,m^r]$は，

$$\boldsymbol{\mu}=\sum_{i=1}^{r} m^i \boldsymbol{\mu}^{(i)} \tag{4.70}$$

と表せる．$\boldsymbol{\mu}^{(i)}$を**基本ウエイト**（fundamental weight）といい，$\boldsymbol{\mu}^{(i)}$を最高ウエイトとする表現ρ_iを**基本表現**（fundamental representation）という．

2.4節で群の直積表現について述べた．式(2.34)をリー群の表現(4.56)に適用し，無限小変換を考えることによりリー代数の直積表現が次のように得られる．

$$\{\rho^{(a\times b)}(\hat{X}_i)\}_{ik,\,jl}=\{\rho^{(a)}(\hat{X}_i)\}_{ij}\delta_{kl}+\delta_{ij}\{\rho^{(b)}(\hat{X}_i)\}_{kl} \tag{4.71}$$

直積表現の表現空間はそれぞれの表現空間の直積である．$\rho^{(a)}(H_c)$の固有ベクトルを$|\boldsymbol{\mu}^{(a)},N\rangle$，$\rho^{(b)}(H_c)$の固有ベクトルを$|\boldsymbol{\mu}^{(b)},\boldsymbol{M}\rangle$とすると，$\rho^{(a\times b)}(H_c)$の固有ベクトルは$|\boldsymbol{\mu}^{(a)},\boldsymbol{N}\rangle|\boldsymbol{\mu}^{(b)},\boldsymbol{M}\rangle$である．このとき，

$$\begin{aligned}\rho^{(a\times b)}(H_c)|\boldsymbol{\mu}^{(a)},\boldsymbol{N}\rangle|\boldsymbol{\mu}^{(b)},\boldsymbol{M}\rangle&=\rho^{(a)}(H_c)|\boldsymbol{\mu}^{(a)},\boldsymbol{N}\rangle|\boldsymbol{\mu}^{(b)},\boldsymbol{M}\rangle\\&\quad+|\boldsymbol{\mu}^{(a)},\boldsymbol{N}\rangle\rho^{(b)}(H_c)|\boldsymbol{\mu}^{(b)},\boldsymbol{M}\rangle\\&=[\boldsymbol{\mu}^{(a)}+\boldsymbol{\mu}^{(b)}]_c|\boldsymbol{\mu}^{(a)},\boldsymbol{N}\rangle|\boldsymbol{\mu}^{(b)},\boldsymbol{M}\rangle\end{aligned} \tag{4.72}$$

であるから，直積表現のウエイトはそれぞれの表現のウエイトの和である．したがって最高ウエイトが$\boldsymbol{\mu}$：$[m^1,\cdots,m^r]$であるような表現は式(4.70)によりm^1個の基本表現ρ_1，m^2個の基本表現$\rho_2,\cdots,m^r$個の基本表現ρ_rの直積表現によって得られることがわかる．

例 4.3　随伴表現のウエイトはルートにほかならない．図4.2に挙げた階数2の単純リー代数の場合，SU(3)では$\boldsymbol{\alpha}^{(1)}+\boldsymbol{\alpha}^{(2)}$，SO(5)では$\boldsymbol{\alpha}^{(1)}+2\boldsymbol{\alpha}^{(2)}$，$G_2$では$2\boldsymbol{\alpha}^{(1)}+3\boldsymbol{\alpha}^{(2)}$が最も大きなルートで，これらが最高ウエイトである．それぞれのディンキン・インデックスは式(4.68)よりカルタン行列の成分C_{ij}を用いて，

$$\mathrm{SU}(3):\quad (C_{11}+C_{21},C_{12}+C_{22})=[1,1]$$

$$\mathrm{SO}(5):\quad (C_{11}+2C_{21}, C_{12}+2C_{22})=[0,2]$$
$$\mathrm{G}_2\quad:\quad (2C_{11}+3C_{21}, 2C_{12}+3C_{22})=[1,0]$$

となる．

既約表現は最高ウエイトのディンキン・インデックスによって一意的に決まる．既約表現のその他のウエイトは最高ウエイトから単純ルートを順次引いていくことによって得られる．

$$\boldsymbol{\mu}'=\boldsymbol{\mu}-\sum_{j=1}^{r}k_j\boldsymbol{\alpha}^{(j)}\qquad (k_j\geqq 0,\ \text{整数}) \tag{4.73}$$

このとき式 (4.68) とカルタン行列の定義より，

$$2\frac{(\boldsymbol{\alpha}^{(i)}, \boldsymbol{\mu}')}{(\boldsymbol{\alpha}^{(i)}, \boldsymbol{\alpha}^{(i)})}=m^i-\sum_{j=1}^{r}k_jC_{ji}\equiv p^i \tag{4.74}$$

であるから，一般のウエイトは最高ウエイトのディンキン・インデックス $[m^1, m^2, \cdots\cdot, m^r]$ からカルタン行列の行の成分 $(C_{j1}, C_{j2}, \cdots\cdot, C_{jr})$ を順次引いていくことによって得られる．単純ルートは 1 次独立であるから式 (4.74) によりウエイトは $[p^1, p^2, \cdots\cdot, p^r]$ によって表される．$\sum_{j=1}^{r}k_j$ をウエイトのレベルという．式 (4.64) を考慮すれば，最高ウエイトから出発して式 (4.74) の p^i が正のときは p^i 回だけ $\boldsymbol{\alpha}^{(i)}$ を引くことができる．こうして各レベルのウエイトを求めることができる．

例 4.4　SU(3) の随伴表現のウエイト $[p^1, p^2]$ を求めてみよう．そのためには次のような図式に従うのが便利である．アンダーラインの数はルートを引く回数である．

$$
\begin{array}{ccccc|c}
\multicolumn{5}{l|}{\text{カルタン行列}\ \begin{pmatrix} 2 & -1 \\ -1 & 2 \end{pmatrix}} & \text{レベル} \\
 & & [\underline{1}, \underline{1}] & & & 0 \\
 & -\alpha^{(1)} \swarrow & & \searrow -\alpha^{(2)} & & \\
[-1, \underline{2}] & & & & [\underline{2}, -1] & 1 \\
-\alpha^{(2)} \downarrow & & & & \downarrow -\alpha^{(1)} & \\
[0, 0] & & & & [0, 0] & 2 \\
-\alpha^{(2)} \downarrow & & & & \downarrow -\alpha^{(1)} & \\
[\underline{1}, -2] & & & & [-2, \underline{1}] & 3 \\
 & -\alpha^{(1)} \searrow & & \swarrow -\alpha^{(2)} & & \\
 & & [-1, -1] & & & 4
\end{array}
$$

SU(3) の随伴表現は八つのウエイトによって構成されているので 8 次元表現, **8** である．このうち [0, 0] は 2 重に縮退している．

例 4.5　もう少し複雑な例として SU(3) の [2, 1] 表現を見てみよう．これは図 4.7 に挙げた **15** の例である．

$$
\begin{array}{ccccc|c}
\multicolumn{5}{l|}{\text{カルタン行列}\ \begin{pmatrix} 2 & -1 \\ -1 & 2 \end{pmatrix}} & \text{レベル} \\
 & & [\underline{2}, \underline{1}] & & & 0 \\
 & -\alpha^{(1)} \swarrow & & \searrow -\alpha^{(2)} & & \\
[0, \underline{2}] & & & & [\underline{3}, -1] & 1 \\
-\alpha^{(1)} \downarrow & \searrow -\alpha^{(2)} & & & \downarrow -\alpha^{(1)} & \\
[-2, \underline{3}] & & [1, 0] & & [1, 0] & 2 \\
-\alpha^{(2)} \downarrow & \swarrow -\alpha^{(1)} & \downarrow -\alpha^{(2)} & & \downarrow -\alpha^{(1)} & \\
[-1, \underline{1}] & & [\underline{2}, -2] & & [-1, 1] & 3 \\
-\alpha^{(2)} \downarrow & & \downarrow -\alpha^{(1)} & & \downarrow -\alpha^{(1)} & \\
[0, -1] & & [0, -1] & & [-3, \underline{2}] & 4 \\
-\alpha^{(2)} \downarrow & & & -\alpha^{(1)} \searrow & \downarrow -\alpha^{(2)} & \\
[\underline{1}, -3] & & & & [-2, 0] & 5 \\
 & -\alpha^{(1)} \searrow & & \swarrow -\alpha^{(2)} & & \\
 & & [-1, -2] & & & 6
\end{array}
$$

この 15 次元表現のうち，[1, 0], [0, −1], [−1, 1] は 2 重に縮退していて図 4.7 の内側の三角形に対応している．

このように最高ウエイト以外のウエイト $[p^1, p^2, \cdots, p^r]$ は一般的には縮退しており，同一のウエイトにいくつかの固有ベクトルが対応している．この場合ワイル群によって互いに移れるウエイトの縮退度は同一である．

問　　題

4.12　単純ルート $\boldsymbol{\alpha}^{(j)}$ に垂直な面に関するワイル鏡映，

$$\boldsymbol{\mu}' = \boldsymbol{\mu} - 2\frac{(\boldsymbol{\alpha}^{(j)}, \boldsymbol{\mu})}{(\boldsymbol{\alpha}^{(j)}, \boldsymbol{\alpha}^{(j)})}\boldsymbol{\alpha}^{(j)}$$

のもとで二つのウエイト $\boldsymbol{\mu}'$：$[p'^1, \cdots, p'^r]$ および $\boldsymbol{\mu}$：$[p^1, \cdots, p^r]$ のあいだに次の関係があることを示せ．C_{ji} はカルタン行列の成分である．

$$p'^i = p^i - \sum_{j=1}^{r} p^j C_{ji}$$

4.13　例にならって SO(5) の随伴表現の最高ウエイト $[0, 2]$ から単純ルートを引くことによってすべてのウエイトを求めてみよ．同様に G_2 の随伴表現の最高ウエイト $[1, 0]$ から他のすべてのウエイトを求めよ．

5 ユニタリ群とその表現

5.1 SU(2)

SU(2) は 2×2 特殊ユニタリ行列全体 $\{U\,;\,U^\dagger U=UU^\dagger=1,\ \det U=1\}$ のつくる群である．$U=\exp(i\hat{X})$ によって $\hat{X}$ を定義すると，U のユニタリ性より $\hat{X}$ は 2×2 エルミート行列であり，また $\det U=1$ より $\mathrm{Tr}\hat{X}=0$ である．したがって $\hat{X}$ の独立なパラメータの数は 8−5=3 であるから，実数パラメータを t^1, t^2, t^3 とすると $\hat{X}$ は一般に，

$$\hat{X}=\frac{1}{2}\begin{pmatrix}0 & 1\\ 1 & 0\end{pmatrix}t^1+\frac{1}{2}\begin{pmatrix}0 & -i\\ i & 0\end{pmatrix}t^2+\frac{1}{2}\begin{pmatrix}1 & 0\\ 0 & -1\end{pmatrix}t^3 \tag{5.1}$$

と表される．ここで，

$$\sigma_1=\begin{pmatrix}0 & 1\\ 1 & 0\end{pmatrix},\qquad \sigma_2=\begin{pmatrix}0 & -i\\ i & 0\end{pmatrix},\qquad \sigma_3=\begin{pmatrix}1 & 0\\ 0 & -1\end{pmatrix} \tag{5.2}$$

は**パウリ行列**（Pauli matrices）とよばれている．式 (5.1) より SU(2) のリー代数は，$J_1=\sigma_1/2$，$J_2=\sigma_2/2$，$J_3=\sigma_3/2$ であることがわかる．こうして U は次のように表すことができる．

$$U=\exp\left(i\sum_{i=1}^{3}t^iJ_i\right) \tag{5.3}$$

リー代数の満たす交換関係は，

$$[J_i, J_j]=i\sum_k\varepsilon_{ijk}J_k \qquad (i, j, k=1, 2, 3) \tag{5.4}$$

である．ここで ε_{ijk} は任意の二つの添字の入れ替えに関して反対称で，$\varepsilon_{123}=1$ である．構造定数は $\hat{f}_{ij}{}^k=i\varepsilon_{ijk}$ となる．リー代数はエルミート行列の表示であ

ることに注意しておこう．カルタン計量は $\hat{g}_{ij}=2\delta_{ij}$ である．

交換関係 (5.4) から明らかなように可換なリー代数の元はそれ自身以外にはないから SU(2) の階数は 1 である．カルタン部分代数として $H_3=J_3$ を選ぶと，

$$\{\mathrm{ad}(H_3)\}^i{}_j=i\varepsilon_{3ji}=\begin{pmatrix}0&-i&0\\ i&0&0\\ 0&0&0\end{pmatrix} \tag{5.5}$$

この行列の 0 でない固有値は $\alpha=\pm 1$ で，固有ベクトル $v_\pm$ は $(1/2)(1,\pm i,0)$ である．したがって，

$$E_+=v_+{}^iJ_i=\frac{1}{2}(J_1+iJ_2),\qquad E_-=E_+{}^\dagger=\frac{1}{2}(J_1-iJ_2) \tag{5.6}$$

となり，交換関係は，

$$[H_3,E_\pm]=\pm E_\pm,\qquad [E_+,E_-]=\frac{1}{2}H_3 \tag{5.7}$$

となる．これは SO(3) のリー代数の交換関係 (4.42) と同じ形をしており，二つのリー代数は同型である．したがって群 SU(2) と SO(3) の単位元付近の構造はまったく同一である．これを SU(2) と SO(3) とは**局所同型**であるという．しかし群全体の大域的な構造は異なっており，SU(2) は SO(3) の普遍被覆群であることは 3.3 節で述べた．

物理では $E_\pm$ の代わりに $J_\pm\equiv\sqrt{2}E_\pm$，$J_3=H_3$ を使うのがふつうである．こうすると交換関係 (5.7) は，

$$[J_3,J_\pm]=\pm J_\pm,\qquad [J_+,J_-]=J_3 \tag{5.8}$$

となる．ルートおよびウエイトは 1 次元ベクトルで，カルタン計量を考慮すれば $\alpha_1=1$，$\alpha^1=1/2$，$(\boldsymbol{\alpha},\boldsymbol{\alpha})=1/2$ である．SU(2) の既約表現 $\boldsymbol{N}$ は最高ウエイト $\boldsymbol{j}=j\boldsymbol{\alpha}$ によって決まる．$\boldsymbol{j}$ のワイル鏡映，

$$\boldsymbol{j}'=\boldsymbol{j}-2\frac{(\boldsymbol{\alpha},\boldsymbol{j})}{(\boldsymbol{\alpha},\boldsymbol{\alpha})}\boldsymbol{\alpha}=-\boldsymbol{j} \tag{5.9}$$

が最低ウエイトである．一般にウエイト $\boldsymbol{\mu}=\mu\boldsymbol{\alpha}$ のワイル鏡映は $-\boldsymbol{\mu}$ となる．ウエイト $\boldsymbol{\mu}$ の固有ベクトルを $|\mu,\boldsymbol{N}\rangle$ とすると，式 (4.60) および式 (4.63) より，

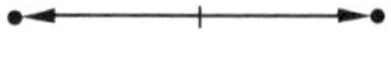

図 5.1　SU(2) のルート図

$$J_-|\mu, \boldsymbol{N}\rangle = \sqrt{2}N_\mu|\mu-1, \boldsymbol{N}\rangle$$
$$|N_\mu|^2 = \frac{1}{4}m(n+1) \tag{5.10}$$

となる．またウエイトのシリーズ (4.62) より $\mu+n\boldsymbol{\alpha}=\boldsymbol{j}$，$\mu-m\boldsymbol{\alpha}=-\boldsymbol{j}$ だから $n=j-\mu$，$m=j+\mu$ である．したがって式 (5.10) は，

$$J_-|\mu, \boldsymbol{N}\rangle = \tilde{N}_\mu|\mu-1, \boldsymbol{N}\rangle$$
$$|\tilde{N}_\mu|^2 = \frac{1}{2}(j+\mu)(j-\mu+1) \tag{5.11}$$
$$(\mu=j, j-1, \cdots, -j)$$

となる．固有ベクトルの位相を適当にとれば，$\tilde{N}_\mu$ は実数とすることができる．最高ウエイト j の既約表現の次元は $N=n+m+1=2j+1$ 次元である．また n，$m=0, 1, 2, \cdots$ であるから j のとりうる値は $j=0, 1/2, 1, 3/2, \cdots$ となる．

既約表現のディンキン・インデックスは式 (4.68) より，

$$m = 2\frac{(\boldsymbol{\alpha}, \boldsymbol{j})}{(\boldsymbol{\alpha}, \boldsymbol{\alpha})} = 2j \tag{5.12}$$

である．したがって基本表現は $j=1/2$ の表現 $\rho_{1/2}$ となる．他の任意の既約表現は基本表現の直積表現として得られる．具体的な例を挙げておこう．

例 5.1 カルタン部分代数を $H_3=\sigma_3/2$ ととったとき，基本表現 $\rho_{1/2}$ の基底ベクトルは，

$$|\frac{1}{2}, \boldsymbol{2}\rangle = \alpha = \begin{pmatrix}1\\0\end{pmatrix}, \qquad |-\frac{1}{2}, \boldsymbol{2}\rangle = \beta = \begin{pmatrix}0\\1\end{pmatrix} \tag{5.13}$$

である．直積表現 $\rho_{1/2}^{(1)}\otimes\rho_{1/2}^{(2)}$ の表現空間の基底ベクトルのうち最高ウエイト $j=1$ の固有ベクトルは $|1, \boldsymbol{3}\rangle = \alpha^{(1)}\alpha^{(2)}$ である．このとき式 (5.11) より，

$$J_-|1, \boldsymbol{3}\rangle = |0, \boldsymbol{3}\rangle$$

および，

$$J_-\alpha^{(1)}\alpha^{(2)} = [J_-\alpha^{(1)}]\alpha^{(2)} + \alpha^{(1)}[J_-\alpha^{(2)}] = \frac{1}{\sqrt{2}}[\beta^{(1)}\alpha^{(2)} + \alpha^{(1)}\beta^{(2)}]$$

であるから，

$$|0, \boldsymbol{3}\rangle = \frac{1}{\sqrt{2}}[\alpha^{(1)}\beta^{(2)} + \beta^{(1)}\alpha^{(2)}] \tag{5.14}$$

を得る．また最低ウエイトの固有ベクトルは明らかに$|-1,\mathbf{3}\rangle=\beta^{(1)}\beta^{(2)}$である．さらに式 (5.14) に直交する固有ベクトルとして$|0,\mathbf{1}\rangle=(1/\sqrt{2})\,[\alpha^{(1)}\beta^{(2)}-\beta^{(1)}\alpha^{(2)}]$が得られる．

例 5.2　二つの基本表現の直積から$j=1$の既約表現が得られたから，今度は$j=1/2$の表現と$j=1$の表現の直積を考えてみよう．最高ウエイトが$j=3/2$の固有ベクトルは$|3/2,\mathbf{4}\rangle=|1/2,\mathbf{2}\rangle|1,\mathbf{3}\rangle$である．そこでこれに$J_-$を作用させ，式 (5.11) を用いて，

$$\begin{aligned}J_-\left|\frac{3}{2},\mathbf{4}\right\rangle&=\sqrt{\frac{3}{2}}\left|\frac{1}{2},\mathbf{4}\right\rangle\\&=\left(J_-\left|\frac{1}{2},\mathbf{2}\right\rangle\right)|1,\mathbf{3}\rangle+\left|\frac{1}{2},\mathbf{2}\right\rangle\ (J_-|1,\mathbf{3}\rangle)\\&=\frac{1}{\sqrt{2}}\left|-\frac{1}{2},\mathbf{2}\right\rangle|1,\mathbf{3}\rangle+\left|\frac{1}{2},\mathbf{2}\right\rangle|0,\mathbf{3}\rangle\end{aligned}$$

したがって，

$$\left|\frac{1}{2},\mathbf{4}\right\rangle=\frac{1}{\sqrt{3}}\left|-\frac{1}{2},\mathbf{2}\right\rangle|1,\mathbf{3}\rangle+\sqrt{\frac{2}{3}}\left|\frac{1}{2},\mathbf{2}\right\rangle|0,\mathbf{3}\rangle \tag{5.15}$$

を得る．同様にJ_-を$|1/2,\mathbf{4}\rangle$に作用させることにより，

$$\left|-\frac{1}{2},\mathbf{4}\right\rangle=\sqrt{\frac{2}{3}}\left|-\frac{1}{2},\mathbf{2}\right\rangle|0,\mathbf{3}\rangle+\frac{1}{\sqrt{3}}\left|\frac{1}{2},\mathbf{2}\right\rangle|-1,\mathbf{3}\rangle \tag{5.16}$$

式 (5.15) に直交する組合せは最高ウエイトが$j=1/2$の固有ベクトル$|1/2,\mathbf{2}\rangle$である．

$$\left|\frac{1}{2},\mathbf{2}\right\rangle=\sqrt{\frac{2}{3}}\left|-\frac{1}{2},\mathbf{2}\right\rangle|1,\mathbf{3}\rangle-\frac{1}{\sqrt{3}}\left|\frac{1}{2},\mathbf{2}\right\rangle|0,\mathbf{3}\rangle \tag{5.17}$$

これにJ_-を作用させることにより$|-1/2,\mathbf{2}\rangle$が得られる．

$$\left|-\frac{1}{2},\mathbf{2}\right\rangle=\frac{1}{\sqrt{3}}\left|-\frac{1}{2},\mathbf{2}\right\rangle|0,\mathbf{3}\rangle-\sqrt{\frac{2}{3}}\left|\frac{1}{2},\mathbf{2}\right\rangle|-1,\mathbf{3}\rangle \tag{5.18}$$

これは式 (5.16) に直交する固有ベクトルである．

こうして$j=1/2$と$j=1$の二つの既約表現の直積は$j=3/2$および$j=1/2$の既約表現を与えることがわかった．また式 (5.15) から式 (5.18) を逆に解くこ

とにより直積表現のベクトルは既約表現の固有ベクトルで表すことができる．

$$
\begin{aligned}
&|\tfrac{1}{2},\mathbf{2}\rangle|1,\mathbf{3}\rangle=|\tfrac{3}{2},\mathbf{4}\rangle\\
&|-\tfrac{1}{2},\mathbf{2}\rangle|1,\mathbf{3}\rangle=\frac{1}{\sqrt{3}}|\tfrac{1}{2},\mathbf{4}\rangle+\sqrt{\frac{2}{3}}|\tfrac{1}{2},\mathbf{2}\rangle\\
&|\tfrac{1}{2},\mathbf{2}\rangle|0,\mathbf{3}\rangle=\sqrt{\frac{2}{3}}|\tfrac{1}{2},\mathbf{4}\rangle-\frac{1}{\sqrt{3}}|\tfrac{1}{2},\mathbf{2}\rangle\\
&|-\tfrac{1}{2},\mathbf{2}\rangle|0,\mathbf{3}\rangle=\sqrt{\frac{2}{3}}|-\tfrac{1}{2},\mathbf{4}\rangle+\frac{1}{\sqrt{3}}|-\tfrac{1}{2},\mathbf{2}\rangle\\
&|\tfrac{1}{2},\mathbf{2}\rangle|-1,\mathbf{3}\rangle=\frac{1}{\sqrt{3}}|-\tfrac{1}{2},\mathbf{4}\rangle-\sqrt{\frac{2}{3}}|-\tfrac{1}{2},\mathbf{2}\rangle\\
&|-\tfrac{1}{2},\mathbf{2}\rangle|-1,\mathbf{3}\rangle=|-\tfrac{3}{2},\mathbf{4}\rangle
\end{aligned}
\tag{5.19}
$$

これを $j=1/2$ と $j=1$ の既約表現の直積が $j=3/2$ と $j=1/2$ の既約表現の直和に分解できたといい，$\mathbf{2}\otimes\mathbf{3}=\mathbf{4}\oplus\mathbf{2}$ と表す．一般に最高ウエイトが j_1 および j_2 の二つの既約表現の直積表現は次のように既約表現の直和に分解できる．

$$
\begin{aligned}
&|\mu_1,\mathbf{2j_1+1}\rangle|\mu_2,\mathbf{2j_2+1}\rangle\\
&\quad=\sum_{J=|j_1-j_2|}^{j_1+j_2}\langle\mu_1+\mu_2\,;J|\mu_1,j_1\,;\mu_2,j_2\rangle|\mu_1+\mu_2,\mathbf{2J+1}\rangle
\end{aligned}
\tag{5.20}
$$

ここで係数 $\langle\mu_1+\mu_2\,;J|\mu_1,j_1\,;\mu_2,j_2\rangle$ を**クレブシュ-ゴルダン（Clebsch-Gordan）係数**という．例 5.2 において式 (5.15) に直交するベクトルとして式 (5.17) を決めたが，このとき全体に掛かる位相は不定である．式 (5.17) のように位相を決めたとき，これに J_- を作用させることにより式 (5.18) の係数は一意的に定まるのである．このようにクレブシュ-ゴルダン係数を決める際には位相についての約束があることに注意しよう．表 5.1 に，SU(2) のクレブシュ-ゴルダン係数の値を挙げておく．

クレブシュ-ゴルダン係数は $(M,J)=a$，$(\mu_1,\mu_2)=b$ として行列 M_{ab} の行列要素であると考えることができる．このとき $M\neq\mu_1+\mu_2$ ならば $M_{ab}=0$ とする．すなわち，

$$
\langle M\,;J|\mu_1,j_1\,;\mu_2,j_2\rangle=\langle\mu_1+\mu_2\,;J|\mu_1,j_1\,;\mu_2,j_2\rangle\,\delta_{M,\mu_1+\mu_2}
$$

このように考えた行列 M_{ab} は対称直交行列であり，次の関係が成り立つ．

表 5.1　SU(2)のクレブシュ-ゴルダン係数 $\langle \mu_1+\mu_2\,;J\,|\,\mu_1, j_1\,;\mu_2, j_2\rangle$ 。すべての係数にはルートが付くものとする。例えば $-2/3$ は $-\sqrt{2/3}$ である。(Review of Particle Properties, Particle Data Group, Phys. Rev., **D45**(1992)より引用。)

$j_1\times j_2$	J / $\mu_1+\mu_2$
μ_1 μ_2	係数

1/2×1/2

μ_1 μ_2	1 +1
+1/2 +1/2	1

μ_1 μ_2	1 0	0 0
+1/2 −1/2	1/2	1/2
−1/2 +1/2	1/2	−1/2

μ_1 μ_2	1 −1
−1/2 −1/2	1

1×1/2

μ_1 μ_2	3/2 +3/2
+1 +1/2	1

μ_1 μ_2	3/2 +1/2	1/2 +1/2
+1 −1/2	1/3	2/3
0 +1/2	2/3	−1/3

μ_1 μ_2	3/2 −1/2	1/2 −1/2
0 −1/2	2/3	1/3
−1 +1/2	1/3	−2/3

μ_1 μ_2	3/2 −3/2
−1 −1/2	1

2×1

μ_1 μ_2	3 +3
+2 +1	1

μ_1 μ_2	3 +2	2 +2
+2 0	1/3	2/3
+1 +1	2/3	−1/3

μ_1 μ_2	3 +1	2 +1	1 +1
+2 −1	1/15	1/3	3/5
+1 0	8/15	1/6	−3/10
0 +1	6/15	−1/2	1/10

μ_1 μ_2	3 0	2 0	1 0
+1 −1	1/5	1/2	3/10
0 0	3/5	0	−2/5
−1 +1	1/5	−1/2	3/10

μ_1 μ_2	3 −1	2 −1	1 −1
0 −1	6/15	1/2	1/10
−1 0	8/15	−1/6	−3/10
−2 +1	1/15	−1/3	3/5

μ_1 μ_2	3 −2	2 −2
−1 −1	2/3	1/3
−2 0	1/3	−2/3

μ_1 μ_2	3 −3
−2 −1	1

1×1

μ_1 μ_2	2 +2
+1 +1	1

μ_1 μ_2	2 +1	1 +1
+1 0	1/2	1/2
0 +1	1/2	−1/2

μ_1 μ_2	2 0	1 0	0 0
+1 −1	1/6	1/2	1/3
0 0	2/3	0	−1/3
−1 +1	1/6	−1/2	1/3

μ_1 μ_2	2 −1	1 −1
0 −1	1/2	1/2
−1 0	1/2	−1/2

μ_1 μ_2	2 −2
−1 −1	1

2×1/2

μ_1 μ_2	5/2 +5/2
+2 1/2	1

μ_1 μ_2	5/2 +3/2	3/2 +3/2
+2 −1/2	1/5	4/5
+1 +1/2	4/5	−1/5

μ_1 μ_2	5/2 +1/2	3/2 +1/2
+1 −1/2	2/5	3/5
0 +1/2	3/5	−2/5

μ_1 μ_2	5/2 −1/2	3/2 −1/2
0 −1/2	3/5	2/5
−1 +1/2	2/5	−3/5

μ_1 μ_2	5/2 −3/2	3/2 −3/2
−1 −1/2	4/5	1/5
−2 +1/2	1/5	−4/5

μ_1 μ_2	5/2 −5/2
−2 −1/2	1

3/2×1/2

μ_1 μ_2	2 +2
+3/2 +1/2	1

μ_1 μ_2	2 +1	1 +1
+3/2 −1/2	1/4	3/4
+1/2 +1/2	3/4	−1/4

μ_1 μ_2	2 0	1 0
+1/2 −1/2	1/2	1/2
−1/2 +1/2	1/2	−1/2

μ_1 μ_2	2 −1	1 −1
−1/2 −1/2	3/4	1/4
−3/2 +1/2	1/4	−3/4

μ_1 μ_2	2 −2
−3/2 −1/2	1

3/2×1

μ_1 μ_2	5/2 +5/2
+3/2 +1	1

μ_1 μ_2	5/2 +3/2	3/2 +3/2
+3/2 0	2/5	3/5
+1/2 +1	3/5	−2/5

μ_1 μ_2	5/2 +1/2	3/2 +1/2	1/2 +1/2
+3/2 −1	1/10	2/5	1/2
+1/2 0	3/5	1/15	−1/3
−1/2 +1	3/10	−8/15	1/6

μ_1 μ_2	5/2 −1/2	3/2 −1/2	1/2 −1/2
+1/2 −1	3/10	8/15	1/6
−1/2 0	3/5	−1/15	−1/3
−3/2 +1	1/10	−2/5	1/2

μ_1 μ_2	5/2 −3/2	3/2 −3/2
−1/2 −1	3/5	2/5
−3/2 0	2/5	−3/5

μ_1 μ_2	5/2 −5/2
−3/2 −1	1

3/2×3/2

μ_1 μ_2	3 +3
+3/2 +3/2	1

μ_1 μ_2	3 +2	2 +2
+3/2 +1/2	1/2	1/2
+1/2 +3/2	1/2	−1/2

μ_1 μ_2	3 +1	2 +1	1 +1
+3/2 −1/2	1/5	1/2	3/10
+1/2 +1/2	3/5	0	−2/5
−1/2 +3/2	1/5	−1/2	3/10

μ_1 μ_2	3 0	2 0	1 0	0 0
+3/2 −3/2	1/20	1/4	9/20	1/4
+1/2 −1/2	9/20	1/4	−1/20	−1/4
−1/2 +1/2	9/20	−1/4	−1/20	1/4
−3/2 +3/2	1/20	−1/4	9/20	−1/4

μ_1 μ_2	3 −1	2 −1	1 −1
+1/2 −3/2	1/5	1/2	3/10
−1/2 −1/2	3/5	0	−2/5
−3/2 +1/2	1/5	−1/2	3/10

μ_1 μ_2	3 −2	2 −2
−1/2 −3/2	1/2	1/2
−3/2 −1/2	1/2	−1/2

μ_1 μ_2	3 −3
−3/2 −3/2	1

2×3/2

μ_1 μ_2	7/2 +7/2
+2 +3/2	1

μ_1 μ_2	7/2 +5/2	5/2 +5/2
+2 +1/2	3/7	4/7
+1 +3/2	4/7	−3/7

μ_1 μ_2	7/2 +3/2	5/2 +3/2	3/2 +3/2
+2 −1/2	1/7	16/35	2/5
+1 1/2	4/7	1/35	−2/5
0 3/2	2/7	−18/35	1/5

μ_1 μ_2	7/2 +1/2	5/2 +1/2	3/2 +1/2	1/2 +1/2
+2 −3/2	1/35	6/35	2/5	2/5
+1 −1/2	12/35	5/14	0	−3/10
0 1/2	18/35	−3/35	−1/5	1/5
−1 3/2	4/35	−27/70	2/5	−1/10

μ_1 μ_2	7/2 −1/2	5/2 −1/2	3/2 −1/2	1/2 −1/2
+1 −3/2	4/35	27/70	2/5	1/10
0 −1/2	18/35	3/35	−1/5	−1/5
−1 1/2	12/35	−5/14	0	3/10
−2 3/2	1/35	−6/35	2/5	−2/5

μ_1 μ_2	7/2 −3/2	5/2 −3/2	3/2 −3/2
0 −3/2	2/7	18/35	1/5
−1 −1/2	4/7	−1/35	−2/5
−2 1/2	1/7	−16/35	2/5

μ_1 μ_2	7/2 −5/2	5/2 −5/2
−1 −3/2	4/7	3/7
−2 −1/2	3/7	−4/7

μ_1 μ_2	7/2 −7/2
−2 −3/2	1

2×2

μ_1 μ_2	4 +4
+2 +2	1

μ_1 μ_2	4 +3	3 +3
+2 +1	1/2	1/2
+1 +2	1/2	−1/2

μ_1 μ_2	4 +2	3 +2	2 +2
+2 0	3/14	1/2	2/7
+1 1	4/7	0	−3/7
0 2	3/14	−1/2	2/7

μ_1 μ_2	4 +1	3 +1	2 +1	1 +1
+2 −1	1/14	3/10	3/7	1/5
+1 0	3/7	1/5	−1/14	−3/10
0 1	3/7	−1/5	−1/14	3/10
−1 2	1/14	−3/10	3/7	−1/5

μ_1 μ_2	4 0	3 0	2 0	1 0	0 0
+2 −2	1/70	1/10	2/7	2/5	1/5
+1 −1	8/35	2/5	1/14	−1/10	−1/5
0 0	18/35	0	−2/7	0	1/5
−1 1	8/35	−2/5	1/14	1/10	−1/5
−2 2	1/70	−1/10	2/7	−2/5	1/5

μ_1 μ_2	4 −1	3 −1	2 −1	1 −1
+1 −2	1/14	3/10	3/7	1/5
0 −1	3/7	1/5	−1/14	−3/10
−1 0	3/7	−1/5	−1/14	3/10
−2 1	1/14	−3/10	3/7	−1/5

μ_1 μ_2	4 −2	3 −2	2 −2
0 −2	3/14	1/2	2/7
−1 −1	4/7	0	−3/7
−2 0	3/14	−1/2	2/7

μ_1 μ_2	4 −3	3 −3
−1 −2	1/2	1/2
−2 −1	1/2	−1/2

μ_1 μ_2	4 −4
−2 −2	1

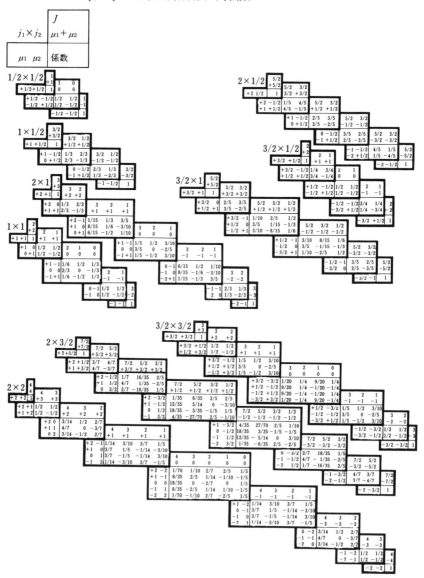

$$\sum_{J=|j_1-j_2|}^{j_1+j_2}\sum_{M=-J}^{J}\langle \mu_1, j_1\,;\,\mu_2, j_2|M, J\rangle\langle M, J|\mu_1', j_1\,;\,\mu_2', j_2\rangle=\delta_{\mu_1\mu_1'}\delta_{\mu_2\mu_2'}$$

$$\sum_{\mu_2=-j_2}^{j_2}\sum_{\mu_1=-j_1}^{j_1}\langle M, J|\mu_1, j_1\,;\,\mu_2, j_2\rangle\langle \mu_1, j_1\,;\,\mu_2, j_2|M', J'\rangle=\delta_{MM'}\delta_{JJ'}$$

ここで $\langle \mu_1, j_1\,;\,\mu_2, j_2|M, J\rangle$ は転置行列 M_{ba} の行列要素である．M_{ab} は対称行列であるので，

$$\langle \mu_1, j_1\,;\,\mu_2, j_2|M, J\rangle=\langle M, J|\mu_1, j_1\,;\,\mu_2, j_2\rangle$$

となる．クレブシュ-ゴルダン係数のこの性質を使うと，式 (5.20) の逆の関係が得られる．

$$|M, \boldsymbol{2J+1}\rangle=\sum_{\mu_2=-j_2}^{j_2}\sum_{\mu_1=-j_1}^{j_1}\langle \mu_1, j_1\,;\,\mu_2, j_2|M, J\rangle|\mu_1, \boldsymbol{2j_1+1}\rangle|\mu_2, \boldsymbol{2j_2+1}\rangle$$

問　題

5.1 パウリ行列 $\sigma_i(i=1, 2, 3)$ は次の性質をもつことを確かめよ．

$$\sigma_i^2=1, \qquad \sigma_i\sigma_j=i\sigma_k \quad (i, j, k=1, 2, 3 \text{ およびその巡回置換})$$

5.2 次の公式を証明せよ．$\boldsymbol{n}$ は単位ベクトルである，

$$\exp(i\theta\boldsymbol{\sigma}\cdot\boldsymbol{n})=\cos\theta I+i\sin\theta\boldsymbol{\sigma}\cdot\boldsymbol{n}$$

5.3 SU(2) の随伴表現は最高ウエイトが $j=1$ の既約表現であることを確かめよ．

5.4 次の公式を証明せよ．

$$e^ABe^{-A}=B+[A, B]+\frac{1}{2}[A, [A, B]]+\frac{1}{6}[A, [A, [A, B]]]+\cdots$$

この公式を用いて，

$$\exp(i\theta J_3)J_1\exp(-i\theta J_3)$$

を計算せよ．

5.5 $\boldsymbol{J}^2=J_1^2+J_2^2+J_3^2$ は $J_i(i=1, 2, 3)$ と可換であることを確かめよ．

5.2　アイソスピン

原子核は陽子 p と中性子 n が結合してできている．この結合の力を核力という．陽子および中性子の質量はそれぞれ $m_{\mathrm{p}}=938.28\,\mathrm{MeV}/c^2$，$m_{\mathrm{n}}=939.57\,\mathrm{MeV}/c^2$ とほぼ等しく，陽子が正の素電荷をもち，中性子が電気的に中性であることを除けばこれらの粒子はよく似た性質をもっている．このことからハイゼンベルク（Heisenberg）は陽子および中性子は核子という一つの粒子の異なった荷電状態の粒子であると考えた．核子には二つの荷電状態があるので，これを 2 成分の波動関数で表す．陽子および中性子の状態はそれぞれ，

$$\psi_{\mathrm{p}}(x)=\begin{pmatrix}1\\0\end{pmatrix}\phi_1(x)$$

$$\psi_{\mathrm{n}}(x)=\begin{pmatrix}0\\1\end{pmatrix}\phi_2(x)$$

と表される．ϕ_1 および ϕ_2 は荷電状態以外を表す陽子と中性子の波動関数である．核子の一般の状態は，

$$\psi_{\mathrm{N}}(x)=\begin{pmatrix}\phi_1(x)\\\phi_2(x)\end{pmatrix}$$

で表される．

核子間の相互作用は陽子あるいは中性子の種類に関係なく等しくはたらくことが知られている．これを**核力の荷電不変性**という．これを数学的に表現すると次のようになる．いま核子の波動関数に対する特殊ユニタリ変換を考える．

$$\phi_i'(x)=U_i^j\phi_j(x)\qquad(i,j=1,2)\tag{5.21}$$

これは 2 成分波動関数に対する変換であるから SU(2) である．ユニタリ変換を考えるのはこれが波動関数 ψ_{N} のノルムすなわち核子の存在確率を変えない変換だからである．核力が荷電不変であるということは核子間の相互作用のハミルトニアン H が SU(2) のもとで不変であるということになる．

$$UHU^{-1}=H\tag{5.22}$$

前節の J_i の代りに SU(2) のリー代数を $I_i(i=1,2,3)$ と書くとリー代数の満たす交換関係は式 (5.4) と同じものであり，SU(2) の任意の変換は，

$$U = \exp(i\sum_{i=1}^{3} t^i I_i) \tag{5.23}$$

となる．SU(2) のもとでの不変性 (5.22) はまた,

$$[I_i, H] = 0 \qquad (i = 1, 2, 3) \tag{5.24}$$

と表すことができる．

核子および核子系の荷電状態はSU(2) の既約表現によって分類することができる．核子1個を表す波動関数は式 (5.21) によって変換するので，これはSU(2) の基本表現すなわち最高ウエイト I が 1/2 の既約表現 $\rho_{1/2}$ であることがわかる．陽子の状態は $I_3 = 1/2$，中性子の状態は $I_3 = -1/2$ の表現の基底ベクトルに対応している．これを核子は**荷電2重項**（isodoublet）であるという．

$$陽子\ \mathrm{p} : |\frac{1}{2}, \mathbf{2}\rangle$$

$$中性子\ \mathrm{n} : |-\frac{1}{2}, \mathbf{2}\rangle$$

何個かの核子が存在する系の波動関数はそれぞれの核子の波動関数の積で表されるから，これはSU(2) の変換のもとで基本表現の直積表現となっている．例5.1および例5.2で見たように直積表現は適当な既約表現 $|I_3, \mathbf{2I+1}\rangle$ の直和で表される．例えば陽子1個，中性子1個の結合した系の荷電状態は $|1/2, \mathbf{2}\rangle$ $|-1/2, \mathbf{2}\rangle$ である．例5.1によりこれは $I=1$ および $I=0$ の二つの既約表現の表現ベクトルの1次結合で表される．

$$|\frac{1}{2}, \mathbf{2}\rangle|-\frac{1}{2}, \mathbf{2}\rangle = \frac{1}{\sqrt{2}}|0, \mathbf{3}\rangle + \frac{1}{\sqrt{2}}|0, \mathbf{1}\rangle \tag{5.25}$$

核子間の相互作用ハミルトニアン H がSU(2) 不変であるということは式 (5.24) からもわかるように既約表現の最高ウエイト I とウエイト I_3 が保存量であることを意味している．実際，量子力学においてハミルトニアンは時間発展の演算子であるから時刻 $t=0$ における状態 $|i\rangle$ は時刻 t のときには,

$$|f\rangle = \exp(-iHt)|i\rangle \tag{5.26}$$

となる．したがって H が $I_i (i=1, 2, 3)$ と可換であるとき初期状態 $|i\rangle$ の (I, I_3) と終状態 $|f\rangle$ のそれとは同じであり，これらは保存量である．このように荷電状態を区別するために導入された量子数 (I, I_3) を**アイソスピン**（isospin）という．

一般に核子のみならず核子と中間子の系においても，その相互作用は SU(2) 不変であることが知られている．核子間あるいは核子・中間子間の相互作用にはこのほかに電磁気的な相互作用と弱い相互作用とよばれるものがあり，これらは SU(2) 不変ではないが，その効果は十分小さいので無視することにする．パイ中間子（pion）には正あるいは負の素電荷をもった粒子 π^+，π^- と電気的に中性の粒子 π^0 がある．これらは $I=1$ の粒子と考えることができる．

$$\pi^+ : |1, \mathbf{3}\rangle, \qquad \pi^0 : |0, \mathbf{3}\rangle, \qquad \pi^- : |-1, \mathbf{3}\rangle$$

正負の中間子の質量は $m_\pm = 139.57\,\mathrm{MeV}/c^2$ であり，中性中間子の質量は $m_0 = 134.96\,\mathrm{MeV}/c^2$ である．荷電対称性が完全に成り立てばこれらの質量は等しいはずであり，この質量の小さな違いは荷電対称性がわずかに破れていることを意味している．この破れは主に電磁相互作用によるものである．

核子・中間子系の相互作用が SU(2) 不変であることがどのように観測事実として現れるかを見るために，核子・中間子散乱を考えよう．散乱過程では核子と中間子が十分離れた初期状態 $|\pi, \mathrm{p}\,;\, i\rangle$ から出発する．その後の時間発展はハミルトニアン H によって規定され，散乱後十分時間のたった終状態 $|\pi, \mathrm{p}\,;\, f\rangle$ との行列要素，

$$S_{fi} = \langle \pi, \mathrm{p}\,;\, f | \exp[-iH(t_f - t_i)] | \pi, \mathrm{p}\,;\, i\rangle \tag{5.27}$$

が散乱振幅である．散乱確率は $|S_{fi}|^2$ で与えられる．ハミルトニアンが SU(2) 不変であることからアイソスピン (I, I_3) は散乱の前後で不変であり，散乱振幅はアイソスピンの大きさ I のみによって決まる．$S = \exp[-iH(t_f - t_i)]$ と書くと，

$$\begin{aligned} S_{fi} &= \langle I', I'_3\,;\, f | S | I, I_3\,;\, i\rangle \\ &= \delta_{II'}\delta_{I_3 I'_3} M_I \end{aligned}$$

である．核子・中間子散乱には次の六つのプロセスがある．

$$\begin{aligned} &\pi^+\mathrm{p} \to \pi^+\mathrm{p}, \qquad \pi^-\mathrm{n} \to \pi^-\mathrm{n} \\ &\pi^-\mathrm{p} \to \pi^-\mathrm{p}, \qquad \pi^+\mathrm{n} \to \pi^+\mathrm{n} \\ &\pi^-\mathrm{p} \to \pi^0\mathrm{n}, \qquad \pi^+\mathrm{n} \to \pi^0\mathrm{p} \end{aligned}$$

また核子のアイソスピンは $I=1/2$，パイ中間子のアイソスピンは $I=1$ であるから，核子とパイ中間子の合成系のアイソスピンは $I=3/2$ と $I=1/2$ である．したがって核子・中間子散乱は二つの散乱振幅 $M_{3/2}$ と $M_{1/2}$ によって与えられ

るから，上の六つのプロセスはこの二つの振幅によって表されるはずである．式 (5.19) で与えたクレブシュ-ゴルダン係数を用いて次のように核子とパイ中間子の合成系を既約表現に分解することができる．

$$|\pi^+\mathrm{p}\rangle = |1,\mathbf{3}\rangle\left|\frac{1}{2},\mathbf{2}\right\rangle = \left|\frac{3}{2},\mathbf{4}\right\rangle$$

$$|\pi^+\mathrm{n}\rangle = |1,\mathbf{3}\rangle\left|-\frac{1}{2},\mathbf{2}\right\rangle = \frac{1}{\sqrt{3}}\left|\frac{1}{2},\mathbf{4}\right\rangle + \sqrt{\frac{2}{3}}\left|\frac{1}{2},\mathbf{2}\right\rangle$$

$$|\pi^0\mathrm{p}\rangle = |0,\mathbf{3}\rangle\left|\frac{1}{2},\mathbf{2}\right\rangle = \sqrt{\frac{2}{3}}\left|\frac{1}{2},\mathbf{4}\right\rangle - \frac{1}{\sqrt{3}}\left|\frac{1}{2},\mathbf{2}\right\rangle$$

$$|\pi^0\mathrm{n}\rangle = |0,\mathbf{3}\rangle\left|-\frac{1}{2},\mathbf{2}\right\rangle = \sqrt{\frac{2}{3}}\left|-\frac{1}{2},\mathbf{4}\right\rangle + \frac{1}{\sqrt{3}}\left|-\frac{1}{2},\mathbf{2}\right\rangle$$

$$|\pi^-\mathrm{p}\rangle = |-1,\mathbf{3}\rangle\left|\frac{1}{2},\mathbf{2}\right\rangle = \frac{1}{\sqrt{3}}\left|-\frac{1}{2},\mathbf{4}\right\rangle - \sqrt{\frac{2}{3}}\left|-\frac{1}{2},\mathbf{2}\right\rangle$$

$$|\pi^-\mathrm{n}\rangle = |-1,\mathbf{3}\rangle\left|-\frac{1}{2},\mathbf{2}\right\rangle = \left|-\frac{3}{2},\mathbf{4}\right\rangle$$

これらを用いて六つのプロセスの散乱振幅を $M_{3/2}$ と $M_{1/2}$ によって表すことができる．

$$\langle\pi^+\mathrm{p}\,;f|S|\pi^+\mathrm{p}\,;i\rangle = \langle\pi^-\mathrm{n}\,;f|S|\pi^-\mathrm{n}\,;i\rangle = M_{3/2}$$

$$\langle\pi^-\mathrm{p}\,;f|S|\pi^-\mathrm{p}\,;i\rangle = \langle\pi^+\mathrm{n}\,;f|S|\pi^+\mathrm{n}\,;i\rangle = \frac{1}{3}M_{3/2} + \frac{2}{3}M_{1/2}$$

$$\langle\pi^0\mathrm{n}\,;f|S|\pi^-\mathrm{p}\,;i\rangle = \langle\pi^0\mathrm{p}\,;f|S|\pi^+\mathrm{n}\,;i\rangle = \frac{\sqrt{2}}{3}M_{3/2} - \frac{\sqrt{2}}{3}M_{1/2}$$

したがって同一のエネルギー，散乱角に対する散乱断面積のあいだに次の関係が得られる．

$$\sigma(\pi^+\mathrm{p}\to\pi^+\mathrm{p}) = \sigma(\pi^-\mathrm{n}\to\pi^-\mathrm{n}) = |M_{3/2}|^2 \tag{5.28a}$$

$$\sigma(\pi^-\mathrm{p}\to\pi^-\mathrm{p}) = \sigma(\pi^+\mathrm{n}\to\pi^+\mathrm{n}) = \left|\frac{1}{3}M_{3/2} + \frac{2}{3}M_{1/2}\right|^2 \tag{5.28b}$$

$$\sigma(\pi^-\mathrm{p}\to\pi^0\mathrm{n}) = \sigma(\pi^+\mathrm{n}\to\pi^0\mathrm{p}) = \left|\frac{\sqrt{2}}{3}M_{3/2} - \frac{\sqrt{2}}{3}M_{1/2}\right|^2 \tag{5.28c}$$

静止した陽子を標的とするパイ中間子の入射エネルギーが 300 MeV のとき，衝突したパイ中間子と陽子は Δ(1236) という共鳴状態をつくり，散乱断面積は非常に大きくなる．Δ(1236) のアイソスピンは $I=3/2$ であることが知られているので，この共鳴状態がつくられるエネルギー付近での散乱断面積は $M_{3/2}$ の寄与が大きいことが予想される．そこで $M_{3/2} \gg M_{1/2}$ として式 (5.28) を組み合せることにより次の関係が得られる．

$$\sigma(\pi^- \mathrm{p} \to \pi^- \mathrm{p}) + \sigma(\pi^- \mathrm{p} \to \pi^0 \mathrm{n}) = \frac{1}{3}\sigma(\pi^+ \mathrm{p} \to \pi^+ \mathrm{p}) \tag{5.29}$$

実際に Δ(1236) の生成されるエネルギーにおいてこの関係がよく成り立っていることが確かめられている．

問　　題

5.6　重陽子核 d(deuteron) は陽子 1 個と中性子 1 個が結合してできており，そのアイソスピンは $I=0$ である．アイソスピン保存則を用いて次の反応の散乱断面積の比を求めよ．

$$\mathrm{p}+\mathrm{p} \longrightarrow \mathrm{d}+\pi^+$$
$$\mathrm{p}+\mathrm{n} \longrightarrow \mathrm{d}+\pi^0$$

5.7　^{3}He は陽子 2 個と中性子 1 個が結合してできており，^{3}H は陽子 1 個と中性子 2 個からできている．このように陽子と中性子を入れ替えた関係にある原子核を鏡映核という．^{3}He と ^{3}H は荷電 2 重項を形成し，^{3}He のアイソスピンは $I=1/2$，$I_3=1/2$，^{3}H は $I=1/2$，$I_3=-1/2$ である．このとき次の反応の散乱断面積の比を求めよ．

$$\mathrm{p}+\mathrm{d} \longrightarrow {}^3\mathrm{He}+\pi^0$$
$$\mathrm{p}+\mathrm{d} \longrightarrow {}^3\mathrm{H}+\pi^+$$

5.3　SU(3)

SU(3) は 3×3 特殊ユニタリ行列 U の全体のつくる群である．特殊ユニタリ行列は一般に $\mathrm{Tr}\hat{X}=0$ であるようなエルミート行列 $\hat{X}$ により $U=\exp(i\hat{X})$ と表されるから SU(3) の独立なパラメータの数は $3^2-1=8$ である．したがって $\hat{X}$ は次のように表される．

$$\widehat{X}=\sum_{i=1}^{8}\frac{1}{2}\lambda_i t^i \tag{5.30}$$

ここで λ_i は次のように定義され，**ゲルマン（Gell-Mann）行列**とよばれる．

$$\lambda_1=\begin{pmatrix}0&1&0\\1&0&0\\0&0&0\end{pmatrix},\qquad \lambda_2=\begin{pmatrix}0&-i&0\\i&0&0\\0&0&0\end{pmatrix},\qquad \lambda_3=\begin{pmatrix}1&0&0\\0&-1&0\\0&0&0\end{pmatrix}$$

$$\lambda_4=\begin{pmatrix}0&0&1\\0&0&0\\1&0&0\end{pmatrix},\qquad \lambda_5=\begin{pmatrix}0&0&-i\\0&0&0\\i&0&0\end{pmatrix},\qquad \lambda_6=\begin{pmatrix}0&0&0\\0&0&1\\0&1&0\end{pmatrix} \tag{5.31}$$

$$\lambda_7=\begin{pmatrix}0&0&0\\0&0&-i\\0&i&0\end{pmatrix},\qquad \lambda_8=\frac{1}{\sqrt{3}}\begin{pmatrix}1&0&0\\0&1&0\\0&0&-2\end{pmatrix}$$

SU(3) の生成子 $F_i=\lambda_i/2$ は次の交換関係に従う．

$$[F_i, F_j]=if_{ij}{}^kF_k \tag{5.32}$$

SU(3) の構造定数 $f_{ij}{}^k$ は i, j, k に関して完全反対称であり，表 5.2 に 0 でない値のみを挙げておく．

表 5.2 SU(3)の構造定数

i	j	k	$f_{ij}{}^k$	i	j	k	$f_{ij}{}^k$
1	2	3	1	3	4	5	1/2
1	4	7	1/2	3	6	7	−1/2
1	5	6	−1/2	4	5	8	$\sqrt{3}/2$
2	4	6	1/2	6	7	8	$\sqrt{3}/2$
2	5	7	1/2				

カルタン計量は $\hat{g}_{ii}=(\hat{g}^{ii})^{-1}=-f_{ij}{}^kf_{ik}{}^j=3$，その他の成分は 0 である．式 (5.31) で λ_3 と λ_8 は対角形であるから F_3 と F_8 をカルタン部分代数にとることができる．

$$H_1=F_3, \qquad H_2=F_8 \tag{5.33}$$

したがって SU(3) の階数は 2 であり，ルート $\boldsymbol{\alpha}$ は 2 次元ベクトルである．$(\mathrm{ad}H_1)^i{}_j=if_{3j}{}^i$，$(\mathrm{ad}H_2)^i{}_j=if_{8j}{}^i$ の固有値は表 5.2 の構造定数の値を用いて $(\alpha_1, \alpha_2)=(\pm1/2, \pm\sqrt{3}/2)$，$(\mp1/2, \pm\sqrt{3}/2)$，$(\pm1, 0)$，$2(0, 0)$ であることがわかる．これを図示したのが図 5.2 であり，これは 4.2 節の図 4.2 に挙げた SU(3)

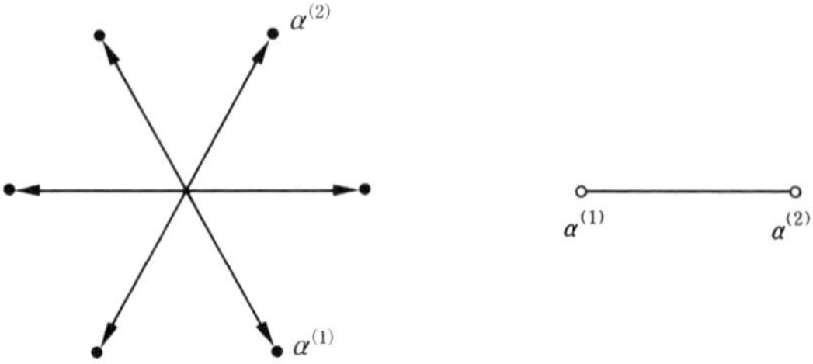

図 5.2　SU(3)のルート図およびディンキン図

表 5.3　$(\mathrm{ad}H_1, \mathrm{ad}H_2)$ の 0 でない固有値と固有ベクトル

(α_1, α_2)	v_α^i
$(\pm 1, 0)$	$(1, \pm i, 0, 0, 0, 0, 0, 0)/\sqrt{6}$
$(\pm 1/2, \pm\sqrt{3}/2)$	$(0, 0, 0, 1, \pm i, 0, 0, 0)/\sqrt{6}$
$(\mp 1/2, \pm\sqrt{3}/2)$	$(0, 0, 0, 0, 0, 1, \pm i, 0)/\sqrt{6}$

のルート図にほかならない．それぞれのルートに対応する固有ベクトルを表 5.3 に与えておく．

カルタンの標準形 (4.40) は $E_\alpha = v_\alpha^i F_i$ を定義することによって書くことができる．すなわち，

$$E_{(\pm 1, 0)} = \frac{1}{\sqrt{6}}(F_1 \pm iF_2), \qquad E_{(\pm 1/2, \pm\sqrt{3}/2)} = \frac{1}{\sqrt{6}}(F_4 \pm iF_5)$$
$$E_{(\mp 1/2, \pm\sqrt{3}/2)} = \frac{1}{\sqrt{6}}(F_6 \pm iF_7) \tag{5.34}$$

式 (5.34) で係数 $1/\sqrt{6}$ はカルタン計量が $\hat{g}^{ii} = 1/3$ であることによっている．このとき $\alpha^a = \alpha_a/3\,(a=1,2)$ であることに注意しよう．4.2 節で述べたように $\sqrt{3}E_\alpha$ をあらたに E_α と定義し，式 (4.40) の交換関係を，

$$[E_\alpha, E_{-\alpha}] = \sum_{a=1}^{2} \alpha_a H_a$$

とするやり方もあるが，ここでは添字の上付下付の約束を一貫して使っている．

4.4 節で述べたように SU(3) の表現は H_1, H_2 の固有値であるウエイト $\mu = (\mu_1, \mu_2)$ を与えることによって定まる．基本表現の最高ウエイトのディンキ

ン・インデックスは $\boldsymbol{\mu}^{(1)}$: [1,0] および $\boldsymbol{\mu}^{(2)}$: [0,1] である．例 4.4 にならって [1,0] 表現のウエイトのディンキン・インデックスを求めると，それらは [1,0]，[−1,1]，[0,−1] であることがわかる．単純ルートは，

$$\boldsymbol{\alpha}^{(1)}=\left(\frac{1}{2},-\frac{\sqrt{3}}{2}\right),\qquad \boldsymbol{\alpha}^{(2)}=\left(\frac{1}{2},\frac{\sqrt{3}}{2}\right) \tag{5.35}$$

であるから，それぞれのディンキン・インデックスに対応するウエイトは式 (4.68) より，

$$\begin{aligned} &[1,0]:\left(\frac{1}{2},-\frac{1}{2\sqrt{3}}\right),\qquad [-1,1]:\left(0,\frac{1}{\sqrt{3}}\right)\\ &[0,-1]:\left(-\frac{1}{2},-\frac{1}{2\sqrt{3}}\right) \end{aligned} \tag{5.36}$$

と求められる．したがって SU(3) の基本表現 [1,0] は 3 次元表現である．もう一つの基本表現 [0,1] も同様にして求めることができ，

$$\begin{aligned} &[0,1]:\left(\frac{1}{2},\frac{1}{2\sqrt{3}}\right),\qquad [1,-1]:\left(0,-\frac{1}{\sqrt{3}}\right)\\ &[-1,0]:\left(-\frac{1}{2},\frac{1}{2\sqrt{3}}\right) \end{aligned} \tag{5.37}$$

であることがわかる．この表現も 3 次元表現であり，[0,1] 表現を **3**，[1,0] 表現を $\mathbf{3}^*$ と表す．これらの表現のウエイト図を図 5.3 に示す．

交換関係 (5.32) において構造定数 $f_{ij}{}^{k}$ は実数であるから，F_i が式 (5.32) を満たせば $-F_i^*$ も同じ交換関係を満たす．したがって表現 $\rho(F_i)$ に対して

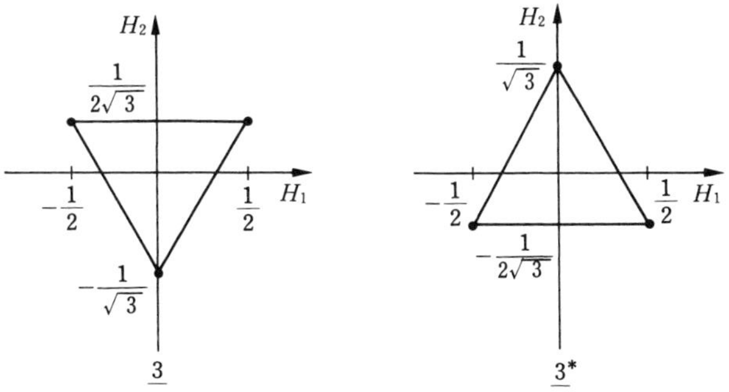

図 5.3 3, 3* 表現のウエイト図

$-\rho^*(F_i)$ も表現である．これを表現 ρ の**複素共役表現**といい ρ^* または $\bar{\rho}$ と表す．[1,0] 表現は [0,1] 表現の複素共役表現である．実際，式 (5.36) が $(-F_3^*, -F_8^*)$ の固有値であることは行列表示 (5.31) から容易にわかる．表現 ρ のウエイト μ に対し，$-\mu$ は複素共役表現 ρ^* のウエイトである．なぜなら，複素共役表現のカルタン部分代数は $-H_a^*$ で，H_a はエルミート行列であるから H_a^* の固有値は H_a の固有値に等しいからである．したがって既約表現の最高ウエイトの符号を変えたものはその複素共役表現の最低ウエイトであり，複素共役表現の最高ウエイトの符号を変えたものはもとの表現の最低ウエイトである．

例 5.3　[1,0] 表現の最高ウエイト $\mu^{(1)}$ に対し，$-\mu^{(1)}$ は [0,1] 表現の最低ウエイトである．また [0,1] 表現の最高ウエイト $\mu^{(2)}$ に対し，$-\mu^{(2)}$ は [1,0] 表現の最低ウエイトである．このことは式 (5.36) および式 (5.37) からもただちにわかる．

複素共役表現 ρ^* が元の表現 ρ に同等である場合，これを**実表現**という．実表現のウエイト図は座標原点に関して対称である．図 4.7 からわかるように随伴表現 [1,1] は実表現である．一般に既約表現 $[n,m]$ の複素共役表現は $[m,n]$ である．これは $[n,m]$ 表現の最高ウエイトは $n\mu^{(1)}+m\mu^{(2)}$，最低ウエイトは $-n\mu^{(2)}-m\mu^{(1)}$ で与えられるからである．$[n,n]$ 表現は実表現である．

基本表現の次に次元の大きな表現は [2,0] 表現である．この表現のウエイトを具体的に求めてみよう．4.4 節の例 4.4 あるいは例 4.5 にならってウエイトのディンキン・インデックスを求めると次のようになる．

カルタン行列 $\begin{pmatrix} 2 & -1 \\ -1 & 2 \end{pmatrix}$ ウエイト

$$
\begin{array}{ccc}
 & [2,0] & \\
 & \downarrow -\alpha^{(1)} & \\
 & [0,1] & \\
-\alpha^{(1)} \swarrow & & \searrow -\alpha^{(2)} \\
[-2,2] & & [1,-1] \\
-\alpha^{(2)} \searrow & & \swarrow -\alpha^{(1)} \\
 & [-1,0] & \\
 & \downarrow -\alpha^{(2)} & \\
 & [0,-2] &
\end{array}
\qquad
\begin{array}{ccc}
 & \left(1, -\frac{1}{\sqrt{3}}\right) & \\
 & \left(\frac{1}{2}, \frac{1}{2\sqrt{3}}\right) & \\
\left(0, \frac{2}{\sqrt{3}}\right) & & \left(0, -\frac{1}{\sqrt{3}}\right) \\
 & \left(-\frac{1}{2}, \frac{1}{2\sqrt{3}}\right) & \\
 & \left(-1, -\frac{1}{\sqrt{3}}\right) &
\end{array}
\tag{5.38}
$$

基本表現 $[1,0]$，$[0,1]$ の最高ウエイト $\boldsymbol{\mu}^{(1)}=(1/2, -1/2\sqrt{3})$，$\boldsymbol{\mu}^{(2)}=(1/2, 1/2\sqrt{3})$ を用いて任意のウエイト $[n,m]$ は $n\boldsymbol{\mu}^{(1)}+m\boldsymbol{\mu}^{(2)}$ で与えられるから上の右側の結果を得る．これは 6 次元表現 $\mathbf{6}^*$ である．$[0,2]$ 表現は複素共役表現 $\mathbf{6}$ である．その他の既約表現についても同様にしてウエイトを求めることができる．

さて SU(3) は SU(2) を部分群として含んでいる．いい換えれば SU(3) のリー代数は SU(2) のリー代数を部分代数として含んでいる．このとき SU(2) 部分代数のとり方にはいろいろある．例えば F_1, F_2, F_3 は式 (5.32) において，

$$[F_i, F_j]=i\sum_{k=1}^{3}\varepsilon_{ijk}F_k$$

を満たし，これは式 (5.4) に挙げた SU(2) の交換関係である．したがって $\{F_1, F_2, F_3\}$ は SU(3) の中の SU(2) 部分代数である．SU(3) の既約表現がこの SU(2) 部分群のもとでどう変換するかを見てみよう．まず SU(3) の 3 次元表現 $\mathbf{3}$ の表現空間は行列表示 (5.31)，$\lambda_1, \lambda_2, \lambda_3$ からわかるように，SU(2) の変換に対しては 2 次元空間と 1 次元空間の直和に分解される．すなわち SU(3) の既約表現はその部分群に対しては既約とは限らない．$\mathbf{3}$ を SU(2) の既約表現に分解して次のように書く．

$$\mathbf{3}=\mathbf{2}\oplus\mathbf{1} \tag{5.39}$$

これはまた次のように考えてもよい．SU(3) のカルタン部分代数は (F_3, F_8) であり，SU(2) 部分群のカルタン部分代数は F_3 であるから，F_3 の固有値に着目すれば $\mathbf{3}$ のウエイト (5.37) において $[0,1]$ と $[-1,0]$ は SU(2) の 2 次元表

現のウエイトであり，[1, −1] は1次元表現のウエイトである．同様に [0,2] 表現を SU(2) 部分群の既約表現に分解すれば，式 (5.38) を参照して，

$$\mathbf{6}=\mathbf{3}\oplus\mathbf{2}\oplus\mathbf{1} \tag{5.40}$$

3：[0,2]，[−1,1]，[−2,0]

2：[1,0]，[0, −1]

1：[2, −2]

であることがわかる．ここで式 (5.40) の右辺に現れる **3** は SU(2) の3次元表現であることに注意しよう．

SU(3) に含まれる SU(2) 部分群のもう一つの例を挙げよう．表 5.2 に挙げた SU(3) の構造定数を見てわかるように，$\{2F_1, 2F_4, 2F_7\}$ も SU(2) のリー代数の交換関係を満たすことがわかる．この部分代数から生成される SU(2) 部分群を前述の SU(2) 部分群と区別するために $\mathrm{SU}(2)_1$ と書くことにする．この場合式 (5.31) の行列表示からわかるように，SU(3) の **3** の表現空間は $\mathrm{SU}(2)_1$ の変換のもとでそれ以上小さな不変部分空間には分けられない．$\mathrm{SU}(2)_1$ のカルタン部分代数として $2F_7$ を選ぶと，この固有値は 1, 0, −1 である．したがって $\mathrm{SU}(2)_1$ の行列表現 $\{2F_1, 2F_4, 2F_7\}$ は最高ウエイトが $j=1$ の表現であることがわかる．この表現の次元は $2j+1=3$ であるから，SU(3) の **3** はその部分群 $\mathrm{SU}(2)_1$ の **3** でもある．次に SU(3) の **6** についてはどうであろうか．これは SU(3) の [0,2] 表現であるから二つの基本表現 [0,1] の直積表現によって得られる．一方これを部分群 $\mathrm{SU}(2)_1$ について見ると，二つの $j=1$ 表現の直積表現として得られるはずである．最も大きなウエイトの表現は $j=2$，すなわち5次元表現である．したがって次の既約表現分解を得る．

$$\mathbf{6}=\mathbf{5}\oplus\mathbf{1}$$

このように SU(3) には部分群として SU(2) が一つ含まれているが，そのとり方は一意的ではない．また SU(3) の既約表現の，部分群に関する既約表現分解も一意的ではない．これまでに挙げた部分群以外に次のようなとり方がある．

$$\mathrm{SU}(2)_{\mathrm{U}}：\left\{F_6, F_7, \frac{1}{2}(-F_3+\sqrt{3}F_8)\right\}$$

$$\mathrm{SU}(2)_{\mathrm{V}}: \left\{F_4, F_5, \frac{1}{2}(F_3+\sqrt{3}F_8)\right\}$$

$$\mathrm{SU}(2)_2: \{2F_1, 2F_6, 2F_5\}$$

$$\mathrm{SU}(2)_3: \{2F_2, 2F_4, 2F_6\}$$

$$\mathrm{SU}(2)_4: \{2F_2, 2F_5, 2F_7\}$$

群の変換のもとで不変な演算子を生成子の組合せによってつくることができる．SU(2) の場合は問題 5.5 で見たように $\boldsymbol{J}^2=J_1{}^2+J_2{}^2+J_3{}^2$ が SU(2) のすべての生成子 $J_i(i=1,2,3)$ と可換である．このとき $\boldsymbol{J}^2$ の固有値は一つの既約表現については一つの値をとるから，最高ウエイトの代りに $\boldsymbol{j}^2$ の固有値でもって既約表現を指定することもできる．このような生成子の組合せによってつくられる演算子を**カシミヤ（Casimir）演算子**という．一般に階数 r のコンパクト単純リー群には r 個のカシミヤ演算子がある．SU(3) の場合には 2 個のカシミヤ演算子がある．その一つは，

$$C^{(2)}=\sum_{i=1}^{8}F_i^2 \tag{5.41}$$

で，実際にこれがすべての $F_i(i=1,\cdots,8)$ と可換であることを確かめることができる．これを 2 次のカシミヤ演算子という．

もう一つのカシミヤ演算子を求めるためにゲルマン行列 (5.31) の反交換関係を考えよう．

$$\{\lambda_i, \lambda_j\}=2d_{ij}{}^k\lambda_k+\frac{4}{3}\delta_{ij} \tag{5.42}$$

ここで $d_{ij}{}^k$ は i,j,k について完全対称な係数で，その値を表 5.4 に挙げる．これはまた次のように表すこともできる．

表 5.4 完全対称な $d_{ij}{}^k$ の値

i	j	k	$d_{ij}{}^k$	i	j	k	$d_{ij}{}^k$
1	1	8	$1/\sqrt{3}$	3	5	5	$1/2$
1	4	6	$1/2$	3	6	6	$-1/2$
1	5	7	$1/2$	3	7	7	$-1/2$
2	2	8	$1/\sqrt{3}$	4	4	8	$-1/(2\sqrt{3})$
2	4	7	$-1/2$	5	5	8	$-1/(2\sqrt{3})$
2	5	6	$1/2$	6	6	8	$-1/(2\sqrt{3})$
3	3	8	$1/\sqrt{3}$	7	7	8	$-1/(2\sqrt{3})$
3	4	4	$1/2$	8	8	8	$-1/\sqrt{3}$

$$d_{ij}{}^{k}=\frac{3}{4}\,\mathrm{Tr}(\{\lambda_i,\lambda_j\}\lambda^k) \tag{5.43}$$

この係数を用いて3次のカシミヤ演算子は次のように与えられる．

$$C^{(3)}=\sum_{i,j,k=1}^{8} d_{ij}{}^{k}F^iF^jF_k \tag{5.44}$$

ただし $F^i=\bar{g}^{ij}F_j$ である．これがすべての F_i と可換であることは式 (5.32) を用いて実際に確かめることができる．

一般に，コンパクト単純リー群の k 次のカシミヤ演算子 $C^{(k)}$ は

$$C^{(k)}=d_{j_1j_2\cdots j_k}F^{j_1}F^{j_2}\cdots F^{j_k}$$

$$d_{j_1j_2\cdots j_k}=\mathrm{Tr}(\lambda_{j_1}\lambda_{j_2}\cdots\lambda_{j_k})_{TS}$$

で与えられる．ここで $\lambda_j/2$ は基本表現での群の生成子で，TS は完全対称化された積を意味するものとする．F^j は任意の表現での生成子である．群の階数が r のとき，$C^{(k)}$ のうち独立なものは $k=2,3,\cdots,r+1$ の r 個であり，$C^{(k)}\,(k>r+1)$ はこれらで表される．

問　　題

5.8　上に挙げた $\mathrm{SU}(2)_{\mathrm{U}}$ 以下の部分群の生成子が実際に SU(2) の交換関係を満たすことを確かめよ．

5.9　ルート $\boldsymbol{\alpha}$ に関するワイル鏡映 (4.50) を行ったとき，式 (5.34) の関係により SU(3) の生成子 $F_i(i=1,\cdots,8)$ も変換を受ける．例えば $\boldsymbol{\alpha}=(1,0)$ に関するワイル鏡映を行ったとき，$F_1\leftrightarrow F_1, F_2\leftrightarrow -F_2, F_3\leftrightarrow F_3, F_4\leftrightarrow F_6, F_5\leftrightarrow F_7, F_8\leftrightarrow F_8$ と変換される．これを確かめ，その他のルートに関するワイル鏡映を行ったときの F_i の変換性を求めよ．

5.10　SU(3) の部分群 $\mathrm{SU}(2)_2$，$\mathrm{SU}(2)_3$ の生成子は $\mathrm{SU}(2)_1$ の生成子 $\{2F_1, 2F_4, 2F_7\}$ に適当なルートに関するワイル鏡映を行って得られることを示せ．また $\mathrm{SU}(2)_4$ の生成子を得るにはどのようなワイル鏡映をすればよいか．

5.11　次の公式を証明せよ．

$$\exp(-2i\theta F_7)F_1\exp(2i\theta F_7)=\cos\theta F_1+\sin\theta F_4$$

$$\exp(-2i\theta F_7)F_2\exp(2i\theta F_7)=\cos\theta F_2+\sin\theta F_5$$

$$\exp(-2i\theta F_7)F_3\exp(2i\theta F_7)$$

$$=\cos^2\theta F_3+\frac{1}{2}\sin^2\theta(F_3+\sqrt{3}F_8)-\sin\theta\cos\theta F_6$$

これらもまたSU(2)の交換関係に従うことは自明であろう．$\theta=\pi/2$ とおけば $SU(2)_V$ のリー代数が $\{F_1, F_2, F_3\}$ から得られる．

5.12 前問にならって適当な変換により $SU(2)_U$ のリー代数を $\{F_1, F_2, F_3\}$ から導け．

5.13 次の恒等式を証明せよ．

(1) $[F_i, \{F_j, F_k\}]+\{[F_j, F_i], F_k\}+\{[F_k, F_i], F_j\}=0$

(2) $d_{jk}{}^l f_{il}{}^m+d_{lk}{}^m f_{ji}{}^l+d_{jl}{}^m f_{ki}{}^l=0$

5.14 (1) 2次および3次のカシミヤ演算子 $C^{(2)}$，$C^{(3)}$ がSU(3)のすべての生成子 F_i と可換であることを確かめよ．

(2) 次の公式を導け．

(a) $f_{ia}{}^b f_{jb}{}^c f_{kc}{}^a=-\dfrac{1}{2}f_{ijk}$

(b) $f_{ab}{}^l f^{ab}{}_k=8\delta^l{}_k$

(c) $f_{ia}{}^b f_{jb}{}^c f_{kc}{}^a F^i F^j F^k=-2iF^l F_l$

5.4 既約表現とヤング図

リー群あるいはリー代数の既約表現は最高ウエイトによって一意的に決まる．そのディンキン・インデックスを $[m^1, m^2, \cdots, m^r]$ とすると4.4節で見たようにこの表現は基本表現の直積あるいはテンソル積 $m^1\rho_1\otimes m^2\rho_2\otimes\cdots\otimes m^r\rho_r$ をつくることによって得られる．この節ではSU(3)の任意の既約表現を基本表現のテンソル積によって具体的につくってみよう．

SU(3)の基本表現**3**の基底ベクトルは三つのウエイト(5.37)に対応して，

$$\left|\frac{1}{2}, \frac{1}{2\sqrt{3}}\right\rangle=\boldsymbol{e}_1, \qquad \left|0, -\frac{1}{\sqrt{3}}\right\rangle=\boldsymbol{e}_2, \qquad \left|-\frac{1}{2}, \frac{1}{2\sqrt{3}}\right\rangle=\boldsymbol{e}_3 \tag{5.45}$$

であり，これらのベクトルの1次結合の張る空間が3次元表現**3**の表現空間である．この表現空間のベクトル $\boldsymbol{v}$ の成分を v^i とすると $\boldsymbol{v}=v^i\boldsymbol{e}_i$ である．同様に

して $\mathbf{3}^*$ 表現の基底ベクトルは式 (5.36) より，

$$|\frac{1}{2},-\frac{1}{2\sqrt{3}}\rangle=\boldsymbol{e}^1, \qquad |0,\frac{1}{\sqrt{3}}\rangle=\boldsymbol{e}^2, \qquad |-\frac{1}{2},-\frac{1}{2\sqrt{3}}\rangle=\boldsymbol{e}^3 \tag{5.46}$$

である．基本表現のテンソル積の基底ベクトルは一般に，

$$\boldsymbol{e}^{i_1i_2\cdots i_n}_{j_1j_2\cdots j_m}=\boldsymbol{e}^{i_1}\boldsymbol{e}^{i_2}\cdots\boldsymbol{e}^{i_n}\boldsymbol{e}_{j_1}\boldsymbol{e}_{j_2}\cdots\boldsymbol{e}_{j_m} \tag{5.47}$$

であって，これらの張る nm 次元のベクトル空間がこの直積表現の表現空間である．この空間のテンソル $\boldsymbol{v}$ は基底 (5.47) に関するその成分によって，

$$\boldsymbol{v}=v^{j_1j_2\cdots j_m}_{i_1i_2\cdots i_n}\boldsymbol{e}^{i_1i_2\cdots i_n}_{j_1j_2\cdots j_m} \tag{5.48}$$

と書ける．直積表現は一般には既約ではないのでこれをいかにして既約表現に分解するかというのがここでの問題である．

群の変換に対して基本表現の基底ベクトルは次のように変換する．

$$\boldsymbol{e}'_i=U^{\dagger j}{}_i\boldsymbol{e}_j, \qquad \boldsymbol{e}'^i=U^i{}_j\boldsymbol{e}^j \qquad (U\in \mathrm{SU}(3)) \tag{5.49}$$

このとき式 (5.48) のテンソル成分は，

$$v'^{i_1i_2\cdots i_n}_{j_1j_2\cdots j_m}=U^{i_1}{}_{k_1}\cdots U^{i_n}{}_{k_n}U^{\dagger l_1}{}_{j_1}\cdots U^{\dagger l_m}{}_{j_m}v^{k_1k_2\cdots k_n}_{l_1l_2\cdots l_m} \tag{5.50}$$

のように変換する．いまテンソルが添字の入れ替えに対してある対称性をもっているとしよう．例えば $v^{k_1k_2\cdots k_n}_{l_1l_2\cdots l_m}$ が k_1 と k_2 の入れ替えに対して対称であるとする．このとき式 (5.50) からわかるように変換後の $v'^{i_1i_2\cdots i_n}_{j_1j_2\cdots j_m}$ も i_1 と i_2 の入れ替えについて対称である．このようにテンソルの添字の入れ替えに対する対称性は群の変換をしても変わらない．したがって特定の対称性をもったテンソルの張る空間は群の変換に対して不変部分空間になっている．直積表現が既約でないということは，その表現空間が群の変換に対していくつかの不変部分空間の直和になっていることを意味するから，テンソル積の基底ベクトルあるいはテンソル成分の添字の対称性を考えることによって直積表現を既約表現に分解することができる．

以上のことを簡単な例について見てみよう．まず二つの基本表現の直積 $\mathbf{3}\otimes\mathbf{3}$ を考える．直積空間のテンソル成分は $v^{ij}=v^iv^j\,(i,j=1,2,3)$ である．これを添字 i,j について対称なものと反対称なものに分けると，

$$\begin{aligned} &v^{ij}=v^{(ij)}+v^{[ij]} \\ &v^{(ij)}=\frac{1}{2}(v^{ij}+v^{ji}), \qquad v^{[ij]}=\frac{1}{2}(v^{ij}-v^{ji}) \end{aligned} \tag{5.51}$$

となる．(ij) は i,j についての対称化，$[ij]$ は反対称化を表している．式 (5.51) において $v^{(ij)}$ は群の変換のもとでやはり i,j について対称なテンソルに移るから 6 次元の不変部分空間を張る．これが SU(3) の既約表現 **6** の表現空間である．$v^{[ij]}$ は 3 次元の不変部分空間のテンソル成分である．ε_{ijk} を 3 次の完全反対称テンソルとすると，$v_i=\varepsilon_{ijk}v^{[jk]}$ は $\mathbf{3}^*$ の変換性をもつから $v^{[jk]}$ は $\mathbf{3}^*$ の表現空間のテンソル成分である．こうして直積 $\mathbf{3}\otimes\mathbf{3}$ の既約表現への分解は，

$$\mathbf{3}\otimes\mathbf{3}=\mathbf{6}\oplus\mathbf{3}^* \tag{5.52}$$

であることがわかった．

次に $\mathbf{3}\otimes\mathbf{3}^*$ に含まれる表現を考えてみよう．この直積空間のテンソルは $v^i{}_j=v^iv_j$ である．このとき上付の添字と下付の添字をそろえて足したもの $v^i{}_i$ をトレースといい，これは SU(3) の変換に対して不変である．そこで，

$$v^i{}_j=\left(v^i{}_j-\frac{1}{3}\delta^i{}_jv^k{}_k\right)+\frac{1}{3}\delta^i{}_jv^k{}_k \tag{5.53}$$

と分けると，式 (5.53) の右辺第 1 項はトレースが 0 で，SU(3) の変換に対して 8 次元の既約表現の表現テンソルである．こうして直積 $\mathbf{3}\otimes\mathbf{3}^*$ の既約表現への分解ができた．

$$\mathbf{3}\otimes\mathbf{3}^*=\mathbf{8}\oplus\mathbf{1} \tag{5.54}$$

以上のことを図式的に次のように表現する．基本表現 **3** の表現ベクトル v^i に□を対応させる．また必要に応じてベクトルの成分を□の中の番号で表すことにする．次の二つのベクトルの直積 v^{ij} のうち対称テンソル $v^{(ij)}$ には，

$$\boxed{i}\boxed{j}\ :\quad \boxed{1}\boxed{2}\quad \boxed{1}\boxed{3}\quad \boxed{2}\boxed{3}\quad \boxed{1}\boxed{1}\quad \boxed{2}\boxed{2}\quad \boxed{3}\boxed{3}$$

を対応させ，反対称テンソル $v^{[ij]}$ には，

$$\begin{array}{|c|}\hline i\\\hline j\\\hline\end{array}\ :\quad \begin{array}{|c|}\hline 1\\\hline 2\\\hline\end{array}\quad \begin{array}{|c|}\hline 1\\\hline 3\\\hline\end{array}\quad \begin{array}{|c|}\hline 2\\\hline 3\\\hline\end{array}$$

を対応させることにする．このように入れ替えについて対称な添字については横並び（行，row）の□で，反対称な添字については縦並び（列，column）の□で表す．このとき反対称な添字はすべて異なるから SU(3) の場合 4 個以上の□が縦並びになることはない．また 3 個の□が縦並びになるのは一通りしかないから，これは恒等表現に対応する．

8次元表現**8**については完全反対称テンソル ε^{ijk} を用いて,

$$u^{[ij]l}=\varepsilon^{ijk}\left(v^l{}_k-\frac{1}{3}\delta^l{}_k v^n{}_n\right) \tag{5.55}$$

と表す．ところで ε^{ijk} はSU(3)の変換に対して不変で，実際,

$$U^l{}_iU^m{}_jU^n{}_k\varepsilon^{ijk}=\det U\,\varepsilon^{lmn}=\varepsilon^{lmn} \tag{5.56}$$

である．同様にして ε_{ijk} および $\delta^i{}_j$ もSU(3)の変換に対して不変であることがわかる．これらを**不変テンソル**（invariant tensor）とよぶ．テンソルの変換性は不変テンソルが掛かっても保たれるから，**8**の表現テンソルとして式(5.55)で定義される $u^{[ij]l}$ を考えればよい．これは i,j について反対称であるから次の図形を対応させることができる．

$$\begin{array}{|c|c|}\hline i & l \\ \hline j \\ \cline{1-1}\end{array}\ :\quad \begin{array}{|c|c|}\hline 1 & 3 \\ \hline 2 \\ \cline{1-1}\end{array}\quad \begin{array}{|c|c|}\hline 1 & 2 \\ \hline 3 \\ \cline{1-1}\end{array}\quad \begin{array}{|c|c|}\hline 1 & 1 \\ \hline 2 \\ \cline{1-1}\end{array}\quad \begin{array}{|c|c|}\hline 1 & 1 \\ \hline 3 \\ \cline{1-1}\end{array}\quad \begin{array}{|c|c|}\hline 2 & 3 \\ \hline 3 \\ \cline{1-1}\end{array}\quad \begin{array}{|c|c|}\hline 2 & 2 \\ \hline 3 \\ \cline{1-1}\end{array}$$

$$\begin{array}{|c|c|}\hline 1 & 2 \\ \hline 2 \\ \cline{1-1}\end{array}\quad \begin{array}{|c|c|}\hline 1 & 3 \\ \hline 3 \\ \cline{1-1}\end{array}$$

一般に $[m,n]$ 表現の表現空間のテンソル $v^{i_1i_2\cdots\cdots i_n}_{j_1j_2\cdots\cdots j_m}$ は n 個の基本表現 $[0,1]$ のベクトル v^i と m 個の基本表現 $[1,0]$ のベクトル v_j の直積によって得られるから，上付および下付の添字についてそれぞれ対称で，トレース,

$$\delta^{j_1}{}_{i_1}v^{i_1i_2\cdots\cdots i_n}_{j_1j_2\cdots\cdots j_m}=0 \tag{5.57}$$

を満たすものが既約表現のテンソルである．トレースが0でないとすると，それは $[m-1,n-1]$ 表現に属するから既約性に反する．ε^{ijk} を用いて下付の添字をすべて上付に変えることができるから，既約な $[m,n]$ 表現のテンソルは,

$$u^{[k_1l_1]\cdots\cdots[k_ml_m]i_1\cdots\cdots i_n}=\varepsilon^{k_1l_1j_1}\cdots\cdots\varepsilon^{k_ml_mj_m}v^{i_1\cdots\cdots i_n}_{j_1\cdots\cdots j_m} \tag{5.58}$$

と書ける．これには次の図形を対応させる．

$$\begin{array}{|c|c|c|c|c|c|}\hline k_1 & \cdots\cdots & k_m & i_1 & \cdots\cdots & i_n \\ \hline l_1 & \cdots\cdots & l_m \\ \cline{1-3}\end{array}$$

このとき2重に数えるのを防ぐために，各行では左から右に数字が大きくなるように（$k_1\leqq\cdots\cdots\leqq k_m\leqq i_1\leqq\cdots\cdots\leqq i_n$；$l_1\leqq\cdots\cdots\leqq l_m$）番号を付ける．次に各列においては上から下に数字が大きくなるように（$k_i<l_i$）配列するものとする．この図形を**ヤング図**（Young tableau）とよぶ．

ヤング図が与えられたとき，対応する既約表現の次元を与える公式を導いておこう．そのためには $[m,n]$ 表現の独立なテンソル成分の数を数えればよい．

$v^{i_1 i_2 \cdots i_n}_{j_1 j_2 \cdots j_m}$ において上付添字 $(i_1, \cdots, i_n)$ は 1, 2, 3 を並べたものである．その並べ方の数は $(n+2)!/(n!2!)$ である．同様に下付添字の並べ方の数は $(m+2)!/(m!2!)$ である．またトレースが 0 という条件 (5.57) は，$(n+1)!/\{(n-1)!2!\} \times (m+1)!/\{(m-1)!2!\}$ 個の関係式を与えるから，独立なテンソル成分の数は，

$$D(n,m) = \frac{(n+2)!}{n!2!} \cdot \frac{(m+2)!}{m!2!} - \frac{(n+1)!}{(n-1)!2!} \cdot \frac{(m+1)!}{(m-1)!2!}$$

$$= \frac{1}{2}(n+1)(m+1)(n+m+2) \tag{5.59}$$

となる．例えば $[2,2]$ 表現の次元は $D(2,2)=27$，$[0,3]$ 表現の次元は $D(3,0)=10$ である．

ヤング図が有用なのは，直積表現の既約表現への分解がテンソル成分を書き下すことなく図式的に行えることにある．二つの既約表現 A と B の直積 $A \otimes B$ を考えよう．このとき B のヤング図，

$$\begin{array}{|c|c|c|c|c|} \hline a & \cdots & a & \cdots & a \\ \hline b & \cdots & b \\ \cline{1-3} \end{array}$$

の各タイル □ を次のルールに従って A のヤング図にくっつけていくことによって既約表現への分解が得られる．

(1) 上図のように B のヤング図において第 1 行のタイルは a，第 2 行のタイルは b と区別する．

(2) B のヤング図の第 1 行から $\boxed{a}$ をとり，A のヤング図の異なった行にくっつける．こうしてあらゆる可能なくっつけ方をしたら，次に $\boxed{b}$ を同じようにくっつける．このとき右から左，上から下に見たとき a の数は b の数を下回ってはならない．

こうして得られたヤング図は $A \otimes B$ に含まれる既約表現に対応している．次の例と対比させてみるとこのやり方がよくわかるだろう．

例 5.4 $\quad \square \otimes \boxed{a} = \boxed{a} \oplus \boxed{\begin{array}{c}\\a\end{array}}\quad : \quad 3 \otimes 3 = 6 \oplus 3^*$

$\quad\quad\quad \square \otimes \boxed{\begin{array}{c}a\\b\end{array}} = \boxed{\begin{array}{cc}&a\\b&\end{array}} \oplus \boxed{\begin{array}{c}\\a\\b\end{array}} \quad : \quad 3 \otimes 3^* = 8 \oplus 1$

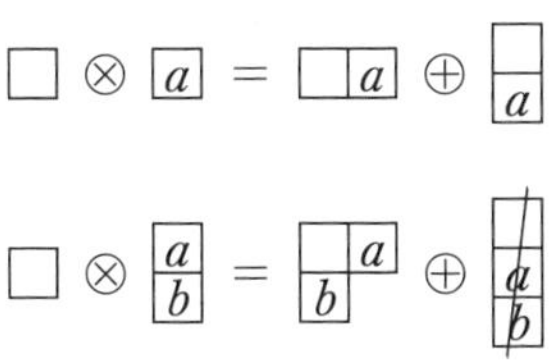

右辺第1項について上記(2)のルールは次のようになる.

右から第1列では：　a の個数＝1，b の個数＝0

右から第2列まで：　a の個数＝1，b の個数＝1

上から第1行では：　a の個数＝1，b の個数＝0

上から第2行まで：　a の個数＝1，b の個数＝1

その他の項についても同様である.

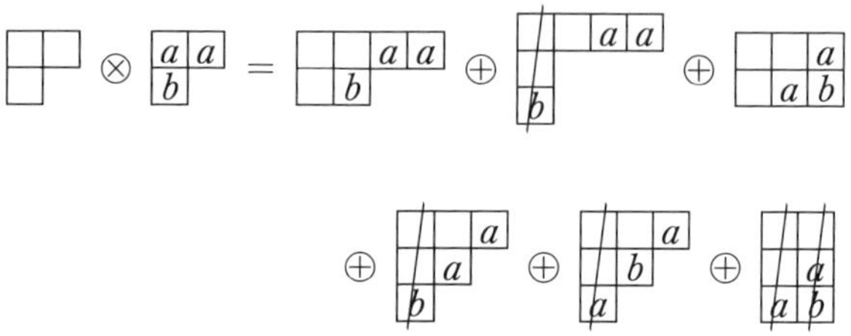

：　$\mathbf{8}\otimes\mathbf{8}=\mathbf{27}\oplus\mathbf{10}\oplus\mathbf{10}^*\oplus\mathbf{8}\oplus\mathbf{8}\oplus\mathbf{1}$

この例でタイルが縦に三つ並んだ部分は,

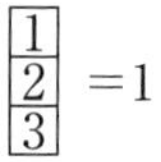

であるからヤング図から落とすことができるか，1次元表現であることに注意しよう．付録にいくつかの公式を挙げておく.

問　　題

5.15　$F^i{}_j$ を次のように定義する.

$$F^i{}_j=\sum_{a=1}^{8}(\lambda_a)^i{}_jF_a$$

(1)　$F^i{}_j$ の行列成分は，次のようになることを確かめよ.

$$(F^i{}_j)^n{}_m=\delta^i{}_m\delta^n{}_j-\frac{1}{3}\delta^i{}_j\delta^n{}_m$$

(2)　$F^i{}_j$ は $\mathbf{8}$ の変換性をもつことを示せ．また $F^i{}_jF^j{}_kF^k{}_i$ は SU(3) の変換に対して不変であり，2次および3次のカシミヤ演算子で表せることを示せ.

5.16 **3**⊗**6** のテンソル成分 $v^i v^{(jk)}$ を既約表現に分解し，ヤング図による方法と比較せよ．

5.17 **10**⊗**8** を既約表現に分解せよ．

5.18 SU(3) の既約表現 $\boldsymbol{D}$ におけるカシミヤ演算子 $C^{(2)}$ の固有値を $C(\boldsymbol{D})$ とし，生成子 F_i の表現行列について，$\mathrm{Tr}(F_iF_j)=k_D\delta_{ij}$ とすると，

$$\dim(\boldsymbol{D})C(\boldsymbol{D})=8k_D$$

という関係が成り立つことを示せ．$\dim(\boldsymbol{D})$ は既約表現 $\boldsymbol{D}$ の次元である．基本表現 **3** あるいは $\mathbf{3}^*$ に対しては $k_{\boldsymbol{D}}=1/2$ であるから $C(\mathbf{3})=4/3$ であることがわかる．一般の表現は基本表現の直積によって得られるから，その $C(\boldsymbol{D})$ は $k_{\boldsymbol{D}}$ に対する次の公式によって得られることを示せ．

$$k_{\boldsymbol{D}_1\otimes\boldsymbol{D}_2}=\dim(\boldsymbol{D}_1)k_{\boldsymbol{D}_2}+\dim(\boldsymbol{D}_2)k_{\boldsymbol{D}_1}$$

5.5 SU(N)

SU(N) は $N\times N$ 特殊ユニタリ行列全体のつくる群であり，そのリー代数はトレースが 0 であるような $N\times N$ エルミート行列の全体である．したがって群の生成子は N^2-1 個あって，このうち対角形にとれる独立な行列は $N-1$ 個あるから群の階数は $N-1$ である．これまでと同様に生成子の行列表現を具体的に与えて群の構造を調べることもできるが，この節ではディンキン図が与えられたとして，これから出発して具体的な表現を求める方法をとってみよう．ディンキン図には群のすべての情報が集約されているのである．

4.3 節で述べたように，SU(N) のディンキン図は次のように与えられる．

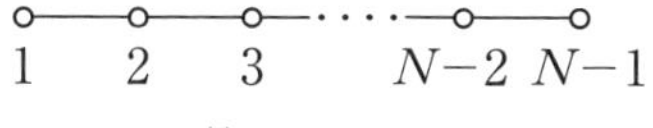

単純ルートを $\boldsymbol{\alpha}^{(i)}$ $(i=1,\cdots,N-1)$ とすると，ディンキン図からわかるように隣り合った単純ルート $\boldsymbol{\alpha}^{(i)}$，$\boldsymbol{\alpha}^{(i+1)}$ のなす角は $2\pi/3$ で，隣接しない単純ルートのあいだの角は $\pi/2$ である．また単純ルートの長さはすべて等しいからカルタン行列 (4.55) は次のように与えられる．

$$\begin{pmatrix} 2 & -1 & 0 & 0 & \cdots\cdot & 0 \\ -1 & 2 & -1 & 0 & \cdots\cdot & 0 \\ 0 & -1 & 2 & -1 & \cdots\cdot & 0 \\ \vdots & \vdots & \vdots & \vdots & \ddots & \vdots \\ 0 & \cdots\cdot & & 0 & -1 & 2 \end{pmatrix} \tag{5.60}$$

直交基底 $\boldsymbol{e}_1, \cdots\cdot, \boldsymbol{e}_N$ をとると SU(N) のルートは表 4.3 より $\{\boldsymbol{e}_i - \boldsymbol{e}_j\,;\, 1 \leqq i \neq j \leqq N\}$ と与えられる．このうち単純ルートは，

$$\boldsymbol{\alpha}^{(1)} = \boldsymbol{e}_1 - \boldsymbol{e}_2, \qquad \boldsymbol{\alpha}^{(2)} = \boldsymbol{e}_2 - \boldsymbol{e}_3, \quad \cdots\cdot, \quad \boldsymbol{\alpha}^{(N-1)} = \boldsymbol{e}_{N-1} - \boldsymbol{e}_N \tag{5.61}$$

である．

SU(N) の既約表現は最高ウエイトのディンキン・インデックス $[m^{N-1}, m^{N-2}, \cdots\cdot, m^1]$ によって一意的に決まる．基本表現 $[0, \cdots\cdot, 0, 1]$ のウエイトを 4.4 節で説明した方法で求めよう．

4.3 節で述べたように，SU(N) のルート空間は N 次元空間のベクトル $\boldsymbol{e}_1 + \cdots\cdot + \boldsymbol{e}_N$ に垂直な $N-1$ 次元部分空間として表されているから，ウエイトを求めるには少し注意が必要である．$\boldsymbol{e}_0 = (\boldsymbol{e}_1 + \cdots\cdot + \boldsymbol{e}_N)/N$ とおくと，$\boldsymbol{e}_0$ はすべてのルートと直交するから，この余分な自由度を使って基本表現 $[0, \cdots\cdot, 0, 1]$ のレベル 0 のウエイトは

レベル 0：$[0, \cdots\cdot, 0, 1] = \boldsymbol{e}_0 - \boldsymbol{e}_N$

と求められる．実際にこのウエイトを単純ルートで表せば，

$$\boldsymbol{e}_0 - \boldsymbol{e}_N = \frac{1}{N} \sum_{r=1}^{N-1} r \boldsymbol{\alpha}^{(r)}$$

である．残りのウエイトは 4.4 節で説明した方法で求められる．レベル 0 のウエイトからカルタン行列の $N-1$ 行目を引くことにより，レベル 1 のウエイトが得られる．以下，同様にして，

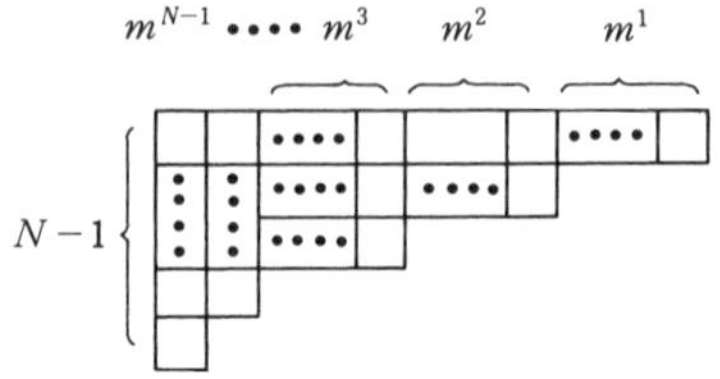

図 5.4　SU(N) のヤング図

レベル 1 : $[0,\cdots,1,-1]=e_0-e_{N-1}$, カルタン行列の $N-2$ 行目を引く
レベル 2 : $[0,\cdots,1,-1,0]=e_0-e_{N-2}$, カルタン行列の $N-3$ 行目を引く
　 $\cdots$ 　　　　　　　 $\cdots$ 　　　　　　 $\cdots$
レベル $N-2$: $[1,-1,0,\cdots,0]=e_0-e_2$, カルタン行列の 1 行目を引く
レベル $N-1$: $[-1,0,\cdots,0]=e_0-e_1$

となる．これが最高ウエイト $[0,\cdots,0,1]$ の既約表現で，N 次元表現 $\boldsymbol{N}$ である．表現空間のテンソルは $v^i(i=1,\cdots,N)$ で，その他の任意の表現はこの基本表現の直積をつくることによって得られる．ヤング図では基本要素□を対応させる．複素共役表現 N^* の最高ウエイトは $[1,0,\cdots,0]$ で，表現テンソルは v_i である．N 次元の完全反対称テンソルは $\varepsilon^{i_1\cdots i_N}$ および $\varepsilon_{i_1\cdots i_N}$ であるから N^* のテンソルは

$$v^{[j_1 j_2 \cdots j_{N-1}]} = \varepsilon^{j_1\cdots j_{N-1} i} v_i \tag{5.62}$$

と書き換えることができる．対応するヤング図は次のようになる．

$\boldsymbol{N}$: □　　$\boldsymbol{N}^*$: $\left.\begin{array}{c}\square\\\vdots\\\square\end{array}\right\} N-1$

一般の表現 $\boldsymbol{D}$ の最高ウエイト $\mu : [m^{N-1}, m^{N-2}, \cdots, m^1]$ は基本表現 ρ_i の最高ウエイト $\mu^{(i)} : [0,\cdots,1,\cdots,0]$ の 1 次結合，

$$\mu = m^{N-1}\mu^{(1)} + \cdots + m^1 \mu^{(N-1)} \tag{5.63}$$

によって得られる．この表現に対するヤング図は図 5.4 のように表せる．縦並び（列）の□の数は $N-1$ 個以下でなければならない．□の中の番号に関する配列のしかたは SU(3) の場合と同じである．横並び（行）の□の数を p^1, $p^2, \cdots, p^{N-1}$ とすると，ディンキン・インデックス m^i との関係は次のように与えられる．

$$\begin{array}{ll} m^1 = p^1 - p^2, & p^1 = m^1 + \cdots + m^{N-1} \\ m^2 = p^2 - p^3, & p^2 = m^2 + \cdots + m^{N-1} \\ \quad\cdots & \quad\cdots \\ m^{N-1} = p^{N-1}, & p^{N-1} = m^{N-1} \end{array} \tag{5.64}$$

m^1 はヤング図の中で□だけからなる列の数，m^2 は $\begin{array}{c}\square\\\square\end{array}$ の形の列の数，等々で

ある．これは基本表現 ρ_i のヤング図が，

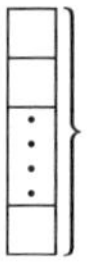 $N-i$

であることに対応している．ヤング図はまた各列の□の数を $(n_1, n_2, \cdots\cdots)$ と与えることによっても一意的に指定できる．

例 5.5　SU(N) の既約表現の例

$(n_1, n_2, \cdots\cdots)$	ヤング図	次元	テンソル	ディンキン・インデックス
(2)		$\frac{1}{2}N(N-1)$	$v^{[ij]}$	$[0, \cdots\cdots, 0, 1, 0]$
$(N-n)$	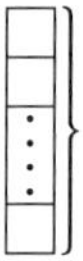 $N-n$	$\frac{N!}{n!(N-n)!}$	$v^{[i_1\cdots\cdots i_{N-n}]}$	$[0, \cdots\cdots, \overset{n}{\overset{\vee}{1}}, \cdots\cdots, 0]$ 基本表現 ρ_n
$(1, 1)$	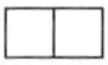	$\frac{1}{2}N(N+1)$	$v^{(ij)}$	$[0, \cdots\cdots, 0, 2]$
$\underbrace{(1, \cdots\cdots, 1)}_{m}$	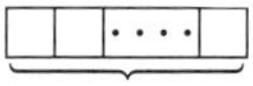	$\frac{(m+N-1)!}{m!(N-1)!}$	$v^{(i_1\cdots\cdots i_m)}$	$[0, \cdots\cdots, m]$
$(N-1, 1)$	$N-1$ 	N^2-1	$v^i{}_j,\ v^i{}_i=0$	$[1, 0, \cdots\cdots, 0, 1]$ 随伴表現

テンソル表現 $v^{i_1\cdots\cdots i_n}_{j_1\cdots\cdots j_m}$ が与えられたとき，複素共役表現のテンソルは $v^{j_1\cdots\cdots j_m}_{i_1\cdots\cdots i_n}$ であるからヤング図のあいだの関係は，

$$(n_1, n_2, \cdots\cdots, n_k)^* = (N-n_k, \cdots\cdots, N-n_1) \tag{5.65}$$

となる．特に基本表現についてこの関係を見ると，ρ_i の最高ウエイト $\mu^{(i)}$ に対し，複素共役表現 ρ_i^* の最高ウエイトは $\mu^{(N-i)}$ となる．したがってディンキン・インデックスのあいだの関係は次のようになる．

$$[m^1, m^2, \cdots\cdots, m^{N-1}]^* = [m^{N-1}, m^{N-2}, \cdots\cdots, m^1] \tag{5.66}$$

直積表現を既約表現に分解するやり方は SU(3) の場合と同じである．例えば,

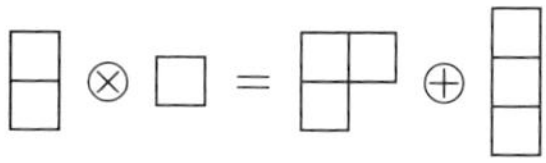

$:(2)\otimes(1)=(2,1)\oplus(3)$

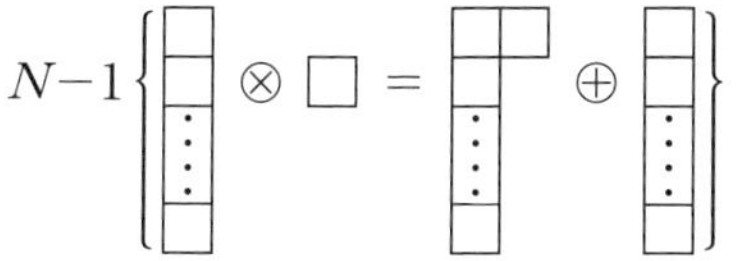

$N:(N-1)\otimes(1)=(N-1,1)\oplus(N)$

(N) は 1 次元表現

ヤング図が与えられたとき，対応する既約表現の次元を与える公式を挙げておこう．SU(2) の既約表現 $[m]$ のヤング図は m 個の□が横に一列に並んだ配列をしている．

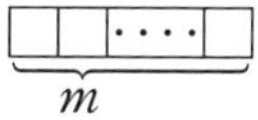

□は $\boxed{1}$ または $\boxed{2}$ をとれるから，これらの配列のしかたは $(m+1)!/m!$ 通りある．したがって m 個の□からなるヤング図に対応する SU(2) の既約表現の次元は,

$$D_2(m)=m+1 \tag{5.67}$$

となる．SU(N) ($N \geqq 3$) の場合に□の並べ方の数を数えるのは少々やっかいである．ここでは結果のみを挙げておこう．SU(3) の場合，既約表現 $[m^2, m^1]$ のヤング図は,

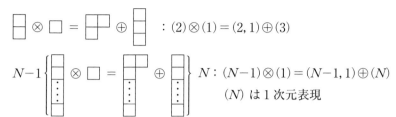

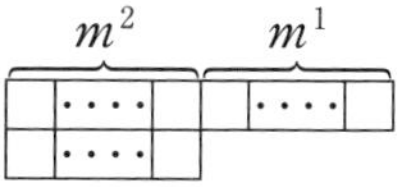

である．これに対応した既約表現の次元は,

$$D_3(m^1, m^2)=\frac{1}{2}(m^1+1)(m^1+m^2+2)(m^2+1) \tag{5.68}$$

で与えられる．SU(4) の場合にはヤング図に第 3 行目が加わる．その□の数を m^3 とすると，既約表現 $[m^3, m^2, m^1]$ の次元は,

$$D_4(m^1, m^2, m^3)=\frac{1}{2!3!}(m^1+1)(m^1+m^2+2)(m^1+m^2+m^3+3)$$
$$\times(m^2+1)(m^2+m^3+2)(m^3+1) \tag{5.69}$$

である．一般に SU(N) の既約表現 $[m^{N-1}, \cdots\cdots, m^1]$ の次元は次の公式で与え

られる．

$$D_N(m^1,\cdots\cdot,m^{N-1})=\frac{1}{2!\cdots\cdot(N-1)!}(m^1+1)(m^1+m^2+2)\cdots\cdot$$
$$\times(m^1+\cdots\cdot+m^{N-1}+N-1)$$
$$\times(m^2+1)(m^2+m^3+2)\cdots\cdot$$
$$\times(m^2+\cdots\cdot+m^{N-1}+N-2)\cdots\cdot$$
$$\times(m^{N-2}+m^{N-1}+2)(m^{N-1}+1) \qquad (5.70)$$

SU(N) は部分群として SU(n) ($n<N$) を含んでいる．SU(N) の基本表現 v^i ($i=1,\cdots\cdot,N$) において $a=1,\cdots\cdot,n$；$A=n+1,\cdots\cdot,N$ とすると，部分群 SU(n) は v^a に作用し，v^a は SU(n) の基本表現 $\boldsymbol{n}$ のテンソルである．$v^i=(v^a, v^A)$ で，SU(n) は v^A には作用しないから，SU(N) の表現 $\boldsymbol{N}$ を部分群 SU(n) の既約表現に分解すると，

$$\boldsymbol{N}=\boldsymbol{n}\oplus(N-n)\mathbf{1}$$

となる．これをヤング図で表せば，

$$\boxed{} = \boxed{a} \oplus \boxed{A}$$

である．このようにヤング図を SU(n) の添字 a と SU(n) の作用しない添字 A とに分離することによって，図形的に部分群の既約表現への分解ができる．簡単な例を挙げておこう．

例 5.6　ヤング図による部分群の既約表現への分解

$$\boxed{}\boxed{} = \boxed{a}\boxed{a} \oplus \boxed{a}\boxed{A} \oplus \boxed{A}\boxed{B}$$

$$\frac{\mathbf{1}}{\mathbf{2}}\boldsymbol{N}(\boldsymbol{N}+\mathbf{1})=\frac{\mathbf{1}}{\mathbf{2}}\boldsymbol{n}(\boldsymbol{n}+\mathbf{1})\oplus(N-n)\boldsymbol{n}\oplus\frac{1}{2}(N-n)(N-n+1)\mathbf{1}$$

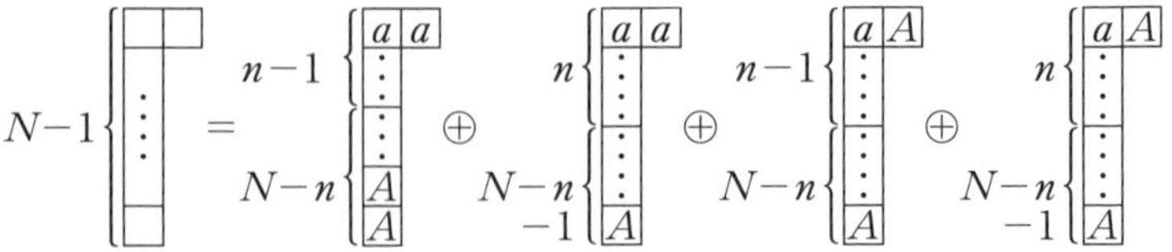

$$\boldsymbol{N}^2-\mathbf{1}=\boldsymbol{n}^2-\mathbf{1}\oplus(N-n)\boldsymbol{n}\oplus(N-n)\boldsymbol{n}^*\oplus(N-n)^2\mathbf{1}$$

問　題

5.19　例5.5に挙げたヤング図の場合について公式(5.70)を確かめてみよ．

5.20　SU(5)の $\mathbf{5}\otimes\mathbf{10}^*$ を既約表現に分解せよ．

5.21　SU(5)はSU(2)⊗SU(3)を部分群として含んでいる．**5**および $\mathbf{10}^*$ を部分群の既約表現に分解せよ．

5.22　巡回群 Z_N : $\{(g_N)^k\,;\,k=1,\cdots,N,\ \ g_N=\exp(2\pi i/N)\}$ はSU(N)の部分群で，かつSU(N)のすべての元と可換である．すなわち Z_N はSU(N)の中心である．これを確かめ，群の表現に関して以下のことがらを証明せよ．

(1)　基本表現 ρ_i における Z_N の表現は g_N に対し，

$$(g_N)^{N-i}\cdot I$$

で与えられることを示せ．I は ρ_i における単位行列である．

(2)　既約表現 $\boldsymbol{D}$: $[m^{N-1},\cdots,m^1]$ における Z_N の表現は，

$$(g_N)^M\cdot I_D,\qquad M=\sum_{i=1}^{N-1} i m^i$$

で与えられる．I_D は表現 $\boldsymbol{D}$ における単位行列である．

(3)　SU(N)の既約表現は M を N で割った余り，$M \bmod N$ で類別できる．それを $\{C_0, C_1,\cdots,C_{N-1}\}$ とすると，随伴表現は C_0 に，基本表現 ρ_i は C_{N-i} に属する．また $\{C_0, C_1,\cdots,C_{N-1}\}$ は表現の直積のもとで群をなし，これは Z_N に同型である．SU(3)の場合 $M \bmod 3$ をトライアリティ（triality）とよんでいる．

(4)　C_0 はSU(N)$/Z_N$ の忠実な表現である．

5.6　素粒子の対称性

陽子や中性子，中間子など一般に**ハドロン**（hadron）とよばれる粒子は**クォーク**（quark）とよばれる基本粒子の複合粒子であることが知られている．現在までに知られているクォークを表5.5に挙げる．この表からわかるように素電荷を e とすると，クォークは電荷が $(2/3)e$ のものと $(-1/3)e$ のものが対

表 5.5　クォークの周期表

電荷 ＼ 世代	1	2	3
$\frac{2}{3}e$	u(2.3 MeV)	c(1.28 GeV)	t(173 GeV)
$-\frac{1}{3}e$	d(4.8 MeV)	s(95 MeV)	b(4.18 GeV)

になって存在している．1 対のクォークを世代とよんでいる．クォークの質量は世代が上がるごとに大きくなる傾向にある．第 3 世代のトップクォークの質量は知られているクォークのうちで最も大きく，それは陽子の質量の約 184 倍である．

クォークのあいだにはたらく力の性質によりクォークは複合系としてのみ存在し，単独では存在しない．クォークの有効質量を静止エネルギー mc^2 の単位で表のかっこ中に記した．これを見てわかるように u，d，s クォークは残りのクォークに比べてその質量が格段に小さい．とりわけ u，d クォークについては質量差も小さいから 5.2 節で行ったアイソスピンの議論にならって，これらの波動関数はアイソスピンの SU(2) に対して基本表現 **2** の変換性をもつものと考えることができる．u クォークは $I_3=1/2$，d クォークは $I_3=-1/2$ の状態であるとする．

さて陽子や中性子は次のようなクォーク 3 体の複合粒子である．

陽子 p＝(uud),　　中性子 n＝(udd)

したがって複合粒子としての陽子や中性子の波動関数は，

$$\mathbf{2}\otimes\mathbf{2}\otimes\mathbf{2}=\mathbf{4}\oplus\mathbf{2}\oplus\mathbf{2}$$

の中の既約表現 **2** として得られる．ヤング図に対応させて具体的な波動関数を求めよう．まず **2**⊗**2** を考えると，

$$\boxed{a}\otimes\boxed{b}=\boxed{a}\boxed{b}\oplus\begin{array}{|c|}\hline a\\\hline b\\\hline\end{array}$$

次に 3 番目の **2** との直積をとると，

$$\begin{array}{l} \begin{array}{|c|c|}\hline a & b \\ \hline \end{array} \otimes \begin{array}{|c|}\hline c \\ \hline \end{array} = \begin{array}{|c|c|c|}\hline a & b & c \\ \hline \end{array} \oplus \begin{array}{|c|c|}\hline \not a & b \\ \hline \not c \\ \cline{1-1} \end{array} \\ \begin{array}{|c|}\hline a \\ \hline b \\ \hline \end{array} \otimes \begin{array}{|c|}\hline c \\ \hline \end{array} = \begin{array}{|c|c|}\hline \not a & c \\ \hline \not b \\ \cline{1-1} \end{array} \end{array} \tag{5.71}$$

このように**2**$\otimes$**2**$\otimes$**2** から二通りの **2** が得られる．一方は二つの波動関数 a, b の入れ替えについて対称であり，他方は反対称である．u クォーク，d クォークの波動関数を u，d で表すと，a, b について対称な場合には例 5.2 で導いた式 (5.17) および式 (5.18) を参考にして陽子，中性子の波動関数は，

$$\begin{aligned} &\mathrm{p}：(2\mathrm{uud}-\mathrm{udu}-\mathrm{duu})/\sqrt{6} \\ &\mathrm{n}：(\mathrm{udd}+\mathrm{dud}-2\mathrm{ddu})/\sqrt{6} \end{aligned} \tag{5.72}$$

となる．a, b について反対称の場合には

$$\begin{aligned} &\mathrm{p}：(\mathrm{udu}-\mathrm{duu})/\sqrt{2} \\ &\mathrm{n}：(\mathrm{udd}-\mathrm{dud})/\sqrt{2} \end{aligned} \tag{5.73}$$

を得る．このように粒子がクォークの複合系であると考えると，式 (5.71) において $\begin{array}{|c|c|c|}\hline a & b & c \\ \hline \end{array}$ に対応した粒子が存在するはずである．これらは素電荷を単位にした電荷が 2, 1, 0, −1 の粒子で，質量が約 1 230 MeV の Δ という粒子にあてはめられる．その波動関数は次のように与えられる．

$$\begin{aligned} &\Delta^{++}：\mathrm{uuu} \\ &\Delta^{+}\ \ ：(\mathrm{uud}+\mathrm{udu}+\mathrm{duu})/\sqrt{3} \\ &\Delta^{0}\ \ ：(\mathrm{udd}+\mathrm{dud}+\mathrm{ddu})/\sqrt{3} \\ &\Delta^{-}\ \ ：\mathrm{ddd} \end{aligned} \tag{5.74}$$

中間子はクォーク q とその反粒子である反クォーク $\bar{\mathrm{q}}$ の 2 体の複合粒子である．反クォークの波動関数の変換性はクォークの複素共役表現である．SU(2) の場合，$U=-i\sigma_2$ とすると，

$$U\left(-\frac{\sigma_i^*}{2}\right)U^\dagger=\frac{\sigma_i}{2} \qquad (i=1, 2, 3) \tag{5.75}$$

であるから，SU(2) の表現は実である．このとき反クォークの表現は，

$$U\bar{\mathrm{q}}=\begin{pmatrix} -\bar{\mathrm{d}} \\ \bar{\mathrm{u}} \end{pmatrix} \tag{5.76}$$

となり，$I_3=1/2$ の波動関数は $-\bar{\mathrm{d}}$, $I_3=-1/2$ の波動関数は $\bar{\mathrm{u}}$ であることに注

意しよう．SU(2) の表現は実であるから中間子の波動関数は $\mathbf{2}\otimes\mathbf{2}$ に含まれる既約表現の変換性をもつ．パイ中間子の場合は 3 次元表現 $\mathbf{3}$ である．その波動関数は，

$$\begin{aligned} \pi^+ &: -\mathrm{u\bar{d}} \\ \pi^0 &: (\mathrm{u\bar{u}}-\mathrm{d\bar{d}})/\sqrt{2} \\ \pi^- &: \mathrm{d\bar{u}} \end{aligned} \tag{5.77}$$

となる．

s クォークの質量も比較的小さいから，u および d クォークとの質量差を無視すればアイソスピン対称性を拡張して SU(3) のもとでの対称性を考えることができる．これを**ユニタリ対称性**（unitary symmetry）という．u，d，s クォークの波動関数は SU(3) の基本表現 $\mathbf{3}$ の変換性をもつ．クォーク 3 体の複合粒子は**バリオン**（baryon）とよばれ，陽子や中性子はその一員である．バリオンの波動関数は $\mathbf{3}\otimes\mathbf{3}\otimes\mathbf{3}$ を既約表現に分解することにより得られる．例 5.4 より，$\mathbf{3}\otimes\mathbf{3}=\mathbf{6}\oplus\mathbf{3}^*$，$\mathbf{3}^*\otimes\mathbf{3}=\mathbf{1}\oplus\mathbf{8}_a$ である．$\mathbf{6}\otimes\mathbf{3}$ はヤング図の方法により，

$$\boxed{a\,|\,b} \otimes \boxed{c} = \boxed{a\,|\,b\,|\,c} \oplus \begin{array}{|c|c|}\hline a & b \\ \hline c & \\ \cline{1-1}\end{array} \quad : \quad \mathbf{6}\otimes\mathbf{3}=\mathbf{10}\oplus\mathbf{8}_s$$

となる．結局，

$$\mathbf{3}\otimes\mathbf{3}\otimes\mathbf{3}=\mathbf{10}\oplus\mathbf{8}_a\oplus\mathbf{8}_s\oplus\mathbf{1} \tag{5.78}$$

となる．$\mathbf{8}_a, \mathbf{8}_s$ は初めの二つの $\mathbf{3}$ の入れ替えについて反対称，対称な組合せを意味している．陽子，中性子の波動関数 (5.72) は $\mathbf{8}_s$ に，(5.73) は $\mathbf{8}_a$ に属している．$\mathbf{8}_a$ に属する他の粒子の波動関数を挙げておこう．

$$\begin{aligned} \Lambda &: (2\mathrm{uds}-2\mathrm{dus}+\mathrm{sdu}-\mathrm{dsu}+\mathrm{usd}-\mathrm{sud})/\sqrt{12} \\ \Sigma^+ &: (\mathrm{suu}-\mathrm{usu})/\sqrt{2} \\ \Sigma^0 &: (\mathrm{sdu}-\mathrm{dsu}+\mathrm{sud}-\mathrm{uds})/2 \\ \Sigma^- &: (\mathrm{sdd}-\mathrm{dsd})/\sqrt{2} \\ \Xi^0 &: (\mathrm{sus}-\mathrm{uss})/\sqrt{2} \\ \Xi^- &: (\mathrm{sds}-\mathrm{dss})/\sqrt{2} \end{aligned}$$

p，n と合せてこれらの 8 個の粒子は SU(3) の随伴表現に属しており，**バリオン 8 重項**（octet）を構成している．

SU(3) の既約表現は (F_3, F_8) の固有値によって指定される．F_3 は SU(3) の

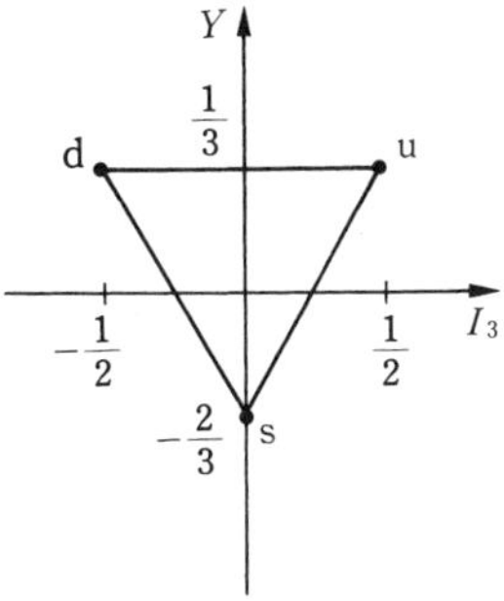

図 5.5 クォークのウエイト図

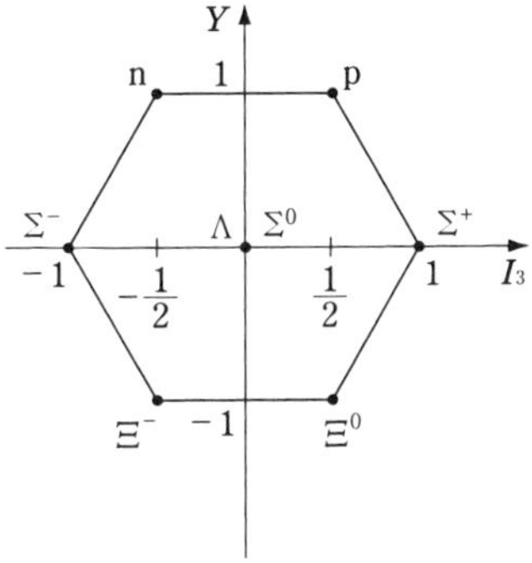

図 5.6 バリオン 8 重項

部分群であるアイソスピン SU(2) のカルタン部分代数であるから，F_3 の固有値 I_3 はアイソスピンの第 3 成分である．また $2/\sqrt{3}F_8$ の固有値 Y を**ハイパーチャージ**（hypercharge）という．クォークおよびバリオン 8 重項の各粒子の (I_3, Y) を図 5.5 および図 5.6 に示す．図 5.6 からわかるように，(p, n)，(Ξ^0, Ξ^-) はアイソスピン 2 重項，($\Sigma^+, \Sigma^0, \Sigma^-$) は 3 重項，$\Lambda$ は 1 重項である．素電荷を単位にした粒子の電荷 Q は I_3 および Y と次の関係にある．

$$Q = I_3 + \frac{1}{2}Y \tag{5.79}$$

クォーク 3 体の複合系には式 (5.78) により **10** の既約表現に属する多重項がある．これを**バリオン 10 重項**（decuplet）とよび，ヤング図で表せば，

$$\Delta^{++} = \begin{array}{|c|c|c|}\hline \mathrm{u}&\mathrm{u}&\mathrm{u}\\\hline\end{array} \qquad \Delta^{+} = \begin{array}{|c|c|c|}\hline \mathrm{u}&\mathrm{u}&\mathrm{d}\\\hline\end{array} \qquad \Delta^{0} = \begin{array}{|c|c|c|}\hline \mathrm{u}&\mathrm{d}&\mathrm{d}\\\hline\end{array}$$

$$\Delta^{-} = \begin{array}{|c|c|c|}\hline \mathrm{d}&\mathrm{d}&\mathrm{d}\\\hline\end{array}$$

$$\Sigma^{*+} = \begin{array}{|c|c|c|}\hline \mathrm{u}&\mathrm{u}&\mathrm{s}\\\hline\end{array} \qquad \Sigma^{*0} = \begin{array}{|c|c|c|}\hline \mathrm{u}&\mathrm{d}&\mathrm{s}\\\hline\end{array} \qquad \Sigma^{*-} = \begin{array}{|c|c|c|}\hline \mathrm{d}&\mathrm{d}&\mathrm{s}\\\hline\end{array}$$

$$\Xi^{*0} = \begin{array}{|c|c|c|}\hline \mathrm{u}&\mathrm{s}&\mathrm{s}\\\hline\end{array} \qquad \Xi^{*-} = \begin{array}{|c|c|c|}\hline \mathrm{d}&\mathrm{s}&\mathrm{s}\\\hline\end{array}$$

$$\Omega^{-} = \begin{array}{|c|c|c|}\hline \mathrm{s}&\mathrm{s}&\mathrm{s}\\\hline\end{array}$$

である．SU(2) の 4 重項 (5.74) はここに含まれている．各粒子の (I_3, Y) を図 5.7 に示す．

今度はクォーク，反クォークの 2 体系の複合粒子について見よう．これを**メソン**（meson）とよぶ．クォーク $\mathrm{q}^i = (\mathrm{u}, \mathrm{d}, \mathrm{s})$ に対して反クォーク $\bar{\mathrm{q}}_i = (\bar{\mathrm{u}}, \bar{\mathrm{d}},$

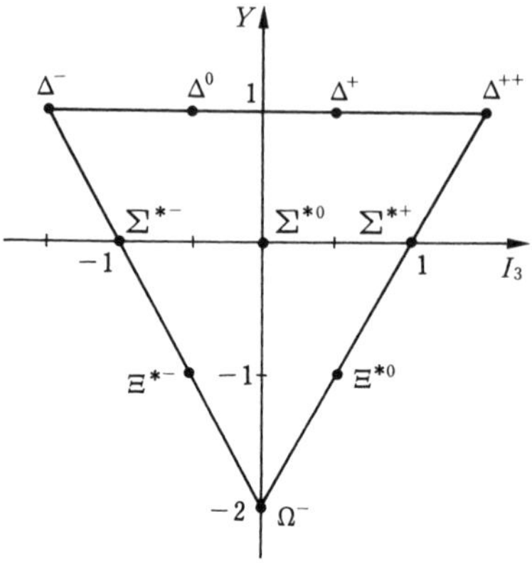

図 5.7　バリオン 10 重項

$\bar{s}$) は $\mathbf{3}^*$ 表現に属し，$\mathbf{3}\otimes\mathbf{3}^*=\mathbf{8}\oplus\mathbf{1}$ であるから**メソン 8 重項**，

$$M^i{}_j = \mathrm{q}^i\bar{\mathrm{q}}_j - \frac{1}{3}\delta^i{}_j \mathrm{q}^k\bar{\mathrm{q}}_k \tag{5.80}$$

は式 (5.77) に挙げたパイ中間子，

$$\pi^+ : -M^1{}_2 = -\mathrm{u}\bar{\mathrm{d}}, \qquad \pi^0 : \frac{1}{\sqrt{2}}(M^1{}_1 - M^2{}_2) = \frac{1}{\sqrt{2}}(\mathrm{u}\bar{\mathrm{u}} - \mathrm{d}\bar{\mathrm{d}})$$

$$\pi^- : M^2{}_1 = \mathrm{d}\bar{\mathrm{u}}$$

のほかに，

$$\mathrm{K}^+ : M^1{}_3 = \mathrm{u}\bar{\mathrm{s}}, \qquad \mathrm{K}^0 : M^2{}_3 = \mathrm{d}\bar{\mathrm{s}}$$

$$\bar{\mathrm{K}}^0 : -M^3{}_2 = -\mathrm{s}\bar{\mathrm{d}}, \qquad \mathrm{K}^- : M^3{}_1 = \mathrm{s}\bar{\mathrm{u}}$$

$$\eta : -\frac{3}{\sqrt{6}}M^3{}_3 = (\mathrm{u}\bar{\mathrm{u}} + \mathrm{d}\bar{\mathrm{d}} - 2\mathrm{s}\bar{\mathrm{s}})/\sqrt{6}$$

がある．また 1 重項は，

$$\eta : (\mathrm{u}\bar{\mathrm{u}} + \mathrm{d}\bar{\mathrm{d}} + \mathrm{s}\bar{\mathrm{s}})/\sqrt{3}$$

である．π^+ および $\bar{\mathrm{K}}^0$ の波動関数の符号は式 (5.76) で述べたように反粒子に対するアイソスピンの固有関数が $(-\bar{\mathrm{d}}, \bar{\mathrm{u}})$ であることによっている．メソン 8 重項のウエイト図を図 5.8 に挙げる．

u，d，s クォークの質量が完全に縮退していて，クォーク間の相互作用がクォークの種類にまったくよらなければ SU(3) 対称性は完全に成り立つ．そ

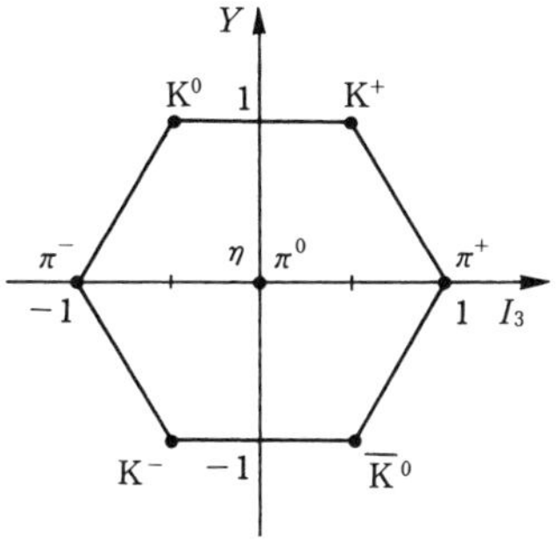

図 5.8 メソン 8 重項

表 5.6 バリオンの質量

記号	p	n	Λ	Σ⁺	Σ⁰	Σ⁻	Ξ⁰	Ξ⁻
質量[MeV]	938.3	939.6	1 115.6	1 189.4	1 192.5	1 197.3	1 314.9	1 321.3

してクォークの複合系として得られる粒子の質量も完全に縮退しているはずである．実際には表 5.6 に挙げたバリオン 8 重項の例のように粒子間に質量差が見られる．これを見てわかるように，アイソスピン多重項間の質量差は他に比べて小さい．これは u，d クォーク間の質量差が s クォークとの質量差に比べて小さいことの反映である．粒子の質量は静止エネルギー mc^2 に比例するから $c=1$ とする単位系ではクォークの質量を次のように表すことができる．

$$\begin{aligned}\langle \mathrm{q}|H|\mathrm{q}\rangle &= m_{\mathrm{u}}\mathrm{u}^\dagger\mathrm{u}+m_{\mathrm{d}}\mathrm{d}^\dagger\mathrm{d}+m_{\mathrm{s}}\mathrm{s}^\dagger\mathrm{s}\\ &=\frac{1}{3}(m_{\mathrm{u}}+m_{\mathrm{d}}+m_{\mathrm{s}})\mathrm{q}^\dagger\mathbf{1}\mathrm{q}+\frac{1}{2}(m_{\mathrm{u}}-m_{\mathrm{d}})\mathrm{q}^\dagger\lambda_3\mathrm{q}\\ &\quad+\frac{\sqrt{3}}{6}(m_{\mathrm{u}}+m_{\mathrm{d}}-2m_{\mathrm{s}})\mathrm{q}^\dagger\lambda_8\mathrm{q}\end{aligned}$$

したがってクォーク質量のハミルトニアンは，

$$H=m_0+\delta mF_3+\delta MF_8 \tag{5.81}$$

と与えられる．

複合粒子の質量も式 (5.81) の形のハミルトニアンで与えられるとしてバリオン 8 重項の質量を計算してみよう．ただし $\delta m \ll \delta M$ なのでアイソスピン対称性の破れは無視し，m_0，δM をパラメータとする．バリオン 8 重項の波動関数を，

$$B^i{}_j = \varepsilon_{jkl}(\mathrm{q}^i\mathrm{q}^k\mathrm{q}^l + \mathrm{q}^k\mathrm{q}^i\mathrm{q}^l)/\sqrt{6} \tag{5.82}$$

によって行列で表すと，

$$B^i{}_j = \begin{pmatrix} \dfrac{\Sigma^0}{\sqrt{2}} - \dfrac{\Lambda}{\sqrt{6}} & -\Sigma^+ & \mathrm{p} \\ \Sigma^- & -\dfrac{\Sigma^0}{\sqrt{2}} - \dfrac{\Lambda}{\sqrt{6}} & \mathrm{n} \\ \Xi^- & \Xi^0 & \dfrac{2}{\sqrt{6}}\Lambda \end{pmatrix} \tag{5.83}$$

となる．そこでハミルトニアン (5.81) に対して $\langle B|H|B\rangle$ を計算すればよい．

$$\langle B|H|B\rangle = a\mathrm{Tr}(B^\dagger HB) + b\mathrm{Tr}(B^\dagger BH) \tag{5.84}$$

ここで SU(3) 不変な組合せが二つつくれることに注意しよう．これを計算すると，

$$\langle B|H|B\rangle = m_\mathrm{N}(\mathrm{p}^\dagger\mathrm{p} + \mathrm{n}^\dagger\mathrm{n}) + m_\Lambda\Lambda^\dagger\Lambda + m_\Xi(\Xi^{0\dagger}\Xi^0 + \Xi^{-\dagger}\Xi^-)$$
$$+ m_\Sigma(\Sigma^{+\dagger}\Sigma^+ + \Sigma^{0\dagger}\Sigma^0 + \Sigma^{-\dagger}\Sigma^-)$$

$$m_\mathrm{N} = (a+b)m_0 + \frac{\delta M}{2\sqrt{3}}a - \frac{\delta M}{\sqrt{3}}b$$

$$m_\Lambda = (a+b)m_0 - \frac{\delta M}{2\sqrt{3}}(a+b)$$

$$m_\Xi = (a+b)m_0 - \frac{\delta M}{\sqrt{3}}a + \frac{\delta M}{2\sqrt{3}}b$$

$$m_\Sigma = (a+b)m_0 + \frac{\delta M}{2\sqrt{3}}(a+b)$$

が得られる．これらの質量から未知のパラメータを消去することによって，次の質量公式が得られる．

$$2(m_\mathrm{N} + m_\Xi) = 3m_\Lambda + m_\Sigma \tag{5.85}$$

表 5.6 においてアイソスピン多重項の質量の平均値でもってその多重項の質量とすると，$m_\mathrm{N} = 939$ MeV，$m_\Xi = 1\,318$ MeV，$m_\Lambda = 1\,116$ MeV，$m_\Sigma = 1\,193$ MeV となる，これらが式 (5.85) を非常によく満たしていることは容易に確かめられる．

これまでの議論を他の重いクォークを含むように拡張することは容易である．例えば c クォークまで入れると SU(4) 対称性を考えることになるが，この対称性は c クォークと u，d，s クォークとの質量差のために大きく破れて

いるのである．重いクォークに関してはこれ以上立ち入らないことにする．

粒子は**スピン**とよばれる固有の角運動量をもっている．プランク定数 $\hbar$ を単位として整数スピンをもった粒子を**ボース粒子**（boson），半整数スピンの粒子を**フェルミ粒子**（fermion）とよぶ．同種粒子系の波動関数は次に述べる重要な性質をもっている．すなわちボース粒子系の波動関数は任意の二つの粒子のすべての座標の入れ替えに関して対称でなければならない．これに対してフェルミ粒子系の波動関数は同様な入れ替えに対して反対称である．これを**スピンと統計性の定理**という．

クォークはスピン 1/2 の粒子であり，クォークの複合系の波動関数はフェルミ粒子に関するスピンと統計性の定理を満たさなければならない．これをバリオンの波動関数について検証してみよう．Δ^{++} の場合が最も単純である．Δ^{++} はスピン 3/2 で，その波動関数は uuu であるから，スピン上向きの u クォーク 3 個の複合系である．この系は明らかに任意の二つのクォークの入れ替えについて対称であるから，スピンと統計性の定理を満たしていない．この困難はクォークがあらたな自由度をもっていることを意味している．この自由度をカラー（色）とよび，それぞれのクォークは三つの**カラー自由度**（u_1, u_2, u_3；d_1, d_2, d_3；$\cdots\cdot$）をもっている．この自由度に関する SU(3) の変換に対してクォークの相互作用は不変である．これをカラー SU(3) とよび，$SU(3)_c$ と表す．これに対して (u, d, s) に作用する SU(3) をフレーバー SU(3) とよび，$SU(3)_f$ と表すことにする．バリオンやメソンは $SU(3)_c$ 不変なクォークの複合系である．したがってバリオンの波動関数はカラーに関して 1 次元表現，

$$\begin{array}{|c|}\hline 1\\ \hline 2\\ \hline 3\\ \hline\end{array} \tag{5.86}$$

でなければならない．これにより複合系の波動関数は同種クォークの入れ替えに関して反対称となり，スピンと統計性の定理が満たされることになるのである．クォークのカラー自由度に作用する相互作用によって $SU(3)_c$ 不変なクォークどうしのあいだに引力が生じ，バリオンやメソンが形成される．この相互作用の理論を**量子色力学**（quantum chromodynamics，略して QCD）という．

問　　題

5.23　バリオン 8 重項 $B^i{}_j$ の行列表示 (5.83) を，

$$B^i{}_j=\frac{1}{2}\sum_{a=1}^{8}(\lambda_a)^i{}_j\phi_a$$

と表したとき，p, n, Λ, ････を $\phi_a(a=1,\cdots\cdot,8)$ で表せ．メソン 8 重項 $M^i{}_j$ についても同様な表示を求めよ．

5.24　バリオン 10 重項の行列表示 $D^{(ijk)}$ を求め，ハミルトニアン (5.81) を用いて質量 $\langle D|H|D\rangle$ を計算せよ．ただしアイソスピン対称性の破れは無視し，$\delta m=0$ とする．これより次の質量公式を導け．

$$m_{\Sigma^*}-m_{\Delta}=m_{\Xi^*}-m_{\Sigma^*}=m_{\Omega^-}-m_{\Xi^*}$$

実験値は $m_{\Omega^-}=1\,672$ MeV，$m_{\Xi^*}=1\,534$ MeV，$m_{\Sigma^*}=1\,383$ MeV，$m_{\Delta}=1\,233$ MeV である．

6 直交群とその表現

6.1 SO(3)

3次元特殊直交行列全体のつくる群がSO(3)である．3.2節および例4.1で見たように，リー代数(3.26)に対し$T_i=-iX_i$と定義するとT_iの満たす交換関係は，

$$[T_i, T_j]=i\sum\varepsilon_{ijk}T_k \qquad (i, j, k=1, 2, 3) \tag{6.1}$$

となる．これはSU(2)の交換関係(5.4)と同じ形をしている．このことは二つの群SO(3)とSU(2)の単位元付近の局所的な構造はまったく同じであることを意味している．これをSO(3)とSU(2)は局所同型であるという．SU(2)のリー代数$\{J_1, J_2, J_3\}$の随伴表現$\mathrm{ad}(J_i)$を考えると，

$$\{\mathrm{ad}(J_i)\}^j_k=i\varepsilon_{ikj}=(T_i)^j{}_k \tag{6.2}$$

であるから，SU(2)の随伴表現Ad(SU(2))はSU(2)からSO(3)の上への準同型写像である．

$$\mathrm{SU}(2)\sim\mathrm{Ad}(\mathrm{SU}(2))=\mathrm{SO}(3) \tag{6.3}$$

4.1節で述べたように，SU(2)の中心$\mathrm{Z}=\{\mathbf{1}, -\mathbf{1}\}$に対して$\mathrm{Ad}(\pm\mathbf{1})=\mathbf{1}$であるからZは準同型写像$\mathrm{SU}(2)\to\mathrm{Ad}(\mathrm{SU}(2))=\mathrm{SO}(3)$の核であり，準同型定理2.1によりSO(3)はSU(2)/Zに同型となる．一般にSO(3)の元hに対し$\mathrm{Ad}(\pm g)=h$となるようなSU(2)の二つの元$\pm g$が対応する．定理3.6によりSU(2)は式(5.4)あるいは式(6.1)の形の交換関係によって一意的に決まる単連結リー群であり，定理3.7によりこれはSO(3)の普遍被覆群である．SO(3)は2重連結である．このことは次のようにしてもわかる．

SO(3) の元は 3 次元空間の回転を表しているから，それは回転方向と回転角の大きさを長さにもったベクトルで表すことができる．したがって SO(3) の元の集合は対応するベクトルの矢印の先の点の集合である．これは半径 π の球全体である．球内部の点は SO(3) の元に一意的に対応している．これに対して直径の両端の球面上の 2 点は直径を軸とした π および $-\pi$ の回転を表しているから，回転としては同一であり SO(3) の同一の元に対応している．このように球の中心に対して対称な位置にある球面上の 2 点は同一視されねばならない．このような点の集合は以下に見るように単連結ではない．図 6.1 のように球の内部の 2 点 a, b をつなぐ経路には二通りの道筋がある．(a) は 2 点を直接つなぐ道筋であり，(b) は a から球面上の点 x を経由し，その対称点 x′ から b へ向かうルートである．経路 (a) と経路 (b) とが連続的な変形によって互いに他へ移れないことは明らかである．2 点 a, b を結ぶ任意の経路は (a) または (b) のいずれかに同等である．例えば図 6.2 のように球面上の 2 対の点を経由するルートは (a) に帰着する．一般に球面上を経由する点の対の数が偶数のときはタイプ (a) であり，奇数のときはタイプ (b) である．したがって SO(3) の元の集合は 2 重連結である．

こうして SO(3) と SU(2) の関係がわかったので，5.1 節で得た SU(2) の既約表現を用いて SO(3) のすべての既約表現を知ることができる．SO(3) の表現を D_3 で表すと，$g \in \mathrm{SU}(2)$ に対して，

$$D_2(g) = D_3(\mathrm{Ad}(g)) \tag{6.4}$$

は SU(2) の一つの表現である．これにより SO(3) の任意の既約表現から SU(2) の既約表現が得られる．逆に SU(2) の任意の既約表現から式 (6.4) に

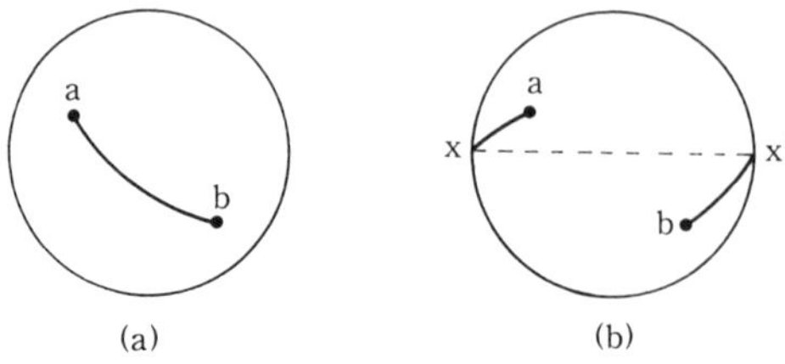

図 6.1　SO(3) の二つの元をつなぐ経路

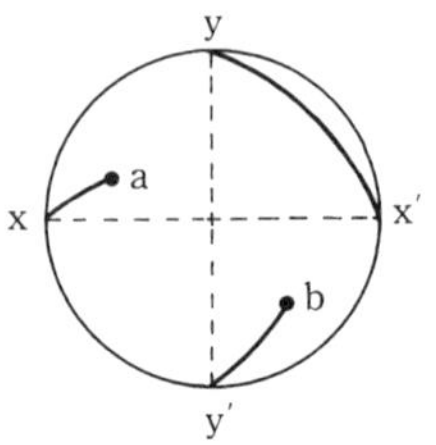

図 6.2　連続的にタイプ(a) に移る経路

より SO(3) の既約表現が一意的に定義できるとは限らない．任意の $h \in SO(3)$ に対し $h = \mathrm{Ad}(g)$ となる $g \in SU(2)$ は二つあるからである．式 (6.4) により $D_3(\mathrm{Ad}(g))$ が一意的に決まるためには $D_2(-g) = D_2(g)$，すなわち，

$$D_2(-\mathbf{1}) = \mathbf{1} \tag{6.5}$$

であることが必要かつ十分である．SO(3) の既約表現を得るためには SU(2) の既約表現のうち式 (6.5) を満たすものを求めればよい．

SU(2) の元 $g(\theta) = \exp(i\theta\sigma_3/2)$ に対し次の公式，

$$\exp(i\theta\sigma_3/2) = \left(\cos\frac{\theta}{2}\right)\mathbf{1} + i\left(\sin\frac{\theta}{2}\right)\sigma_3 \tag{6.6}$$

が成り立つから $g(2\pi) = -\mathbf{1}$ である．したがって最高ウエイト j の既約表現 $D_2{}^{[j]}$ に対して，

$$\begin{aligned} D_2{}^{[j]}(-\mathbf{1}) &= \exp(2\pi i\rho(H_3)) \\ &= \begin{pmatrix} e^{2\pi ij} & & & 0 \\ & e^{2\pi i(j-1)} & & \\ & & \ddots & \\ 0 & & & e^{-2\pi ij} \end{pmatrix} \end{aligned} \tag{6.7}$$

となる．SU(2) の既約表現の最高ウエイトは $j = 0, 1/2, 1, 3/2, 2, \cdots\cdots$ であるから，条件 (6.5) を満たす SU(2) の表現はその最高ウエイトが整数であるようなものである．ゆえに SO(3) の既約表現は SU(2) の既約表現のうちで $j = m$, $m = 0, 1, 2, \cdots\cdots$ のものを抜き出すことによって得られる．

$$\begin{aligned} &D_3{}^{[m]}(h) = D_2{}^{[j=m]}(\pm g), \qquad g \in SU(2) \\ &h = \mathrm{Ad}(\pm g) \in SO(3) \\ &\quad (m = 0, 1, 2, \cdots\cdots) \end{aligned} \tag{6.8}$$

SU(2) の表現のうちで最高ウエイトが半整数 $j = 1/2, 3/2, \cdots\cdots$ のものは同一の $h \in SO(3)$ に対して二つの $\pm D_2{}^{[j]}(g)$ が対応するので，表現の意味を拡張して，これを SO(3) の **2 価表現**あるいは**スピノル表現**とよぶことがある．しかしこれはふつうの意味での SO(3) の表現ではなく，SO(3) の普遍被覆群の表現であることを注意しておこう．一般に $SO(n)$ は単連結ではなく，その普遍被覆群を**スピン群** (spin group) とよび，**Spin** $(\boldsymbol{n})$ と表す．$n = 3$ のときは $\mathrm{Spin}(3) = SU(2)$ である．準同型写像 $\mathrm{Spin}(n) \to SO(n)$ の核は Z_2 で，準同型

定理により $\mathrm{Spin}(n)/\mathrm{Z}_2 \simeq \mathrm{SO}(n)$ である．$\mathrm{Spin}(n)$ の中心は n が奇数のときは Z_2，$n=4m\,(m=1,2,\cdots\cdot)$ のときは $\mathrm{Z}_2 \otimes \mathrm{Z}_2$，$n=4m+2$ のときは Z_4 であることが知られている．このとき次の同型対応がある．

$$\mathrm{Spin}(2m+1)/\mathrm{Z}_2 \simeq \mathrm{SO}(2m+1) \tag{6.9a}$$

$$\mathrm{Spin}(4m)/\mathrm{Z}_2 \simeq \mathrm{SO}(4m) \tag{6.9b}$$

$$\mathrm{Spin}(4m)/\mathrm{Z}_2 \otimes \mathrm{Z}_2 \simeq \mathrm{SO}(4m)/\mathrm{Z}_2 \tag{6.9c}$$

$$\mathrm{Spin}(4m+2)/\mathrm{Z}_2 \simeq \mathrm{SO}(4m+2) \tag{6.9d}$$

$$\mathrm{Spin}(4m+2)/\mathrm{Z}_4 \simeq \mathrm{SO}(4m+2)/\mathrm{Z}_2 \tag{6.9e}$$

これに関連して $\mathrm{SO}(n)$ の中心を求めておこう．$\mathrm{SO}(n)$ のすべての元と可換で，$\det h=1$ を満たす元 h は，定理 2.3（シューアのレンマ）を適用することにより n が奇数のときは $\mathbf{1}$，偶数のときは，$\mathbf{1}$ と $-\mathbf{1}$ である．したがって $\mathrm{SO}(n)$ の中心は n が奇数のときは $\mathbf{1}$，偶数のときは Z_2 となる．式 (6.9c) と式 (6.9e) は $\mathrm{SO}(n)$ のこの構造を反映している．

例 6.1　$\mathrm{Spin}(n)$ と $\mathrm{SO}(n)$ の同型関係

$n=3$：　$\mathrm{Spin}(3) \simeq \mathrm{SU}(2)$

　　　　$\mathrm{Spin}(3)/\mathrm{Z}_2 \simeq \mathrm{SO}(3)$

$n=4$：　$\mathrm{Spin}(4) \simeq \mathrm{SU}(2) \otimes \mathrm{SU}(2)$

　　　　$\mathrm{Spin}(4)/\mathrm{Z}_2 \simeq \mathrm{SO}(4)$

　　　　$\mathrm{Spin}(4)/\mathrm{Z}_2 \otimes \mathrm{Z}_2 \simeq \mathrm{SO}(3) \otimes \mathrm{SO}(3)$

$n=5$：　$\mathrm{Spin}(5)/\mathrm{Z}_2 \simeq \mathrm{SO}(5)$

$n=6$：　$\mathrm{Spin}(6) \simeq \mathrm{SU}(4)$

　　　　$\mathrm{Spin}(6)/\mathrm{Z}_2 \simeq \mathrm{SO}(6)$

　　　　$\mathrm{Spin}(6)/\mathrm{Z}_4 \simeq \mathrm{SO}(6)/\mathrm{Z}_2$

問　　題

6.1　3 次元ユークリッド空間の直交する基本ベクトルを $(\boldsymbol{e}_1, \boldsymbol{e}_2, \boldsymbol{e}_3)$ とするとき $\boldsymbol{e}_i$ 軸のまわりの回転のつくる部分群を R_i とすると，$\mathrm{SO}(3)$ の任意の元 g は，

$$g = g_1 g_2 g_3 \qquad (g_1, g_3 \in \mathrm{R}_3,\ g_2 \in \mathrm{R}_2)$$

と表すことができることを示せ.

6.2 3 次元ユークリッド空間の回転の行列 g は,

$$g(\varphi, \theta, \psi) = f(\varphi) h(\theta) f(\psi)$$

$$(0 \leqq \varphi \leqq 2\pi,\ 0 \leqq \psi \leqq 2\pi,\ 0 \leqq \theta \leqq \pi)$$

と表されることを証明せよ. ただし f および h は次の形の行列である.

$$f(\varphi) = \begin{pmatrix} \cos\varphi & -\sin\varphi & 0 \\ \sin\varphi & \cos\varphi & 0 \\ 0 & 0 & 1 \end{pmatrix}, \qquad h(\theta) = \begin{pmatrix} \cos\theta & 0 & \sin\theta \\ 0 & 1 & 0 \\ -\sin\theta & 0 & \cos\theta \end{pmatrix}$$

また $\theta \neq 0, \pi$ のときこの表示は一意的であり, $\theta = 0, \pi$ に対しては,

$$g(\varphi, 0, \psi) = g(\varphi + \alpha, 0, \psi - \alpha)$$

$$g(\varphi, \pi, \psi) = g(\varphi + \alpha, \pi, \psi + \alpha)$$

であることを示せ. 角 (φ, θ, ψ) を**オイラー角**（Euler angle）とよぶ.

6.3 回転 $g(\varphi, \theta, \psi)$ の逆は, $g^{-1} = g(\pi - \psi, \theta, \pi - \varphi)$ であることを示せ.

6.4 単位ベクトル $\boldsymbol{u}$ のまわりの回転 $R(\boldsymbol{u}, \theta)$ に対し SU(2) の元,

$$S(\boldsymbol{u}, \theta) = \exp\left(i\frac{\theta}{2}\boldsymbol{\sigma}\cdot\boldsymbol{u}\right)$$

を対応させる. このとき $S(\boldsymbol{u}, \theta) = -S(\boldsymbol{u}, \theta + 2\pi)$, $S(\boldsymbol{u}, \theta) = S(\boldsymbol{u}, \theta + 4\pi)$ であることを示せ.

6.2 量子力学における角運動量

古典力学では質点の位置ベクトルを $\boldsymbol{r}$, 運動量を $\boldsymbol{p}$ とすると原点のまわりの角運動量は $\boldsymbol{L} = \boldsymbol{r} \times \boldsymbol{p}$ と定義される量である. 1.1 節で見たように物理系がある軸のまわりの回転に関して回転対称であると, その軸の方向の角運動量の成分が保存される. 量子力学では角運動量のような物理量（observable）は線形演算子で表され, 物理量のとりうる値は演算子の固有値として与えられる. 角運動量演算子 $\boldsymbol{J} = (J_x, J_y, J_z)$ は次の条件を満たす線形演算子として定義されるのである.

(1)　$\boldsymbol{J}=(J_x, J_y, J_z)$ は空間回転のもとでベクトルの変換性をもつ．

(2)　$\boldsymbol{J}=(J_x, J_y, J_z)$ の各成分は次の交換関係に従う．

$$[J_i, J_k]=i\hbar\sum_l \varepsilon_{ikl}J_l \qquad (i, k, l=1, 2, 3) \tag{6.10}$$

ただし $J_x=J_1$，$J_y=J_2$，$J_z=J_3$ と番号を付ける．

運動量演算子は $\boldsymbol{p}=-i\hbar\boldsymbol{\nabla}$ によって与えられるので，$\boldsymbol{L}=\boldsymbol{r}\times(-i\hbar\boldsymbol{\nabla})$，すなわち，

$$L_x=-i\hbar\left(y\frac{\partial}{\partial z}-z\frac{\partial}{\partial y}\right) \tag{6.11a}$$

$$L_y=-i\hbar\left(z\frac{\partial}{\partial x}-x\frac{\partial}{\partial z}\right) \tag{6.11b}$$

$$L_z=-i\hbar\left(x\frac{\partial}{\partial y}-y\frac{\partial}{\partial x}\right) \tag{6.11c}$$

は古典力学における質点の角運動量に対応したものである．量子力学ではこれを**軌道角運動量（演算子）**とよぶ．これらが交換関係 (6.10) を満たすことは容易に確かめられる．

物理系の微小空間回転 $R(\delta\boldsymbol{\theta})$ のもとでベクトル $\boldsymbol{r}$ は式 (1.11) のように変化するから，

$$\boldsymbol{r}'=R\boldsymbol{r}=\boldsymbol{r}+\delta\boldsymbol{\theta}\times\boldsymbol{r} \tag{6.12}$$

このとき波動関数 $\psi_\alpha(\boldsymbol{r})$ で表される状態は，

$$\psi_{\alpha'}(R\boldsymbol{r})=\psi_\alpha(\boldsymbol{r}) \tag{6.13}$$

で決まる状態 $\psi_{\alpha'}(\boldsymbol{r})$ に変換される．そこで $\psi_\alpha(\boldsymbol{r})$ を $\psi_{\alpha'}(\boldsymbol{r})$ に変える変換を $U(\delta\boldsymbol{\theta})$ とすると，

$$\begin{aligned}
U(\delta\boldsymbol{\theta})\psi_\alpha(\boldsymbol{r})&=\psi_{\alpha'}(\boldsymbol{r})=\psi_\alpha(R^{-1}\boldsymbol{r})\\
&=\psi_\alpha(\boldsymbol{r}-\delta\boldsymbol{\theta}\times\boldsymbol{r})\\
&=\psi_\alpha(\boldsymbol{r})-(\delta\boldsymbol{\theta}\times\boldsymbol{r})\cdot\nabla\psi_\alpha(\boldsymbol{r})\\
&=\psi_\alpha(\boldsymbol{r})-\frac{i}{\hbar}(\delta\boldsymbol{\theta}\times\boldsymbol{r})\cdot\boldsymbol{p}\psi_\alpha(\boldsymbol{r})\\
&=\psi_\alpha(\boldsymbol{r})-\frac{i}{\hbar}\delta\boldsymbol{\theta}\cdot(\boldsymbol{r}\times\boldsymbol{p})\psi_\alpha(\boldsymbol{r})\\
&=\psi_\alpha(\boldsymbol{r})-\frac{i}{\hbar}\delta\boldsymbol{\theta}\cdot\boldsymbol{L}\psi_\alpha(\boldsymbol{r})
\end{aligned}$$

となる．このことから $\boldsymbol{L}/\hbar$ は空間回転すなわち SO(3) の生成子であることがわかる．$\boldsymbol{L}/\hbar$ はまた波動関数にかかる演算子でもあるので，SO(3) の生成演算子ともよばれる．有限の回転に対する変換は，

$$U(\boldsymbol{\theta})=\exp\left(-\frac{i}{\hbar}\boldsymbol{\theta}\cdot\boldsymbol{L}\right) \tag{6.14}$$

で与えられる．

$\{L_x, L_y, L_z\}/\hbar$ は SO(3) のリー代数で，波動関数全体からなる空間がその表現空間である．したがって軌道角運動量の固有状態は SO(3) の既約表現によって与えられ，軌道角運動量の固有値は既約表現のウエイトによって与えられる．既約表現の固有ベクトルは最高ウエイト l とウエイト m によって指定される．L_z をカルタン部分代数にとれば，

$$L_z|l, m\rangle=m\hbar|l, m\rangle$$
$$(m=l, l-1, \cdots\cdot, -l,\ \ l=0, 1, 2, \cdots\cdot) \tag{6.15}$$

である．またカシミヤ演算子 $L^2=L_x{}^2+L_y{}^2+L_z{}^2$ の固有値は，

$$L_{\pm}=\frac{1}{\sqrt{2}}(L_x\pm iL_y)$$

と定義すると，式 (5.11) およびそのエルミート共役をとることにより，

$$L_-|l, m\rangle=\hbar\sqrt{(l+m)(l-m+1)/2}\,|l, m-1\rangle \tag{6.16a}$$

$$L_+|l, m\rangle=\hbar\sqrt{(l-m)(l+m+1)/2}\,|l, m+1\rangle \tag{6.16b}$$

であるから，

$$\begin{aligned}L^2|l, m\rangle&=(L_+L_-+L_-L_++L_z{}^2)|l, m\rangle\\&=l(l+1)\hbar^2|l, m\rangle\end{aligned} \tag{6.17}$$

を得る．式 (6.15) と式 (6.17) は最高ウエイト l とウエイト m がそれぞれ軌道角運動量の大きさとその z 成分にほかならないことを意味している．

軌道角運動量演算子 (6.11) を球座標，

$$x=r\sin\theta\cos\phi$$
$$y=r\sin\theta\sin\phi$$
$$z=r\cos\theta$$

を用いて表すと，

$$L_x=i\hbar\left(\sin\phi\frac{\partial}{\partial\theta}+\cot\theta\cos\phi\frac{\partial}{\partial\phi}\right) \tag{6.18a}$$

$$L_y = i\hbar\left(-\cos\phi\frac{\partial}{\partial\theta}+\cot\theta\sin\phi\frac{\partial}{\partial\phi}\right) \tag{6.18b}$$

$$L_z = -i\hbar\frac{\partial}{\partial\phi} \tag{6.18c}$$

となる．このとき $L^2=L_x{}^2+L_y{}^2+L_z{}^2$ は，

$$L^2 = -\hbar^2\left[\frac{1}{\sin\theta}\frac{\partial}{\partial\theta}\left(\sin\theta\frac{\partial}{\partial\theta}\right)+\frac{1}{\sin^2\theta}\frac{\partial^2}{\partial\phi^2}\right] \tag{6.19}$$

で与えられる．微分演算子 (6.19) の固有関数は球面調和関数 $Y_{lm}(\theta,\phi)$ とよばれ，ルジャンドル陪関数 $P_l{}^m(\cos\theta)$ を用いて，

$$Y_{lm}(\theta,\phi) = \varepsilon\left[\frac{2l+1}{4\pi}\frac{(l-|m|)!}{(l+|m|)!}\right]^{1/2}P_l{}^m(\cos\theta)e^{im\phi} \tag{6.20}$$

と表される．ただし $m>0$ のとき $\varepsilon=(-1)^m$ であり，$m\leqq 0$ なら $\varepsilon=1$ である．固有値は $l(l+1)\hbar^2$ であり，

$$L^2Y_{lm}(\theta,\phi) = l(l+1)\hbar^2Y_{lm}(\theta,\phi) \tag{6.21}$$

となる．$Y_{lm}(\theta,\phi)$ はまた L_z の固有関数でもあり，次の関係が得られる．

$$L_zY_{lm}(\theta,\phi) = m\hbar Y_{lm}(\theta,\phi) \tag{6.22}$$

これらを式 (6.15)，(6.17) と比べれば，$Y_{lm}(\theta,\phi)$ は既約表現の固有ベクトル $|l,m\rangle$ の球座標による表示であることがわかる．すなわち

$$Y_{lm}(\theta,\phi) = \langle\theta,\phi|l,m\rangle$$

である．

さて量子力学における角運動量は一般的には式 (6.10) を満たす線形演算子として定義されるから，軌道角運動量 (6.11) はその特別な場合である．式 (6.10) の形の交換関係は，$J_i/\hbar$ とおくと SO(3) の単連結な普遍被覆群 SU(2) を一意的に与える．$L_i/\hbar$ は SO(3) のリー代数であるが，その普遍被覆群 Spin(3)＝SU(2) は SO(3) には含まれないスピノル表現をも含んでいるので，より一般的である．そこで J_i を**全角運動量（演算子）**とよび，軌道角運動量との差，$S_i=J_i-L_i$ を**スピン角運動量（演算子）**という．スピン角運動量は粒子に固有な角運動量であり，軌道角運動量とは独立に測定できるので $[L_i,S_j]=0$ である．したがって S_i もまた式 (6.10) の形の交換関係に従う．

$$[S_i,S_k] = i\hbar\sum_{l=1}^{3}\varepsilon_{ikl}S_l \qquad (i,k,l=1,2,3) \tag{6.23}$$

$S_i/\hbar$ は SU(2) のリー代数であるからスピン角運動量の固有状態は SU(2) の既約表現によって与えられる．S_z をカルタン部分代数にとれば，スピン角運動量の固有ベクトルは既約表現の最高ウエイト s とウエイト s_z によって一意的に決まる．

$$S_z|s, s_z\rangle = s_z\hbar|s, s_z\rangle$$
$$\left(s_z = s, s-1, \cdots, -s,\ \ s = \frac{1}{2}, 1, \frac{3}{2}, \cdots\right) \tag{6.24}$$

軌道角運動量におけると同様に $S_\pm$ を定義すると，式 (6.16) および式 (6.17) の形の関係が成り立つ．

$$S_\mp|s, s_z\rangle = \hbar\sqrt{(s\pm s_z)(s\mp s_z+1)/2}\,|s, s_z\mp 1\rangle \tag{6.25a}$$
$$S^2|s, s_z\rangle = s(s+1)\hbar^2|s, s_z\rangle \tag{6.25b}$$

ここでもまた s はスピン角運動量の大きさ，s_z はその z 成分を表している．スピン角運動量の大きさが $\hbar$ を単位にして整数であるような粒子をボース粒子，半整数であるような粒子をフェルミ粒子とよぶことは 5.6 節で述べた．パイ中間子やメソン 8 重項の粒子のスピンは $s=0$ であり，光子のスピンは $s=1$ である．これらはボース粒子の例である．電子，陽子，中性子あるいはバリオン 8 重項の粒子は $s=1/2$ であり，フェルミ粒子である．Δ などのバリオン 10 重項の粒子はスピン $s=3/2$ のフェルミ粒子である．

全角運動量 J_i についてもまったく同様の議論を繰り返すことができる．全角運動量の固有状態も SU(2) の既約表現によって与えられ，表現の最高ウエイトを j，ウエイトを j_z，$J_\pm=(J_x\pm iJ_y)/\sqrt{2}$ とすると，次式が得られる．

$$J_z|j, j_z\rangle = j_z\hbar|j, j_z\rangle \qquad (j_z = j, j-1, \cdots, -j) \tag{6.26a}$$
$$J_\mp|j, j_z\rangle = \hbar\sqrt{(j\pm j_z)(j\mp j_z+1)/2}\,|j, j_z\mp 1\rangle \tag{6.26b}$$
$$J^2|j, j_z\rangle = j(j+1)\hbar^2|j, j_z\rangle \qquad \left(j = 0, \frac{1}{2}, 1, \frac{3}{2}, \cdots\right) \tag{6.26c}$$

全角運動量 $J_i = L_i + S_i$ の固有ベクトルは軌道角運動量とスピン角運動量それぞれの固有ベクトルの直積から構成することができる．これは L_i に関する既約表現 $|l, m\rangle$ と S_i に関する既約表現 $|s, s_z\rangle$ の直積を J_i に関する既約表現に分解することに対応している．式 (5.20) によれば SU(2) のクレブシュ-ゴルダン係数を用いて，

$$|l, m\rangle|s, s_z\rangle = \sum_{j=|l-s|}^{l+s} \langle m+s_z ; j | m, l ; s_z, s\rangle |j, m+s_z\rangle \tag{6.27}$$

と書ける．全角運動量 j のとりうる値は，

$$j = l+s, l+s-1, \cdots, |l-s| \tag{6.28}$$

であることがわかる．一般に二つの可換な角運動量演算子 J_1，J_2 があるとき，その和の演算子 $J=J_1+J_2$ の固有値は，

$$j = j_1+j_2, j_1+j_2-1, \cdots, |j_1-j_2| \tag{6.29}$$

となって，**角運動量の和則**が得られる．

角運動量もアイソスピンも SU(2) の既約表現によって記述されるのでまったく同様な議論ができるが，その物理的な意味は異なることに注意しよう．アイソスピンは粒子の荷電状態に関する変換にともなって定義されるものであり，角運動量は 3 次元空間の回転にともなって定義されるものである．

問　題

6.5　式 (6.26) を用いて角運動量の行列表示 $\langle j, j_z' | J_l | j, j_z\rangle$ $(l=x, y, z)$ を求めることができる．$j=1/2$，1，3/2 の場合について実際に求めてみよ．

6.6　ルジャンドル陪関数 $P_l^m(z)$ はルジャンドル関数 $P_l(z)$ を使って次のように定義されている．

$$P_l^m(z) = (1-z^2)^{m/2} \frac{\mathrm{d}^m}{\mathrm{d}z^m} P_l(z) \qquad (m \geqq 0)$$

$$P_l^m(z) = P_l^{-m}(z) \qquad (m<0)$$

そこで式 (6.18) により $L_\pm$ をつくり，これを直接 $Y_{lm}(\theta, \phi)$ に作用させることにより式 (6.16) を導け．

6.3　SO(*N*) と Spin(*N*)

N 次元直交群 SO(N) のリー代数は N 次実交代行列 M の全体である．M は一般に $N(N-1)/2$ 個の実パラメータ $t^{ab} = -t^{ba}$ $(a, b=1, \cdots, N)$ を用いて，

$$M = \sum_{a>b} X_{ab} t^{ab} \tag{6.30}$$

$$(X_{ab})_{jk}=\delta_{aj}\delta_{bk}-\delta_{bj}\delta_{ak}$$

$$=\begin{array}{r} \\ \\ a> \\ \\ b> \\ \\ \end{array}\!\!\begin{array}{c} \begin{array}{ccccc} & a & & b & \\ & \vee & & \vee & \end{array} \\ \left(\begin{array}{c:c:c} 0 & 0 & \\ \hdashline & & 1 \\ 0 & \ddots & 0 \\ \hdashline -1 & & \\ & 0 & 0 \end{array}\right) \end{array}$$

と表すことができるから，SO(N) の生成子 $T_{ab}=-iX_{ab}$ は次の交換関係に従うことがわかる．

$$[T_{ab}, T_{cd}]=-i(\delta_{bc}T_{ad}-\delta_{ac}T_{bd}-\delta_{bd}T_{ac}+\delta_{ad}T_{bc}) \tag{6.31}$$

T_{ab} のうちで互いに可換なものはカルタン部分代数を構成し，その元として次のものをとる．

$$H_l=T_{2l-1,2l} \qquad (l=1,\cdots,[N/2]) \tag{6.32}$$

ここで $[N/2]$ は $N/2$ を越えない，$N/2$ に最も近い整数である．$N=2n+1$ のときは $[N/2]=n$，$N=2n+2$ のときは $[N/2]=n+1$ となる．

さてカルタン部分代数の元 H_l とその他の元 T_{ab} との交換関係は式 (6.31) を用いて計算すると次のように与えられる．

$$[H_l, T_{2j-1,2k-1}]=i(\delta_{lj}T_{2j,2k-1}+\delta_{lk}T_{2j-1,2k}) \tag{6.33a}$$

$$[H_l, T_{2j,2k-1}]=i(-\delta_{lj}T_{2j-1,2k-1}+\delta_{lk}T_{2j,2k}) \tag{6.33b}$$

$$[H_l, T_{2j-1,2k}]=i(\delta_{lj}T_{2j,2k}-\delta_{lk}T_{2j-1,2k-1}) \tag{6.33c}$$

$$[H_l, T_{2j,2k}]=i(-\delta_{lj}T_{2j-1,2k}-\delta_{lk}T_{2j,2k-1}) \tag{6.33d}$$

これらを組み合せることにより，

$$[H_l, E_{\pm\alpha}]=\pm\alpha_l E_{\pm\alpha}$$

の形の生成子 E_α およびルート α を求めることができる．ここで N が偶数次元の場合と奇数次元の場合を分けて考える．

(i) SO(2n+2)

SO(4) のリー代数は SO(3)⊗SO(3) のリー代数に同型であるので単純ではないから $n\geqq 2$ とする．ルートベクトル $\boldsymbol{\alpha}$ は $n+1$ 次元空間のベクトルであるから，$\boldsymbol{e}_k\ (k=1,\cdots,n+1)$ を正規直交ベクトルとすると，

$$E_\alpha=\frac{1}{2}(T_{2j-1,2k-1}+iT_{2j,2k-1}\mp T_{2j,2k}\pm iT_{2j-1,2k})$$

$$\boldsymbol{\alpha}=\boldsymbol{e}_j\pm\boldsymbol{e}_k \qquad (6.34)$$

$$E_{-\alpha}=E_\alpha{}^\dagger$$

と求められる．係数 1/2 は，

$$[E_\alpha, E_{-\alpha}]=\sum_l \alpha_l H_l=H_j\pm H_k$$

を満たすように決められている．すべてのルートは，

$$\pm\boldsymbol{e}_j\pm\boldsymbol{e}_k \qquad (j\neq k) \qquad (6.35)$$

の形をしており，全部で $2n(n+1)$ 個ある．このうち単純ルートは，

$$\boldsymbol{\alpha}^{(i)}=\boldsymbol{e}_i-\boldsymbol{e}_{i+1} \qquad (i=1,\cdots,n)$$

$$\boldsymbol{\alpha}^{(n+1)}=\boldsymbol{e}_n+\boldsymbol{e}_{n+1} \qquad (6.36)$$

の $(n+1)$ 個であり，次のディンキン図によって表される．

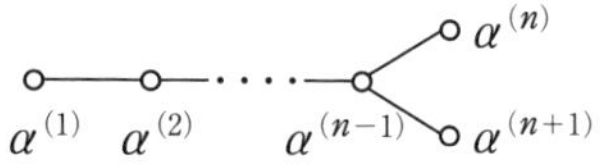

これは 4.3 節で述べたクラス D_{n+1} のリー代数にほかならない．

(ii)　SO(2*n*+1)

奇数次元のときは式 (6.34) の形の E_α のほかに次のものがある．

$$E_\alpha=\frac{1}{\sqrt{2}}(T_{2j-1,2n+1}\pm iT_{2j,2n+1})$$

$$\boldsymbol{\alpha}=\pm\boldsymbol{e}_j \qquad (6.37)$$

これらは次の交換関係を満たすことが確かめられる．

$$[E_{\varepsilon e_j}, E_{\eta e_k}]=iE_{\varepsilon e_j+\eta e_k} \qquad (6.38)$$

ただし ε，$\eta=\pm1$ である．SO$(2n+1)$ のルートは，

$$\pm\boldsymbol{e}_j\pm\boldsymbol{e}_k \qquad (j\neq k), \qquad \pm\boldsymbol{e}_j \qquad (j,k=1,\cdots,n) \qquad (6.39)$$

の $2n^2$ 個である．このうち単純ルートは，

$$\boldsymbol{\alpha}^{(i)}=\boldsymbol{e}_i-\boldsymbol{e}_{i+1} \quad (i=1,\cdots,n-1), \qquad \boldsymbol{\alpha}^{(n)}=\boldsymbol{e}_n \qquad (6.40)$$

の n 個であり，次のディンキン図が対応する．

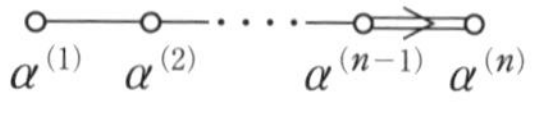

これは 4.3 節で挙げたクラス B_n のリー代数である．

今度は逆に式 (6.31) を満たすリー代数が与えられたとき，このリー代数に

一意的に対応するのは SO(N) の普遍被覆群 Spin(N) である．そこで 4.4 節で述べた方法にならって Spin(N) の表現をいくつか求めよう．

(1) Spin(2n+1) の表現

クラス B_n のリー代数の単純ルートは式 (6.40) で与えられるから，このリー代数のカルタン行列は式 (4.55) により次の形のものであることがわかる．

$$\begin{pmatrix} 2 & -1 & 0 & 0 & \cdots & & 0 \\ -1 & 2 & -1 & 0 & \cdots & & 0 \\ 0 & -1 & 2 & -1 & \cdots & & 0 \\ \vdots & & \vdots & & \vdots & \vdots & \vdots \\ 0 & & \cdots & & -1 & 2 & -2 \\ 0 & & \cdots & & 0 & -1 & 2 \end{pmatrix} \tag{6.41}$$

そこで基本ウエイト $\boldsymbol{\mu}^{(1)}=[1,0,\cdots,0]$ を最高ウエイトとする表現 ρ_1 は 4.4 節で述べた方法により次のように求められる．

レベル	ディンキン・インデックス	ウエイトベクトル
0	$[1,0,\cdots,0]$	$\boldsymbol{e}_1$
1	$[-1,1,0,\cdots,0]$	$\boldsymbol{e}_2$
2	$[0,-1,1,0,\cdots,0]$	$\boldsymbol{e}_3$
$\vdots$	$\vdots$	$\vdots$
$n-1$	$[0,\cdots,0,-1,2]$	$\boldsymbol{e}_n$
n	$[0,\cdots,0]$	0
$n+1$	$[0,\cdots,0,1,-2]$	$-\boldsymbol{e}_n$
$\vdots$	$\vdots$	$\vdots$
$2n$	$[-1,0,\cdots,0]$	$-\boldsymbol{e}_1$

したがってこの表現の次元は $2n+1$ で，これを Spin $(2n+1)$ または SO$(2n+1)$ のベクトル表現という．そのウエイトは $\pm\boldsymbol{e}_i$, 0 である．

一般に基本ウエイト，

$$\boldsymbol{\mu}^{(k)}=\sum_{i=1}^{k}\boldsymbol{e}_i \qquad (k=1,\cdots,n-1) \tag{6.42}$$

を最高ウエイトとする基本表現 ρ_k は k 個の ρ_1 の反対称なテンソル積によって得られ，その次元は，

$$\dim(\rho_k)=C_{2n+1}^{k} \tag{6.43}$$

で与えられる．すでに見たように ρ_1 はベクトル表現であり，その次元は $C^1_{2n+1}=2n+1$ である．ρ_2 が随伴表現であることも容易に確かめられる．そのウエイトはルートにほかならない．また表現の次元は $C^2_{2n+1}=n(2n+1)$ である．

最高ウエイトが $\boldsymbol{\mu}^{(n)}=[0,\cdots\cdot,0,1]$ であるような基本表現も同様にして求めることができる．はじめのいくつかを具体的に挙げておこう．

レベル	ディンキン・インデックス	ウエイトベクトル
0	$[0,\cdots\cdot,0,1]$	$\frac{1}{2}(\boldsymbol{e}_1+\cdots\cdot+\boldsymbol{e}_n)$
1	$[0,\cdots\cdot,0,1,-1]$	$\frac{1}{2}(\boldsymbol{e}_1+\cdots\cdot-\boldsymbol{e}_n)$
2	$[0,\cdots\cdot,0,1,-1,1]$	$\frac{1}{2}(\boldsymbol{e}_1+\cdots\cdot-\boldsymbol{e}_{n-1}+\boldsymbol{e}_n)$
⋮	⋮	⋮

一般のウエイトベクトルは $(\pm\boldsymbol{e}_1\pm\boldsymbol{e}_2\pm\cdots\cdot\pm\boldsymbol{e}_n)/2$ の形をしており，これらは最高ウエイト $\boldsymbol{\mu}^{(n)}$ に適当なワイル鏡映 (4.65) を施すことによっても得られる．例えば式 (4.65) で $\boldsymbol{\alpha}=\boldsymbol{e}_1$ とすれば $\boldsymbol{\mu}'=(-\boldsymbol{e}_1+\boldsymbol{e}_2+\cdots\cdot+\boldsymbol{e}_n)/2$ が得られる．この表現の次元は 2^n で，これを Spin$(2n+1)$ のスピノル表現という．この表現は SU(2) あるいは Spin(3) のスピノル表現を一般化したものであることが以下のようにしてわかる．

2^n 次元空間を n 個の 2 次元空間の直積空間と考えると，任意の行列はパウリ行列 (5.2) のテンソル積で表すことができる．l 番目の 2 次元空間におけるパウリ行列を $\sigma_a{}^l(a=1,2,3)$ と表すことにすると，式 (4.57) よりカルタン部分代数 H_l および固有ベクトルは，

$$H_l=\frac{1}{2}\sigma_3{}^l,\qquad |\mu,\boldsymbol{D}\rangle=|\pm\frac{1}{2}\boldsymbol{e}_l\rangle \tag{6.44}$$

である．一般のウエイト $(\pm\boldsymbol{e}_1\pm\boldsymbol{e}_2\pm\cdots\cdot\pm\boldsymbol{e}_n)/2$ に対応する固有ベクトルは 2 次元の固有ベクトルの直積によって与えられる．

$$|(\pm\boldsymbol{e}_1\pm\boldsymbol{e}_2\pm\cdots\cdot\pm\boldsymbol{e}_n)/2\rangle=|\pm\frac{1}{2}\boldsymbol{e}_1\rangle\otimes\cdots\cdot\otimes|\pm\frac{1}{2}\boldsymbol{e}_n\rangle \tag{6.45}$$

1 番目の 2 次元空間に関して式 (5.8)，(5.11) を参考にして，

$$E_{\pm e_1}=\frac{1}{2\sqrt{2}}(\sigma_1{}^1\pm i\sigma_2{}^1)=\frac{1}{2}\sigma_\pm \tag{6.46}$$

とすると，

$$E_{e_1}\left|-\frac{1}{2}\boldsymbol{e}_1+\cdots\cdot\right\rangle=\frac{1}{\sqrt{2}}\left|\frac{1}{2}\boldsymbol{e}_1+\cdots\cdot\right\rangle \tag{6.47}$$

である．

次に E_{e_2} を決めるには少し注意が必要である．この表現では $(E_{e_i})^2=0$ であるから式 (6.37) より，

$$\{T_{2i-1,2n+1}, T_{2i,2n+1}\}=0 \tag{6.48}$$

でなければならない．この関係は座標軸のとり方にはよらないはずだから，一般に次の関係がスピノル表現では成り立つことになる．

$$\{T_{i,k}, T_{j,k}\}=0 \qquad (i\neq j\neq k\neq i) \tag{6.49}$$

ここで再び式 (6.37) を用いれば，次の関係が成り立たなければならないことがわかる．

$$\{E_{\pm e_i}, E_{\pm e_j}\}=0 \tag{6.50}$$

そこで固有ベクトル $|\boldsymbol{e}_1/2-\boldsymbol{e}_2/2+\cdots\cdot\rangle$ に対して，

$$E_{e_2}\left|\frac{1}{2}\boldsymbol{e}_1-\frac{1}{2}\boldsymbol{e}_2+\cdots\cdot\right\rangle=\frac{1}{\sqrt{2}}\left|\frac{1}{2}\boldsymbol{e}_1+\frac{1}{2}\boldsymbol{e}_2+\cdots\cdot\right\rangle \tag{6.51}$$

とすると，$|-\boldsymbol{e}_1/2-\boldsymbol{e}_2/2+\cdots\cdot\rangle$ に対しては，

$$\begin{aligned}E_{e_2}\left|-\frac{1}{2}\boldsymbol{e}_1-\frac{1}{2}\boldsymbol{e}_2+\cdots\cdot\right\rangle&=\sqrt{2}E_{e_2}E_{-e_1}\left|\frac{1}{2}\boldsymbol{e}_1-\frac{1}{2}\boldsymbol{e}_2+\cdots\cdot\right\rangle\\&=-\sqrt{2}E_{-e_1}E_{e_2}\left|\frac{1}{2}\boldsymbol{e}_1-\frac{1}{2}\boldsymbol{e}_2+\cdots\cdot\right\rangle\\&=-E_{-e_1}\left|\frac{1}{2}\boldsymbol{e}_1+\frac{1}{2}\boldsymbol{e}_2+\cdots\cdot\right\rangle\\&=-\frac{1}{\sqrt{2}}\left|-\frac{1}{2}\boldsymbol{e}_1+\frac{1}{2}\boldsymbol{e}_2+\cdots\cdot\right\rangle\end{aligned}$$

となって，符号が式 (6.47) とは逆になるのである．したがって，

$$E_{\pm e_2}=\frac{1}{2}\sigma_3{}^1\sigma_\pm{}^2$$

と書くことができる．ここで行列の積は 1 番目の空間に関するパウリ行列 $\sigma_3{}^1$ と 2 番目の空間に関する行列 $\sigma_\pm{}^2$ との直積である．同様にして一般に，

$$E_{\pm e_i}=\frac{1}{2}\sigma_3{}^1\cdots\cdot\sigma_3{}^{i-1}\sigma_\pm{}^i \tag{6.52}$$

であることがわかる．その他のリー代数の元に関しては交換関係 (6.38) を用いて求めることができるから，Spin$(2n+1)$ のすべての生成子はパウリ行列の直積によって表すことができるのである．また式 (6.37) を用いれば，

$$T_{2i-1,\,2n+1}=\frac{1}{2}\sigma_3{}^1\cdots\cdot\sigma_3{}^{i-1}\sigma_1{}^i \tag{6.53}$$

$$T_{2i,\,2n+1}=\frac{1}{2}\sigma_3{}^1\cdots\cdot\sigma_3{}^{i-1}\sigma_2{}^i \tag{6.54}$$

を得る．その他の生成子は交換関係 (6.31) より，

$$T_{ab}=-i[T_{a,\,2n+1},\,T_{b,\,2n+1}] \tag{6.55}$$

を用いて求めればよい．

(2)　Spin(2*n*+2) の表現

クラス D_{n+1} のリー代数の表現も同様にして求めることができる．単純ルートは式 (6.36) で与えられるから基本ウエイト $\boldsymbol{\mu}^{(k)}$ は次のようになる．

$$\boldsymbol{\mu}^{(k)}=\sum_{i=1}^{k}\boldsymbol{e}_i \qquad (k=1,\cdots\cdot,n-1) \tag{6.56}$$

$$\boldsymbol{\mu}^{(n)}=\frac{1}{2}(\boldsymbol{e}_1+\boldsymbol{e}_2+\cdots\cdot+\boldsymbol{e}_n-\boldsymbol{e}_{n+1}) \tag{6.57}$$

$$\boldsymbol{\mu}^{(n+1)}=\frac{1}{2}(\boldsymbol{e}_1+\boldsymbol{e}_2+\cdots\cdot+\boldsymbol{e}_n+\boldsymbol{e}_{n+1}) \tag{6.58}$$

Spin$(2n+1)$ の場合と同様に $\boldsymbol{\mu}^{(1)}$ を最高ウエイトとする表現 ρ_1 は $2n+2$ 次元のベクトル表現である．また ρ_2 は随伴表現で，表現の次元は $(n+1)(2n+1)$ である．一般に基本表現 ρ_k は k 個の ρ_1 の反対称テンソル積によって得られ，その次元は

$$\dim\rho_k=C_{2n+2}^k \qquad (k=1,\cdots\cdot,n-1) \tag{6.59}$$

で与えられる．

基本ウエイト $\boldsymbol{\mu}^{(n)}$ および $\boldsymbol{\mu}^{(n+1)}$ に対応する表現 ρ_n,ρ_{n+1} は二つの異なるスピノル表現である．それぞれの表現のウエイトはルート (6.35) に関して最高ウエイト $\boldsymbol{\mu}^{(n)},\boldsymbol{\mu}^{(n+1)}$ をワイル鏡映して得られる．この操作は式 (6.57) および式 (6.58) において $\boldsymbol{e}_i$ の符号を偶数個変えることになるから，$\varepsilon_i=\pm1$ として次の結果を得る．

$$\rho_n : \frac{1}{2}\sum_{i=1}^{n+1}\varepsilon_i \boldsymbol{e}_i, \qquad \prod_{i=1}^{n+1}\varepsilon_i = -1 \tag{6.60}$$

$$\rho_{n+1} : \frac{1}{2}\sum_{i=1}^{n+1}\varepsilon_i \boldsymbol{e}_i, \qquad \prod_{i=1}^{n+1}\varepsilon_i = 1 \tag{6.61}$$

表現の次元はともに2^nである．これらの表現は Spin$(2n+2)$ の部分群 Spin$(2n+1)$ の表現を用いて具体的に求めることができる．Spin$(2n+1)$ の生成子 $T_{ij}(i,j \leqq 2n+1)$ は式 (6.53)～(6.55) によって得られているので，残りの $T_{i,2n+2}$ を求めればよい．部分群 Spin$(2n+1)$ のもとでは Spin$(2n+2)$ のウエイトベクトル (6.60)，(6.61) の第 $n+1$ 成分 $\boldsymbol{e}_{n+1}$ を無視すればよいから，表現 ρ_n および ρ_{n+1} のウエイトベクトルはともに Spin$(2n+1)$ のスピノル表現のウエイトベクトル，

$$\frac{1}{2}\sum_{i=1}^{n}\varepsilon_i \boldsymbol{e}_i \qquad (\varepsilon_i = \pm 1) \tag{6.62}$$

に帰着する．テンソル積の表示では $\varepsilon_i/2 \to H_i = \sigma_3/2$ であるから表現 ρ_n では式 (6.60) において $\varepsilon_{n+1} = -\prod_{i=1}^{n}\varepsilon_i$ より，

$$H_{n+1} = -\frac{1}{2}\sigma_3{}^1 \cdot \cdots \cdot \sigma_3{}^n = T_{2n+1,2n+2} \tag{6.63}$$

を得る．その他の生成子は交換関係，

$$T_{i,2n+1} = i[T_{i,2n+1}, T_{2n+1,2n+2}] \tag{6.64}$$

を用いて得られる．表現 ρ_{n+1} の場合は式 (6.61) において $\varepsilon_{n+1} = \prod_{i=1}^{n}\varepsilon_i$ より，

$$H_{n+1} = \frac{1}{2}\sigma_3{}^1 \cdot \cdots \cdot \sigma_3{}^n = T_{2n+1,2n+2} \tag{6.65}$$

である．その他の生成子も交換関係 (6.64) により求められるのである．

さて，n が偶数のとき，$-\boldsymbol{\mu}^{(n)}$ は式 (6.61) を満たすから表現 ρ_{n+1} のウエイトである．明らかにそれは ρ_{n+1} の最低ウエイトである．同様に $-\boldsymbol{\mu}^{(n+1)}$ は ρ_n の最低ウエイトである．このことは5.3節で述べたように，表現 ρ_n および ρ_{n+1} が互いに複素共役表現の関係にあることを意味している．n が奇数のときは，$-\boldsymbol{\mu}^{(n)}$ もまた式 (6.60) を満たすから ρ_n の最低ウエイトである．また $-\boldsymbol{\mu}^{(n+1)}$ は ρ_{n+1} の最低ウエイトになっている．したがってこれらの表現は実表現である．

一般に実表現の場合は複素共役表現がもとの表現に同等であるから，これらの表現での生成子のあいだに次の関係がある．

$$T_{ab}=-RT_{ab}^{*}R^{-1} \tag{6.66}$$

このとき，表現どうしを関係づける行列 R は定数倍を除いて一意的に決まり，対称行列か反対称行列かのいずれかであることが知られている．例えば SU(2) のスピノル表現の場合，$T_a=\sigma_\alpha/2$ である．容易に確かめられるように，

$$\sigma_\alpha/2=-\sigma_2(\sigma_a^{*}/2)\sigma_2 \qquad (a=1,2,3) \tag{6.67}$$

という関係が成り立つから $R=\sigma_2$ であり，これは反対称行列である．R が反対称行列であるような表現を**擬実表現**（pseudoreal）とよび，対称行列であるような表現を単に**実表現**（real）とよんで区別することがある．そこで，

$$R=R^{-1}=\prod_{i=\text{奇数}}^{n}\sigma_2{}^{i}\prod_{i=\text{偶数}}^{n}\sigma_1{}^{i} \tag{6.68}$$

という行列を定義すると，式 (6.53)～(6.55) に対して，

$$-RT_{ab}^{*}R^{-1}=T_{ab} \qquad (a,b=1,\cdots\cdot,2n+1) \tag{6.69}$$

であることがわかる．R は $n=1,2$ のとき反対称，$n=3,4$ のとき対称，$\cdots\cdot$ であるから Spin$(2n+1)$ のスピノル表現は Spin$(8m+1)$，Spin$(8m+7)$ の場合は実表現，Spin$(8m+3)$，Spin$(8m+5)$ の場合は擬実表現である．また n が奇数のとき式 (6.63)，(6.65) に対して，

$$-RT_{2n+1,2n+2}^{*}R^{-1}=T_{2n+1,2n+2} \tag{6.70}$$

であるから，Spin$(2n+2)$ のスピノル表現は Spin$(8m+4)$ については擬実表現，Spin$(8m)$ のときは実表現であることがわかる．Spin(N) のスピノル表現について以上の結果をまとめると次のようになる．

実表現　：Spin$(8m)$，Spin$(8m+1)$，Spin$(8m+7)$

擬実表現：Spin$(8m+3)$，Spin$(8m+4)$，Spin$(8m+5)$

複素表現：Spin$(8m+2)$，Spin$(8m+6)$

問　題

6.7 SO(4) のリー代数は SU(2)⊗SU(2) と同じであることを示せ．

6.8 Spin$(2m)$⊗Spin$(2n-2m+1)$ は Spin$(2n+1)$ の部分群であることを示し，Spin$(2n+1)$ のスピノル表現がこの部分群のもとでどのように変換

するかを調べよ.

6.9 直交変換 SO(N) のもとでの r 階のテンソル $T_{j_1, j_2 \cdots j_r}$ 全体は SO(N) の可約な N^r 次元表現をなす. $T_{j_1, j_2 \cdots j_r}$ の任意の二つの添字についての和が 0 であるようなテンソルはトレースレスであるという. そのようなテンソルで, 添字について特定の対称性をもったものの全体は SO(N) の既約表現をつくることを示せ. 2 階の対称テンソル, 反対称テンソルのつくる既約表現の次元はいくらか.

6.10 式 (6.66) の行列 R が定数倍を除いて一意的に決まり, 対称行列か反対称行列かのいずれかであることをシューアのレンマ (定理 2.3) を用いて証明せよ.

6.4 クリフォード代数

この節ではスピノル表現の別の表し方を考えよう. SO(N) は座標 $x_1, \cdots\cdots$, x_N に対する直交変換で, 2 次形式 $x_1{}^2 + \cdots\cdots + x_N{}^2$ を不変にする. いまこの 2 次形式を 1 次形式の 2 乗の形に書いたとすると,

$$x_1{}^2 + \cdots\cdots + x_N{}^2 = (\gamma_1 x_1 + \cdots\cdots + \gamma_N x_N)^2 \tag{6.71}$$

となるためには, γ_i は次のような反交換関係に従えばよい.

$$\{\gamma_i, \gamma_j\} = \gamma_i \gamma_j + \gamma_j \gamma_i = 2\delta_{ij} \tag{6.72}$$

この関係を満たす行列全体を**クリフォード代数** (Clifford algebra) とよぶ. 座標に対する直交変換,

$$x_i' = \sum_k O_{ik} x_k \tag{6.73}$$

のもとで式 (6.71) が不変であることから, γ は次の変換をする.

$$\gamma'_i = \sum_k O_{ik} \gamma_k \tag{6.74}$$

ただし O は特殊直交行列, $OO^{\mathrm{T}} = O^{\mathrm{T}} O = 1$, $\det O = 1$ である. 変換 (6.74) のもとで γ_i に対する反交換関係が不変であることは容易に確かめることができる.

さて反交換関係 (6.72) を満たす γ 行列の全体 $\{\gamma_i\}$ は一つのベクトル空間を

張っているから，変換後のγ行列 γ_i' はもとのγ行列と相似変換で関係づけられるはずである．すなわち，

$$\gamma_i' = S(O)\gamma_i S^{-1}(O) \tag{6.75}$$

変換 $S(O)$ のもとで，

$$\psi_a' = \sum_b S(O)_{ab}\psi_b \tag{6.76}$$

と変換する ψ_a をスピノルとよぶ．微小回転，

$$O_{ik} = \delta_{ik} + \varepsilon_{ik}, \qquad \varepsilon_{ik} = -\varepsilon_{ki} \tag{6.77}$$

に対する $S(O)$ は次のように書くことができる．

$$S(O) = 1 + i\sum_{i,j} T_{ij}\varepsilon_{ij} \tag{6.78}$$

ここで式 (6.74)，(6.75) と式 (6.77)，(6.78) とを組み合せることによって，

$$[T_{ij}, \gamma_k] = i(\delta_{ik}\gamma_j - \delta_{jk}\gamma_i) \tag{6.79}$$

であることがわかる．この関係を満たす T_{ij} は次の形に書けることが確かめられる．

$$T_{ij} = \frac{1}{4i}[\gamma_i, \gamma_j] \equiv \frac{1}{2}\sigma_{ij} \tag{6.80}$$

この T_{ij} は SO(N) の交換関係 (6.31) を満たすことも確かめることができる．したがって T_{ij} は SO(N) のリー代数の表現であり，これが Spin(N) のスピノル表現になっていることが以下でわかる．対応 $O \to S(O)$ によって Spin(N) のスピノル表現が得られるのである．

　クリフォード代数のすべての独立な基底はγ行列の積，

$$\gamma_{j_1\cdots j_r} = \gamma_{j_1}\cdots\cdots\gamma_{j_r} \qquad (1 \leqq j_1 < \cdots\cdots < j_r \leqq N) \tag{6.81}$$

によって与えられる．ただし $r=0$ のとき，$\gamma_{j_1}\cdots\cdots\gamma_{j_r}=1$ とする．r を固定したとき C_N^r 個の独立な $\gamma_{j_1\cdots j_r}$ があるから，クリフォード代数の次元は，

$$\sum_{r=0}^{N} C_N^r = 2^N \tag{6.82}$$

である．したがって N が偶数，$N=2n$ のときγ行列は $2^n \times 2^n$ 行列であり，スピノル ψ は 2^n 次元のベクトル空間を張る．これを**スピノル空間**とよぶ．γ行列は n 個のパウリ行列の直積として次のように与えられる．

$$
\begin{aligned}
\gamma_1 &= \sigma_2{}^1\sigma_3{}^2\cdot\cdots\sigma_3{}^n \\
\gamma_2 &= -\sigma_1{}^1\sigma_3{}^2\cdot\cdots\sigma_3{}^n \\
\gamma_3 &= \sigma_0{}^1\sigma_2{}^2\sigma_3{}^3\cdot\cdots\sigma_3{}^n \\
\gamma_4 &= -\sigma_0{}^1\sigma_1{}^2\sigma_3{}^3\cdot\cdots\sigma_3{}^n \\
&\quad\cdots\cdot \\
\gamma_{2n-1} &= \sigma_0{}^1\cdot\cdots\sigma_0{}^{n-1}\sigma_2{}^n \\
\gamma_{2n} &= -\sigma_0{}^1\cdot\cdots\sigma_0{}^{n-1}\sigma_1{}^n
\end{aligned}
\tag{6.83}
$$

ここでパウリ行列の作用する空間の別を示す数字を σ 行列の右肩に付している．また σ_0 は 2×2 単位行列である．さらに γ_{2n+1} を，

$$
\gamma_{2n+1} = (-i)^n\gamma_1\gamma_2\cdot\cdots\gamma_{2n} = \sigma_3{}^1\sigma_3{}^2\cdot\cdots\sigma_3{}^n \tag{6.84}
$$

によって定義すれば，γ_{2n+1} はほかのすべての γ 行列と反可換であり，$\gamma_{2n+1}{}^2=1$ である．すなわち反交換関係 (6.72) が $i, j=1,\cdot\cdots,2n+1$ に対して成り立つことになる．

SO$(2n)$ のリー代数は $2n$ 個の γ 行列 (6.83) を用い，式 (6.80) によって得られる．その表現空間は 2^n 次元であるが，これは既約ではない．上に述べたようにすべての $\gamma_i (i=1,\cdot\cdots,2n)$ と反可換な行列 γ_{2n+1} があるから，その固有値 $\gamma_{2n+1}=\pm1$ によって二つの 2^{n-1} 次元の既約な表現に分解できるのである．$\gamma_{2n+1}=1$ であるような表現がスピノル表現 ρ_n であり，$\gamma_{2n+1}=-1$ であるような表現がもう一つのスピノル表現 ρ_{n-1} である．SO$(2n+1)$ の場合は γ_{2n+1} まで含めた $2n+1$ 個の γ 行列を用いて T_{ij} を式 (6.80) によってつくれば，それらは SO$(2n+1)$ のリー代数の交換関係を満たしている．表現空間の次元は 2^n 次元であるから，このような γ 行列による表現は SO$(2n+1)$ のスピノル表現である．

さて，スピノル ψ_a の複素共役 $\psi_a{}^*$ を考えよう．式 (6.76) より $\psi_a{}^*$ は次の変換性に従う．

$$
\psi_a{}'^* = \sum_b S_{ba}{}^{-1}(O)\psi_b{}^* \tag{6.85}
$$

ψ_a を共変スピノル，$\psi_a{}^*$ を反変スピノルとよぶことがある．二つのスピノル ψ_a，$\psi_a{}^*$ の直積 $\psi_a{}^*\psi_b$ を考えよう．ψ_a，$\psi_a{}^*$ はそれぞれスピノル表現 ρ，ρ^* に属するから，$\psi_a\psi_b{}^*$ は直積表現 $\rho\otimes\rho^*$ に属する．γ 行列を用いてこの直積表現

を以下のように既約表現の直和に分解することができる．はじめに $\mathrm{Spin}(2n+1)$ の場合を考えよう．このとき ψ_a および $\psi_a{}^*$ は 2^n 次元スピノル表現 ρ_n，$\rho_n{}^*$ のスピノルである．前節で述べたように，$\mathrm{Spin}(2n+1)$ のスピノル表現は実または擬実であるから，$\rho_n{}^*$ は ρ_n と相似変換で結ばれており同等であるが，ここでは便宜上区別して考える．変換 $S(O)$ のもとで γ_i は式 (6.75) のように変換する．ここで $(\gamma_i)_{ab}$ の添字 a はスピノル表現 ρ_n のように変換し，b は $\rho_n{}^*$ のように変換することを意味するから γ_i は $\rho_n\otimes\rho_n{}^*$ の行列である．こうして一般に式 (6.81) の $\gamma_{j_1\cdots j_r}$ は $\rho_n\otimes\rho_n{}^*$ の独立な基底であることがわかる．したがって $\rho_n\otimes\rho_n{}^*$ に属する $2^n\times 2^n$ 行列 X は，次のように展開することができる．

$$X=1+\sum_{j_1=1}^{2n}c_{j_1}\gamma_{j_1}+\sum_{j_1,j_2}^{2n}c_{j_1j_2}\gamma_{j_1j_2}+\cdots\cdot+\sum_{j_1,\cdots,j_{2n}}^{2n}c_{j_1\cdots j_{2n}}\gamma_{j_1\cdots j_{2n}} \tag{6.86}$$

あるいは，

$$\begin{aligned}\sum_{a,b}\psi_a{}^*\psi_bX_{ab}&=\psi^\dagger X\psi\\&=\psi^\dagger\psi+\sum_{j_1=1}^{2n}c_{j_1}\psi^\dagger\gamma_{j_1}\psi+\sum_{j_1,j_2}^{2n}c_{j_1j_2}\psi^\dagger\gamma_{j_1j_2}\psi+\cdots\cdot\\&\quad+\sum_{j_1,\cdots,j_{2n}}^{2n}c_{j_1\cdots j_{2n}}\psi^\dagger\gamma_{j_1\cdots j_{2n}}\psi\end{aligned} \tag{6.87}$$

ここで，和は $1\leqq j_1<\cdots\cdot<j_{2n}\leqq 2n$ であるような j_r についてとるものとする．ところで式 (6.84) により $\gamma_{1\cdots 2n}=i^n\gamma_{2n+1}$ であるから式 (6.86)，(6.87) における和は $1\leqq j_1<\cdots\cdot<j_n\leqq 2n+1$ のように書き換えることができる．例えば式 (6.86) は，

$$X=1+\sum_{j_1=1}^{2n+1}c_{j_1}\gamma_{j_1}+\cdots\cdot+\sum_{j_1,\cdots,j_n}^{2n+1}c_{j_1\cdots j_n}\gamma_{j_1\cdots j_n} \tag{6.88}$$

となる．$\gamma_{j_1\cdots j_r}$ は $\mathrm{SO}(2n+1)$ の変換のもとで r 階の反対称テンソルである．したがって二つのスピノル表現の直積 $\rho_n\otimes\rho_n{}^*$ はスカラー (1)，ベクトル (γ_j)，2 階反対称テンソル $(\gamma_{j_1j_2})$，$\cdots\cdot$，n 階反対称テンソル $(\gamma_{j_1\cdots j_n})$ の既約表現に分解できることがわかる．既約表現の次元の和はもとの直積表現の次元 2^{2n} に等しいはずである．実際，r 階反対称テンソル表現の次元は C_{2n+1}^r であるから，

$$\sum_{r=0}^{n} C_{2n+1}^{r} = \frac{1}{2}\sum_{r=0}^{2n+1} C_{2n+1}^{r} = 2^{2n}$$

である．

Spin $(2n)$ の場合，クリフォード代数の定義されている 2^n 次元空間ではスピノル表現が既約ではないので，既約の部分空間への**射影演算子**,

$$P_{\pm} = \frac{1}{2}(1 \pm \gamma_{2n+1}) \tag{6.89}$$

を導入する．2^n 次元スピノル ψ に対して，

$$\psi_{\pm} = P_{\pm}\psi \tag{6.90}$$

とすると，ψ_{+} は ρ_n のスピノルであり，ψ_{-} は ρ_{n-1} のスピノルである．したがって Spin (2n+1) のスピノル表現 $\rho_n(\mathrm{Spin}(2n+1))$ は Spin $(2n)$ のスピノル表現 $\rho_n(\mathrm{Spin}(2n))$ と $\rho_{n-1}(\mathrm{Spin}(2n))$ に分解される．

$$\rho_n(\mathrm{Spin}(2n+1)) = \rho_n(\mathrm{Spin}(2\mathrm{n})) \oplus \rho_{n-1}(\mathrm{Spin}(2n))$$

また Spin $(2n)$ の可約な 2^n 次元スピノル表現の直積より次の 4 通りの既約表現の直積が得られる．

$$P_{+}XP_{+} \in \rho_n \otimes \rho_n^{*} \tag{6.91}$$

$$P_{-}XP_{-} \in \rho_{n-1} \otimes \rho_{n-1}^{*} \tag{6.92}$$

$$P_{+}XP_{-} \in \rho_n \otimes \rho_{n-1}^{*} \tag{6.93}$$

$$P_{-}XP_{+} \in \rho_{n-1} \otimes \rho_n^{*} \tag{6.94}$$

ここで $2^n \times 2^n$ 行列 X は式 (6.86) のように γ 行列によって書かれている．ところで γ_{2n+1} は他のすべての γ_i と反可換であるから，r が偶数なら，

$$P_{\pm}\gamma_{j_1\cdots j_r}P_{\pm} = \gamma_{j_1\cdots j_r}, \qquad P_{\pm}\gamma_{j_1\cdots j_r}P_{\mp} = 0$$

である．r が奇数のときは逆の関係が得られる．したがって式 (6.91), (6.92) は偶数階の反対称テンソル表現，式 (6.93), (6.94) は奇数階の反対称テンソル表現であることがわかる．さらに $\gamma_{2n+1} = (-i)^n \gamma_1 \cdots \gamma_{2n} = \pm 1$ であることから，

$$\{\gamma_{j_1\cdots j_r}\} \sim \{\gamma_{i_1\cdots i_{2n-r}}\}$$

すなわち r 階の反対称テンソルは $2n-r$ 階の反対称テンソルと同等である．これより式 (6.86) の展開は n 階までの反対称テンソルによって書くことができる．実際に，例えば，

$$
\begin{aligned}
P_+\gamma_1\cdots\cdots\gamma_r P_+ &= P_+\gamma_{2n+1}\gamma_1\cdots\cdots\gamma_r P_+ \\
&= (-i)^n P_+\gamma_1\gamma_2\cdots\cdots\gamma_{2n}\gamma_1\cdots\cdots\gamma_r P_+ \\
&= (-i)^n(-1)^{r(r+1)/2} P_+\gamma_{r+1}\cdots\cdots\gamma_{2n} P_+ \qquad (6.95)
\end{aligned}
$$

のような関係によって r 階の反対称テンソルは $2n-r$ 階の反対称テンソルに帰着するのである．特に $r=n$ のときは式 (6.95) により n 階の反対称テンソルの成分はすべてが独立というわけではなく，その独立な成分の数は $C^n_{2n}/2$ であることがわかる．

前節で述べたように，Spin(2n) で $n=2m$ のときスピノル表現は実または擬実であるから $\rho_n^*=\rho_n$，$\rho_{n-1}^*=\rho_{n-1}$ である．また $n=2m+1$ のときは複素表現で，$\rho_n^*=\rho_{n-1}$ である．r 階の反対称テンソル表現を $[r]$ で表すことにすると，二つのスピノル表現の直積の既約表現への分解は以下のようになる．

$$
\mathrm{Spin}(4m):\ \rho_{2m}\otimes\rho_{2m}=\sum_{r=0}^{m}[2r]
$$

$$
\rho_{2m-1}\otimes\rho_{2m-1}=\sum_{r=0}^{m}[2r]
$$

$$
\rho_{2m}\otimes\rho_{2m-1}=\sum_{r=0}^{m-1}[2r+1]
$$

$$
\mathrm{Spin}(4m+2):\ \rho_{2m+1}\otimes\rho_{2m+1}=\sum_{r=0}^{m}[2r+1]
$$

$$
\rho_{2m}\otimes\rho_{2m}=\sum_{r=0}^{m}[2r+1]
$$

$$
\rho_{2m}\otimes\rho_{2m+1}=\sum_{r=0}^{m}[2r]
$$

Spin(2n+1) のスピノル表現は実または擬実であるから $\rho_n^*=\rho_n$ で，

$$
\mathrm{Spin}(2n+1):\ \rho_n\otimes\rho_n=\sum_{r=0}^{n}[r]
$$

となる．

問　　題

6.11　$2^n\times 2^n$ γ 行列に関する次の公式を証明せよ．

（i）　$\mathrm{Tr}[\gamma_{j_1}\gamma_{j_2}\cdots\cdots\gamma_{j_{2r-1}}]=0 \qquad (r=1,2,\cdots\cdots,n)$

（ii）　$\mathrm{Tr}[\gamma_{j_1}\gamma_{j_2}\cdots\cdots\gamma_{j_{2r}}]=2^n\sum_P\varepsilon_P[\delta_{j_{k_1}j_{k_2}}\cdots\cdots\delta_{j_{k_{2r-1}}j_{k_{2r}}}]$

ここで P は置換,

$$P=\begin{pmatrix} 1 & 2 & \cdots\cdot & 2r \\ k_1 & k_2 & \cdots\cdot & k_{2r} \end{pmatrix}$$

を表し，P が偶置換のとき $\varepsilon_P=1$，奇置換のとき $\varepsilon_P=-1$ である．

(iii)　クリフォード代数のすべての独立な基底は,

$$\begin{cases} \gamma_{j_1 j_2 \cdots\cdot j_r} & (r=1, 2, \cdots\cdot, n) \\ \gamma_{j_1 j_2 \cdots\cdot j_r}\gamma_{2n+1} & (r=0, 1, \cdots\cdot, n-1) \end{cases}$$

によって得られる．ただし $r=0$ のとき，$\gamma_{j_1 j_2 \cdots\cdot j_r}=1$ とする．

6.12　γ 行列を用いて,

$$A_i=\frac{1}{2}(\gamma_{2i-1}-i\gamma_{2i}) \qquad (i=1, \cdots\cdot, n)$$

を定義する．このとき次のことがらを証明せよ．

(i)　$\{A_i, A_j\}=\{A_i^\dagger, A_j^\dagger\}=0, \qquad \{A_i, A_j^\dagger\}=\delta_{ij}$

(ii)　$(T_a)_{ij}$ をトレースが 0 であるような $n\times n$ エルミート行列とすると,

$$T_a=\sum_{i,j}A_i^\dagger(T_a)_{ij}A_j$$

は $\mathrm{SU}(n)$ の生成子である．

6.5　テンソル演算子とウィグナー-エッカートの定理

6.2 節では物理系を回転したとき波動関数に対する変換の演算子は式 (6.14) で与えられることを述べた．$\boldsymbol{L}/\hbar$ は軌道角運動量演算子である．系がスピン角運動量の自由度をもつ場合には回転の生成演算子はスピン角運動量演算子も含めた全角運動量演算子 $\boldsymbol{J}/\hbar$ になる．したがって最も一般的な回転の演算子は,

$$U(\boldsymbol{\theta})=\exp\left(-\frac{i}{\hbar}\boldsymbol{\theta}\cdot\boldsymbol{J}\right) \tag{6.96}$$

となる．波動関数 ψ に演算子 O による変換を施したとき，変換後の波動関数は,

$$\psi' = O\psi$$

である．この関係を回転系で見ると，

$$U(\boldsymbol{\theta})\psi' = U(\boldsymbol{\theta})OU(\boldsymbol{\theta})^{-1}U(\boldsymbol{\theta})\psi$$

であるから，回転後の演算子 O' は，

$$O' = U(\boldsymbol{\theta})OU(\boldsymbol{\theta})^{-1} \tag{6.97}$$

で与えられる．特に微小回転の場合には，

$$O' \simeq O - \frac{i}{\hbar}[\boldsymbol{\theta}\cdot\boldsymbol{J}, O] \tag{6.98}$$

である．

空間回転のもとで不変であるような物理量をスカラーという．質量とかエネルギーはスカラーの例である．同様に空間回転に対して不変な演算子 S を**スカラー演算子**という．ハミルトニアンはスカラー演算子の例である．式 (6.98) において $O=S$ とおけば，$S'=S$ だから，

$$[\boldsymbol{J}, S] = 0 \tag{6.99}$$

が得られる．すなわち全角運動量演算子と可換であるような演算子がスカラー演算子である．そこで全角運動量演算子の固有状態を $|j, j_z\,;\alpha\rangle$ で表すことにする．α は角運動量以外の量子状態を表している．このとき $S|j, j_z\,;\alpha\rangle$ の角運動量状態は，S が $\boldsymbol{J}$ と可換であることから $|j, j_z\,;\alpha\rangle$ と同じである．したがって固有ベクトルの直交性より，

$$\langle j', j_z'\,;\alpha|S|j, j_z\,;\beta\rangle = \delta_{jj'}\delta_{j_zj_z'}\langle j, j_z\,;\alpha|S|j, j_z\,;\beta\rangle \tag{6.100}$$

ところで式 (6.26b) を使うことにより，

$$\begin{aligned}
&\langle j, j_z\,;\alpha|S|j, j_z\,;\beta\rangle \\
&\quad = [\hbar^2(j+j_z)(j-j_z+1)/2]^{-1/2}\langle j, j_z\,;\alpha|SJ_+|j, j_z-1\,;\beta\rangle \\
&\quad = [\hbar^2(j+j_z)(j-j_z+1)/2]^{-1/2}\langle j, j_z\,;\alpha|J_+S|j, j_z-1\,;\beta\rangle \\
&\quad = \langle j, j_z-1\,;\alpha|S|j, j_z-1\,;\beta\rangle
\end{aligned}$$

であるから，$\langle j, j_z\,;\alpha|S|j, j_z\,;\beta\rangle$ は j_z には依存せず j，α，β のみによることがわかる．これを，

$$\langle j, j_z\,;\alpha|S|j, j_z\,;\beta\rangle = \langle j, \alpha\|S\|j, \beta\rangle \tag{6.101}$$

と表すことにすると，行列要素 (6.100) は，

$$\langle j', j_z'\,;\alpha|S|j, j_z\,;\beta\rangle = \delta_{jj'}\delta_{j_zj_z'}\langle j, \alpha\|S\|j, \beta\rangle \tag{6.102}$$

と書くことができる．式 (6.101) で定義される量をスカラー演算子 S の**簡約行列要素**（reduced matrix element）という．

空間回転のもとで式 (6.12) のように変換をするものをベクトルという．同様に微小回転のもとで，

$$\boldsymbol{V}' \simeq \boldsymbol{V} - \delta\boldsymbol{\theta} \times \boldsymbol{V} \tag{6.103}$$

と変換する演算子を**ベクトル演算子**という．運動量，角運動量，双極子モーメントの演算子などはベクトル演算子の例である．式 (6.98) と比べることにより，

$$[\delta\boldsymbol{\theta}\cdot\boldsymbol{J}, \boldsymbol{V}] = -i\hbar\delta\boldsymbol{\theta} \times \boldsymbol{V} \tag{6.104}$$

を得る．両辺の $\delta\boldsymbol{\theta}$ の各成分を比べることによりベクトル演算子は次の交換関係に従うことがわかる．

$$[J_i, V_j] = i\hbar \sum_k \varepsilon_{ijk} V_k \tag{6.105}$$

また $J_\pm = (J_x \pm iJ_y)/\sqrt{2}$，$V_1 = -(V_x + iV_y)/\sqrt{2}$，$V_0 = V_z$，$V_{-1} = (V_x - iV_y)/\sqrt{2}$ と定義すると，式 (6.105) は次のように書き直すことができる．

$$\begin{aligned} &[J_\pm, V_q] = [(1\mp q)(2\pm q)/2]^{1/2} \hbar V_{q\pm1} \\ &[J_z, V_q] = q\hbar V_q \qquad (q = 1, 0, -1) \end{aligned} \tag{6.106}$$

右辺の係数は式 (6.26) を用いて，

$$\langle j=1, j_z=q\pm1 | J_\pm | j=1, j_z=q \rangle = [(1\mp q)(2\pm q)/2]^{1/2}\hbar$$
$$\langle j=1, j_z=q | J_z | j=1, j_z=q \rangle = q\hbar$$

と書くことができるから，式 (6.106) は次の形に表せることがわかる．

$$[J_i, V_q] = \sum_{m=-1}^{1} \langle j=1, j_z=m | J_i | j=1, j_z=q \rangle V_m \tag{6.107}$$

$\langle j=1, j_z=m | J_i | j=1, j_z=q \rangle$ は角運動量演算子 J_i の，最高ウエイトが $j=1$ の既約表現の表現行列である．あるいはベクトル演算子とは式 (6.107) の変換性をもつ演算子であると定義することもできる．

一般に全角運動量演算子 J_i との交換関係が，

$$[J_i, T_q^{(k)}] = \sum_{m=-k}^{k} \langle j=k, j_z=m | J_i | j=k, j_z=q \rangle T_m^{(k)} \tag{6.108}$$

$q = -k, -k+1, \cdots, k$ であるような演算子を k 階の**既約テンソル演算子**という．有限の空間回転に対しては式 (6.108) より，

$$U(\boldsymbol{\theta})T_q^{(k)}U(\boldsymbol{\theta})^{-1}$$
$$=\sum_{m=-k}^{k}\langle j=k, j_z=m|\exp\left(-\frac{i}{\hbar}\boldsymbol{\theta}\cdot\boldsymbol{J}\right)|j=k, j_z=q\rangle T_m{}^{(k)} \tag{6.109}$$

が得られる．ここで，

$$D^{(k)}(\boldsymbol{\theta})=\langle j=k, j_z=m|\exp\left(-\frac{i}{h}\boldsymbol{\theta}\cdot\boldsymbol{J}\right)|j=k, j_z=q\rangle \tag{6.110}$$

は最高ウエイトが $j=k$ の SU(2) の既約表現 $D^{(k)}$ の表現行列である．このことから $T_q^{(k)}$ は SU(2) の $2k+1$ 次元既約表現 $D^{(k)}$ の変換性をもっていることがわかる．したがって二つの既約テンソル演算子 $S_r^{(p)}$，$T_q^{(k)}$ の直積 $S_r^{(p)}T_q^{(k)}$ は直積表現 $D^{(p)}\otimes D^{(k)}$ の変換性に従う．直積表現は一般に既約ではないので，これを既約表現の直和に分解できる．したがって $S_r^{(p)}T_q^{(k)}$ は式 (5.20) によりクレブシュ-ゴルダン係数を用いて，

$$S_r{}^{(p)}T_q{}^{(k)}=\sum_{s=|p-k|}^{p+k}\langle r+q\,;\,s|r, p\,;\,q, k\rangle U_{r+q}{}^{(s)} \tag{6.111}$$

のように既約テンソル $U_t{}^{(s)}$ の 1 次結合で表すことができる．

角運動量の固有状態 $|j, j_z\,;\,\alpha\rangle$ は既約表現 $D^{(j)}$ の基底であるから，これに既約テンソル $T_q{}^{(k)}$ を掛けたもの $T_q{}^{(k)}|j, j_z\,;\,\alpha\rangle$ は $D^{(k)}\otimes D^{(j)}$ の基底として変換する．この場合もクレブシュ-ゴルダン係数を用いて既約表現の直和に分解できるから，

$$T_q{}^{(k)}|j, j_z\,;\,\beta\rangle=\sum_{j'=|j-k|}^{j+k}\langle q+j_z\,;\,j'|q, k\,;\,j_z, j\rangle|j', q+j_z\,;\,\beta\rangle \tag{6.112}$$

のように角運動量の固有状態で展開できる．そこで既約テンソルの行列要素，

$$\langle J, J_z\,;\,\alpha|T_q{}^{(k)}|j, j_z\,;\,\beta\rangle$$
$$=\sum_{j'=|j-k|}^{j+k}\langle q+j_z\,;\,j'|q, k\,;\,j_z, j\rangle\langle J, J_z\,;\,\alpha|j', q+j_z\,;\,\beta\rangle \tag{6.113}$$

を考える．角運動量の固有ベクトルの直交性より，

$$\langle J, J_z\,;\,\alpha|j', q+j_z\,;\,\beta\rangle=\delta_{Jj'}\delta_{J_z q+j_z}\langle J, J_z\,;\,\alpha|J, J_z\,;\,\beta\rangle$$

ところが，

$$\langle J, J_z\,;\,\alpha|J, J_z\,;\,\beta\rangle$$
$$=[\hbar^2(J+J_z)(J-J_z+1)/2]^{-1/2}\langle J, J_z\,;\,\alpha|J_+|J, J_z-1\,;\,\beta\rangle$$
$$=\langle J, J_z-1\,;\,\alpha|J, J_z-1\,;\,\beta\rangle$$

のような関係があるから，行列要素 $\langle J, J_z ; \alpha | J, J_z ; \beta \rangle$ は J_z によらないことがわかる．したがって，

$$\langle J, J_z ; \alpha | T_q^{(k)} | j, j_z ; \beta \rangle / \langle J_z, J | q, k ; j_z, j \rangle$$

は j_z，J_z，q に依存しないから，これを $\langle J, \alpha \| T^{(k)} \| j, \beta \rangle$ と書くことにし，既約テンソル $T_q^{(k)}$ の簡約行列要素とよぶ．式 (6.113) は，

$$\langle J, J_z ; \alpha | T_q^{(k)} | j, j_z ; \beta \rangle = \langle J_z, J | q, k ; j_z, j \rangle \langle J, \alpha \| T^{(k)} \| j, \beta \rangle \qquad (6.114)$$

となる．このように既約テンソルの角運動量状態に関する行列要素のうち磁気量子数に関係する幾何学的因子はクレブシュ-ゴルダン係数 $\langle J_z, J | q, k ; j_z, j \rangle$ に分離され，行列要素の物理的性質は $\langle J, \alpha \| T^{(k)} \| j, \beta \rangle$ に含まれることがわかる．いったんこの値が求められれば $(2j+1)(2k+1)(2J+1)$ 個の行列要素はクレブシュ-ゴルダン係数によってすべて決定されるのである．式 (6.114) を**ウィグナー-エッカート（Wigner-Eckart）の定理**という．

例 6.2　位置演算子 $\boldsymbol{r}$ は階数 1 の既約テンソル（ベクトル）演算子である．式 (6.106) を導いたのと同様にして $T_1^{(1)} = -(x+iy)/\sqrt{2}$，$T_0^{(1)} = z$，$T_{-1}^{(1)} = (x-iy)/\sqrt{2}$ であることがわかる．いま，行列要素 $\langle j=1, j_z=1 ; \alpha | z | j=1, j_z=1 ; \beta \rangle = a$ が与えられたものとして，他の行列要素を求めてみよう．式 (6.114) により，

$$\begin{aligned}\langle j=1, j_z=1 ; \alpha | z | j=1, j_z=1 ; \beta \rangle &= \langle 1, 1 | 0, 1 ; 1, 1 \rangle \langle 1, \alpha \| T^{(1)} \| 1, \beta \rangle \\ &= a\end{aligned}$$

だから，表 5.1 のクレブシュ-ゴルダン表を参照して，

$$\langle 1, \alpha \| T^{(1)} \| 1, \beta \rangle = -\sqrt{2} a$$

であることがわかる．そこで例えば $\langle j=1, j_z=1 ; \alpha | x | j=1, j_z=0 ; \beta \rangle$ を求めると，

$$\begin{aligned}&\langle j=1, j_z=1 ; \alpha | x | j=1, j_z=0 ; \beta \rangle \\ &\quad = \langle j=1, j_z=1 ; \alpha | (T_{-1}^{(1)} - T_1^{(1)})/\sqrt{2} \, | j=1, j_z=0 ; \beta \rangle \\ &\quad = \frac{1}{\sqrt{2}} \{ \langle 1, 1 | -1, 1 ; 0, 1 \rangle - \langle 1, 1 | 1, 1 ; 0, 1 \rangle \} \langle 1, \alpha \| T^{(1)} \| 1, \beta \rangle \\ &\quad = \frac{1}{\sqrt{2}} a\end{aligned}$$

となる．他の行列要素についても同様にして計算できる．

例 6.3　二つの位置演算子 $\boldsymbol{r}$ の直積をつくることにより，2 階の既約テンソルを求めてみよう．最高ウエイトおよび最低ウエイトのテンソル成分はただちにつくれる．

$$T_2^{(2)}=T_1^{(1)}T_1^{(1)}=(x+iy)^2/2$$
$$T_{-2}^{(2)}=T_{-1}^{(1)}T_{-1}^{(1)}=(x-iy)^2/2$$

その他の成分をクレブシュ-ゴルダン係数を用いて求めると次のようになる．

$$\begin{aligned}T_1^{(2)}&=\langle 1,1\,;0,1|1,2\rangle T_1^{(1)}T_0^{(1)}+\langle 0,1\,;1,1|1,2\rangle T_0^{(1)}T_1^{(1)}\\&=-(x+iy)z\end{aligned}$$
$$\begin{aligned}T_{-1}^{(2)}&=\langle -1,1\,;0,1|-1,2\rangle T_{-1}^{(1)}T_0^{(1)}+\langle 0,1\,;-1,1|-1,2\rangle T_0^{(1)}T_{-1}^{(1)}\\&=(x-iy)z\end{aligned}$$
$$\begin{aligned}T_0^{(2)}&=\langle 1,1\,;-1,1|0,2\rangle T_1^{(1)}T_{-1}^{(1)}+\langle -1,1\,;1,1|0,2\rangle T_{-1}^{(1)}T_1^{(1)}\\&\qquad+\langle 0,1\,;0,1|0,2\rangle T_0^{(1)}T_0^{(1)}\\&=-\frac{1}{\sqrt{6}}(x^2+y^2-2z^2)\end{aligned}$$

これを用いて電気 4 重極モーメント，

$$Q_{ij}=e\left(x_ix_j-\frac{1}{3}r^2\delta_{ij}\right)$$

を 2 階の既約テンソルで表すと次のようになる．

$$Q_{xx}=\frac{e}{2}\left[T_2^{(2)}+T_{-2}^{(2)}-\sqrt{\frac{2}{3}}\,T_0^{(2)}\right]$$
$$Q_{yy}=-\frac{e}{2}\left[T_2^{(2)}+T_{-2}^{(2)}+\sqrt{\frac{2}{3}}\,T_0^{(2)}\right]$$
$$Q_{zz}=e\sqrt{\frac{2}{3}}\,T_0^{(2)}$$
$$Q_{xy}=-\frac{i}{2}e[T_2^{(2)}-T_{-2}^{(2)}]$$
$$Q_{yz}=\frac{i}{2}e[T_1^{(2)}+T_{-1}^{(2)}]$$
$$Q_{zx}=-\frac{e}{2}[T_1^{(2)}-T_{-1}^{(2)}]$$

この表示を用いて電気4重極モーメントの行列要素を計算することができる．

問 題

6.13 電気4重極モーメントの行列要素，

$$\langle j=5/2, j_z=1/2\,;\alpha|Q_{zz}|j=3/2, j_z=1/2\,;\beta\rangle=a$$

が与えられたとき，$\langle j=5/2, j_z=3/2\,;\alpha|Q_{zz}|j=3/2, j_z=3/2\,;\beta\rangle$ を求めよ．

6.6 水素原子の隠れた対称性

2.5節でハミルトニアンの対称性とエネルギー準位の縮退とは互いに関連していることを述べた．例2.4で取り上げた水素原子のエネルギー準位は式(2.44)で与えられるように主量子数 n のみによって決まり，軌道角運動量量子数 l および磁気量子数 m の両方について縮退している．このうち m に関する縮退はハミルトニアンが空間回転に関して対称であることにその起源があることを例2.4で述べた．磁場中に置かれた水素原子では空間回転に関する対称性が失われるために，エネルギー準位の m に関する縮退は解けて，エネルギー固有値は n と m に依存するようになる．これが**ゼーマン（Zeeman）効果**である．エネルギー固有値にさらに l に関する縮退があることは，われわれのまだ知らないなんらかの対称性が隠されていることを示唆している．以下に示すようにこの対称性はクーロン・ポテンシャルが $1/r$ に比例することから生じる．これは空間回転のような幾何学的な対称性ではなく，力の法則にその起源があるので，**力学的対称性**（dynamical symmetry）とよばれる．

水素原子のハミルトニアン，

$$H=\frac{\boldsymbol{p}^2}{2m_\mathrm{e}}-\frac{e^2}{4\pi\varepsilon_0}\frac{1}{r} \tag{6.115}$$

は空間回転に関して不変であるから，空間回転の生成子である軌道角運動量演算子 $L_i(i=1,2,3)$ は H と可換である．ハミルトニアンを不変にする未知の変換があるとすると，ハミルトニアンと可換な生成子があるはずである．そのような生成子として次のような演算子を考える．

$$B_i = \frac{1}{2m_{\mathrm{e}}}\sum_{j,k}\varepsilon_{ijk}(L_j p_k - p_j L_k) + \frac{\kappa}{r}x_i \tag{6.116}$$

ただし $\kappa = e^2/4\pi\varepsilon_0 = \hbar c\alpha$，$\alpha$ は微細構造定数である．ベクトルの記法で表せば，次のように書ける．

$$\boldsymbol{B} = \frac{1}{2m_{\mathrm{e}}}(\boldsymbol{L}\times\boldsymbol{p} - \boldsymbol{p}\times\boldsymbol{L}) + \frac{\kappa}{r}\boldsymbol{r}$$

実際に演算子 B_i が H と可換であることを示すことができる．具体的な計算には次の公式を使うとよい．

$$\begin{aligned}
&[x_i, p_j] = i\hbar\delta_{ij}\\
&[L_i, x_j] = i\hbar\sum_k \varepsilon_{ijk}x_k\\
&[L_i, p_j] = i\hbar\sum_k \varepsilon_{ijk}p_k\\
&[L_i, L_j] = i\hbar\sum_k \varepsilon_{ijk}L_k\\
&\left[L_i, \frac{1}{r}\right] = i\hbar\frac{x_i}{r^3}
\end{aligned} \tag{6.117}$$

また完全反対称テンソル ε_{ijk} に関して次の公式が成り立つ．

$$\sum_{k=1}^{3}\varepsilon_{ijk}\varepsilon_{mnk} = \delta_{im}\delta_{jn} - \delta_{in}\delta_{jm} \tag{6.118}$$

これらを用いて次の交換関係を導くことができる．

$$\left[\frac{1}{r}, B_i\right] = \frac{-i\hbar}{2m_{\mathrm{e}}}\left[\left(p_i\frac{1}{r} + \frac{1}{r}p_i\right) - \frac{1}{r^3}\sum_{k=1}^{3}(p_k x_i x_k - x_i x_k p_k)\right]$$

$$[p^2, B_i] = -i\hbar\left[\left(p_i\frac{1}{r} + \frac{1}{r}p_i\right) - \frac{1}{r^3}\sum_{k=1}^{3}(p_k x_i x_k - x_i x_k p_k)\right]$$

これからハミルトニアンとの交換関係を計算することは容易にできて，

$$[H, B_i] = 0$$

がいえる．ベクトル $\boldsymbol{B}$ をランゲ-レンツ（Runge-Lenz）ベクトルという．

こうして B_i を生成子とする変換は H を不変にすることがわかった．それでは B_i によって生成される変換はどのような群をつくるだろうか．これを調べるために演算子 B_i どうしや B_i と L_i との交換関係を求める．式 (6.117) を繰り返し使って次の結果を得る．

$$[B_i, B_j] = -\frac{2i\hbar}{m_e}\sum_k \varepsilon_{ijk} L_k H \tag{6.119}$$

$$[L_i, B_j] = -i\hbar\sum_k \varepsilon_{ijk} B_k \tag{6.120}$$

ハミルトニアン H は L_i および B_i と可換であるから，特定のエネルギー状態を考えることにすると H をエネルギー固有値 E でおき換えることができる．そこで式 (6.119) の交換関係を見やすい形にするために，

$$A_i = \left(-\frac{m_e}{2E}\right)^{1/2} B_i \tag{6.121}$$

と定義する．水素原子のエネルギー固有値 E は負であることに注意しよう．こうして L_i および A_i のあいだに次の交換関係が得られる．

$$\begin{aligned} [L_i, L_j] &= i\hbar\sum_k \varepsilon_{ijk} L_k \\ [L_i, A_j] &= i\hbar\sum_k \varepsilon_{ijk} A_k \\ [A_i, A_j] &= i\hbar\sum_k \varepsilon_{ijk} L_k \end{aligned} \tag{6.122}$$

この交換関係を見てわかるように，$\{L_1, L_2, L_3\}$ はリー代数として閉じているが，$\{A_1, A_2, A_3\}$ は閉じていない．ところが，

$$M_i = \frac{1}{2}(L_i + A_i), \qquad N_i = \frac{1}{2}(L_i - A_i) \tag{6.123}$$

によって定義される M_i, N_i を用いて式 (6.122) を書き直すと次のようになる．

$$\begin{aligned} [M_i, M_j] &= i\hbar\sum_k \varepsilon_{ijk} M_k \\ [N_i, N_j] &= i\hbar\sum_k \varepsilon_{ijk} N_k \\ [M_i, N_j] &= 0 \end{aligned} \tag{6.124}$$

今度は $\{M_1, M_2, M_3\}$ も $\{N_1, N_2, N_3\}$ もリー代数として閉じている．実際，$M_i/\hbar$ は式 (5.4) と同じ SU(2) のリー代数を満たしている．$N_i/\hbar$ についても同様である．したがって式 (6.124) は二つの SU(2) のリー代数の直和であり，水素原子のハミルトニアンは，特定のエネルギー固有値の状態の中で SU(2)⊗SU(2) の変換に対して不変である．SU(2)⊗SU(2) は SO(4) に局所同型であり，空間の回転群 SO(3) はその部分群になっている．この事情は次のような表示をとると明らかである．

$$L_{12}=L_3/\hbar, \qquad L_{23}=L_1/\hbar, \qquad L_{31}=L_2/\hbar$$
$$L_{41}=A_1/\hbar, \qquad L_{42}=A_2/\hbar, \qquad L_{43}=A_3/\hbar$$

また $L_{ij}=-L_{ji}$ とする．このように定義した L_{ij} を用いて式 (6.122) の交換関係を SO(4) の交換関係 (6.31) に書き換えることができるのである．

さて式 (6.124) の交換関係は角運動量演算子の交換関係と同じであるから，6.2 節で述べた結果を用いると，固有状態は $\boldsymbol{M}^2$ および M_3，$\boldsymbol{N}^2$ および N_3 の固有値によって決まる．

$$\begin{aligned} &\boldsymbol{M}^2=a(a+1)\hbar^2 && \left(a=0, \frac{1}{2}, 1, \frac{3}{2}, \cdots\cdots\right) \\ &M_3=\mu\hbar && (\mu=-a, -a+1, \cdots\cdots, a) \\ &\boldsymbol{N}^2=b(b+1)\hbar^2 && \left(b=0, \frac{1}{2}, 1, \frac{3}{2}, \cdots\cdots\right) \\ &N_3=\nu\hbar && (\nu=-b, -b+1, \cdots\cdots, b) \end{aligned} \tag{6.125}$$

ところで，式 (6.116) で定義された B_i は，

$$\boldsymbol{B}\cdot\boldsymbol{L}=\boldsymbol{L}\cdot\boldsymbol{B}=0$$

を満たしているのが容易に示せるから，

$$\boldsymbol{M}^2=\boldsymbol{N}^2=\frac{1}{4}(\boldsymbol{L}^2+\boldsymbol{A}^2) \tag{6.126}$$

である．このことから固有状態の量子数は $a=b$ でなければならない．また，

$$\begin{aligned} \boldsymbol{A}^2&=-\frac{m_e}{2E}\boldsymbol{B}^2 \\ &=-(\boldsymbol{L}^2+\hbar^2)-\frac{m_e\kappa^2}{2E} \end{aligned} \tag{6.127}$$

であることが示せるので，

$$\frac{1}{4}(\boldsymbol{L}^2+\boldsymbol{A}^2)=-\frac{1}{4}\left(\hbar^2+\frac{m_e\kappa^2}{2E}\right)=a(a+1)\hbar^2$$

これよりエネルギー固有値が，

$$E=-\frac{m_e\kappa^2}{2\hbar^2(2a+1)^2} \tag{6.128}$$

と定まる．ここで $2a+1=n$ とおけば，$a=0, 1/2, 1, \cdots\cdots$ であるから $n=1, 2, \cdots\cdots$ となり，これが主量子数である．このように主量子数を決める a は

SU(2)⊗SU(2) の既約表現の最高ウエイトであり，表現の次元は $(2a+1)^2=n^2$ である．

軌道角運動量量子数との関係は式 (6.123) より，

$$L_i=M_i+N_i$$

であるから $\boldsymbol{L}$ は二つの“角運動量” $\boldsymbol{M}$ と $\boldsymbol{N}$ を合成したものである．したがって l のとりうる値は $|a-b|\leqq l\leqq a+b$ であり，$a=b$ であるから，$l=0,1,\cdots,n-1$ となる．

7 その他のコンパクト群の表現

7.1 ユニタリ・シンプレクティック群

3.1 節で述べたように，ユニタリ・シンプレクティック群 Sp (n) は，式 (3.11) を満たす $2n\times 2n$ ユニタリ行列全体のつくる群である．またそのリー代数は式 (3.32) より，

$$X^{\mathrm{T}}J+JX=0, \qquad J=\begin{pmatrix} 0 & \mathbf{1} \\ -\mathbf{1} & 0 \end{pmatrix} \tag{7.1}$$

を満たす $2n$ 次のエルミート行列 X の全体である．ここで $\mathbf{1}$ は n 次の単位行列である．このような条件を満足する X は一般に次の形をした行列である．

$$X=\begin{pmatrix} A_1 & A_2 \\ A_3 & -A_1{}^{\mathrm{T}} \end{pmatrix} \tag{7.2}$$

ただし $A_i (i=1,2,3)$ は，$A_1{}^{\dagger}=A_1$，$A_2{}^{\mathrm{T}}=A_2$，$A_3=A_2{}^{\dagger}$ を満たすものである．そこでカルタンの標準形に対応したリー代数の基底として次のように選ぶことができる．

$$X^{(1)}{}_{jk}=\begin{array}{r} \\ j> \\ k+n> \end{array}\!\!\begin{array}{c} \begin{array}{cc} \overset{k}{\vee} & \overset{j+n}{\vee} \end{array} \\ \left(\begin{array}{c:c} 1 & 0 \\ \hdashline 0 & -1 \end{array}\right) \end{array} \tag{7.3}$$

$$X^{(2)}{}_{jk}=\begin{array}{r} \\ j> \\ k> \\ \\ \end{array}\!\!\begin{array}{c} \begin{array}{cc} \overset{j+n}{\vee} & \overset{k+n}{\vee} \end{array} \\ \left(\begin{array}{c:cc} & & 1 \\ 0 & 1 & \\ \hdashline 0 & & 0 \end{array}\right) \end{array} \qquad (j\leqq k) \tag{7.4}$$

$$X^{(3)}{}_{jk}=\begin{array}{r}\\ \\ j+n>\\ k+n>\end{array}\!\!\begin{array}{c}\overset{j\ \ k}{\vee\ \vee}\qquad\qquad\\ \left(\begin{array}{c:c}0 & 0\\ \hdashline \quad 1 & \\ 1\quad & 0\end{array}\right)\end{array}\qquad (j\leqq k) \tag{7.5}$$

ここでカルタン部分代数として $H_l=X^{(1)}{}_{ll}(l=1,2,\cdots\cdot,n)$ を選ぶと,

$$[H_l, X^{(1)}{}_{jk}]=(\delta_{lj}-\delta_{lk})X^{(1)}{}_{jk}\qquad (j\neq k) \tag{7.6}$$

$$[H_l, X^{(2)}{}_{jk}]=(\delta_{lj}+\delta_{lk})X^{(2)}{}_{jk}\qquad (j\leqq k) \tag{7.7}$$

$$[H_l, X^{(3)}{}_{jk}]=-(\delta_{lj}+\delta_{lk})X^{(3)}{}_{jk}\qquad (j\leqq k) \tag{7.8}$$

を得る．したがって $\boldsymbol{e}_i(i=1,\cdots\cdot,n)$ を正規直交系とすると，$\mathrm{Sp}(n)$ のルートは,

$$\pm\boldsymbol{e}_i\pm\boldsymbol{e}_j,\qquad \pm2\boldsymbol{e}_i\qquad (1\leqq i\neq j\leqq n) \tag{7.9}$$

であることがわかる．単純ルートは,

$$\boldsymbol{\alpha}^{(i)}=\boldsymbol{e}_i-\boldsymbol{e}_{i+1}\quad (i=1,\cdots\cdot,n-1),\qquad \boldsymbol{\alpha}^{(n)}=2\boldsymbol{e}_n \tag{7.10}$$

の n 個であり，次のディンキン図によって表される．

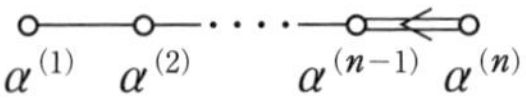

これは 4.3 節で述べたクラス C_n のリー代数である．カルタン行列は式 (4.55) により次のように決まる．

$$\begin{pmatrix} 2 & -1 & 0 & \cdot & \cdot & \cdot\\ -1 & 2 & -1 & \cdot & \cdot & \cdot\\ 0 & -1 & 2 & \cdot & \cdot & \cdot\\ \cdot & \cdot & \cdot & \cdot & \cdot & \cdot\\ \cdot & \cdot & \cdot & 2 & -1 & 0\\ \cdot & \cdot & \cdot & -1 & 2 & -1\\ \cdot & \cdot & \cdot & 0 & -2 & 2 \end{pmatrix} \tag{7.11}$$

基本ウエイト $\boldsymbol{\mu}^{(1)}=[1,0,\cdots\cdot,0]$ を最高ウエイトとする表現 ρ_1 は 4.4 節で述べた方法により次のように求められる．

レベル	ディンキン・インデックス	ウエイトベクトル
0	$[1,0,\cdots\cdot,0]$	$\boldsymbol{e}_1$
1	$[-1,1,0,\cdots\cdot,0]$	$\boldsymbol{e}_2$
2	$[0,-1,1,0,\cdots\cdot,0]$	$\boldsymbol{e}_3$

⋮	⋮	⋮
$n-2$	$[0,\cdots\cdot,-1,1,0]$	$\boldsymbol{e}_{n-1}$
$n-1$	$[0,\cdots\cdot,-1,1]$	$-\boldsymbol{e}_{n-1}+\boldsymbol{e}_n$
n	$[0,\cdots\cdot,1,-1]$	$\boldsymbol{e}_{n-1}-\boldsymbol{e}_n$
$n+1$	$[0,\cdots\cdot,1,-1,0]$	$-\boldsymbol{e}_{n-1}$
⋮	⋮	⋮
$2n-1$	$[-1,0,\cdots\cdot,0]$	$-\boldsymbol{e}_1$

これは $2n$ 次元のベクトル表現で，テンソル表示では $v^i(i=1,\cdots\cdot,2n)$ で表される．これは $\mathrm{Sp}(n)$ の変換 $\{A\,;\,A^{\mathrm{T}}JA=J\}$ のもとで，

$$v'^i=\sum_{j=1}^{2n}A^i{}_jv^j \tag{7.12}$$

と変換する．

一般に基本ウエイト，

$$\boldsymbol{\mu}^{(k)}=\sum_{i=1}^{k}\boldsymbol{e}_i \qquad (k=1,\cdots\cdot,n-1) \tag{7.13}$$

$$\boldsymbol{\mu}^{(n)}=\boldsymbol{e}_1+\cdots\cdot+\boldsymbol{e}_n \tag{7.14}$$

を最高ウエイトとする表現 ρ_k は k 個の ρ_1 の反対称テンソル積によって得られる．例えば二つの ρ_1 のテンソル u^i，v^j の反対称テンソル積，

$$w^{[ij]}=\frac{1}{2}(u^iv^j-v^iu^j) \tag{7.15}$$

を考えよう．ここで注意しなければならないのは，反対称テンソル積 (7.15) はそれだけでは既約ではないということである．実際 $J_{ij}=J^{ij}$ は 2 階の反対称テンソルで，

$$u^{\mathrm{T}}Jv=\sum u^iJ_{ij}v^j \tag{7.16}$$

は $\mathrm{Sp}(n)$ の変換に対して不変であるから，式 (7.15) は次のように書くことができる．

$$w^{[ij]}=w^{[ij]}-\frac{1}{2n}J^{ij}\sum J_{mn}w^{[mn]}+\frac{1}{2n}J^{ij}\sum J_{mn}w^{[mn]} \tag{7.17}$$

こうして反対称テンソル積 (7.15) は二つの既約表現に分解される．

$$J^{ij}\sum J_{mn}w^{[mn]}$$

は $\mathrm{Sp}(n)$ 不変であり，恒等表現である．

$$w^{[ij]}-\frac{1}{2n}J^{ij}\sum J_{mn}w^{[mn]}$$

は基本表現 $\mu^{(2)}$：$[0,1,0,\cdots\cdot,0]$ に対するテンソル表示である．したがって，

$$(\rho_1\otimes\rho_1)_{\text{反対称}}=\rho_2\oplus 1 \tag{7.18}$$

と表される．既約表現 ρ_2 の次元は，

$$n(2n-1)-1=(2n+1)(n-1) \tag{7.19}$$

となる．

二つの ρ_1 の対称なテンソル積，

$$w^{(ij)}=\frac{1}{2}(u^iv^j+v^iu^j) \tag{7.20}$$

はそれ自身既約で，$2\mu^{(1)}$：$[2,0,\cdots\cdot,0]$ の表現である．これは $\mathrm{Sp}(n)$ の随伴表現であることがわかる．その次元は $n(2n+1)$ である．

問　　題

7.1　基本表現 $\mu^{(3)}$ のテンソル表示を求め，その次元を計算せよ．

7.2　表現 $2\mu^{(1)}$：$[2,0,\cdots\cdot,0]$ のウエイトベクトルを求め，これがルートベクトルに一致することから，表現 $2\mu^{(1)}$ が随伴表現であることを確かめよ．

7.3　$\mathrm{Sp}(2)$ のルート図を書け．

7.4　$\mathrm{Sp}(n)$ のユニタリ行列 $U=\exp(i\hat{X})$ によって定義されるリー代数 $\hat{X}$ は，

$$\hat{X}=\sum_{i=1}^{3}\sigma_i\otimes S_i+i\sigma_0\otimes A$$

と表されることを示せ．ただし $S_i(i=1,2,3)$ は $n\times n$ 実対称行列，A は $n\times n$ 実反対称行列である．

7.2 例 外 群

4.3節で分類したコンパクト単純リー群のうちまだ議論していないのは G_2, F_4, $E_r\,(r=6,7,8)$ の各クラスに属する群である．これらは**例外群**（exceptional group）とよばれ，そのリー代数を**例外リー代数**（exceptional Lie algebra）という．この節ではこれらについて簡単に述べておこう．

(1) G_2

これは階数2の群で，表4.3によればそのルートは，

$$\boldsymbol{e}_i-\boldsymbol{e}_j, \qquad \pm(\boldsymbol{e}_i+\boldsymbol{e}_j-2\boldsymbol{e}_k) \qquad (1\leqq i\neq j\neq k\leqq 3)$$

である．図7.1のルート図からわかるように単純ルートは，

$$\begin{aligned}\boldsymbol{\alpha}^{(1)}&=\boldsymbol{e}_1-2\boldsymbol{e}_2+\boldsymbol{e}_3\\ \boldsymbol{\alpha}^{(2)}&=\boldsymbol{e}_2-\boldsymbol{e}_3\end{aligned} \tag{7.21}$$

であり，そのディンキン図は次のようになる．

カルタン行列は式 (4.55) より，

$$G_2:\begin{pmatrix}2 & -3\\ -1 & 2\end{pmatrix} \tag{7.22}$$

と求められる．

基本ウエイト $\mu^{(1)}=[1,0]$ を最高ウエイトとする表現 ρ_1 を4.4節の方法で求めると，

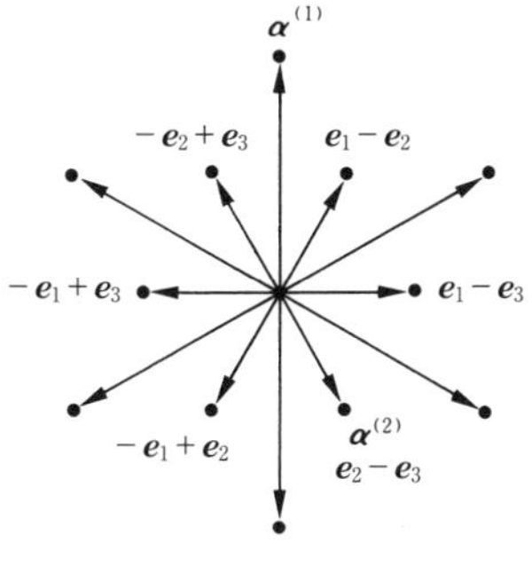

図7.1 G_2 のルート図

$[1,0] \rightarrow [-1,3] \rightarrow [0,1]$

$\rightarrow [1,-1] \begin{array}{l} \nearrow [2,-3] \rightarrow [0,0] \rightarrow [-2,3] \searrow \\ \searrow [-1,2] \rightarrow [0,0] \rightarrow [1,-2] \nearrow \end{array} [-1,1]$

$\rightarrow [0,-1] \rightarrow [1,-3] \rightarrow [-1,0]$

となる．これは $2\boldsymbol{e}_1-\boldsymbol{e}_2-\boldsymbol{e}_3$ を最高ウエイトとする G_2 の随伴表現である．また $\boldsymbol{\mu}^{(2)}=[0,1]$ を最高ウエイトとする表現 ρ_2 は，

$$[0,1] \rightarrow [1,-1] \rightarrow [-1,2] \rightarrow [0,0] \rightarrow [1,-2] \rightarrow [-1,1] \rightarrow [0,-1]$$

であることがわかる．これは $\boldsymbol{e}_1-\boldsymbol{e}_3$ を最高ウエイトとする 7 次元表現である．その他の表現についても同様にして求めることができる．

(2)　$\mathbf{F_4}$

これは階数が 4 の群で，そのリー代数のルートは表 4.3 により，

$$\pm\boldsymbol{e}_i\pm\boldsymbol{e}_j, \qquad \pm 2\boldsymbol{e}_i \qquad (1\leqq i\neq j\leqq 4)$$
$$\pm\boldsymbol{e}_1\pm\boldsymbol{e}_2\pm\boldsymbol{e}_3\pm\boldsymbol{e}_4$$

である．これらのうち単純ルートは，

$$\begin{aligned} &\boldsymbol{\alpha}^{(1)}=\boldsymbol{e}_1-\boldsymbol{e}_2-\boldsymbol{e}_3-\boldsymbol{e}_4, \qquad &&\boldsymbol{\alpha}^{(2)}=2\boldsymbol{e}_4 \\ &\boldsymbol{\alpha}^{(3)}=\boldsymbol{e}_3-\boldsymbol{e}_4, &&\boldsymbol{\alpha}^{(4)}=\boldsymbol{e}_2-\boldsymbol{e}_3 \end{aligned} \tag{7.23}$$

である．したがってディンキン図は次のようになる．

$\alpha^{(1)}$　$\alpha^{(2)}$　$\alpha^{(3)}$　$\alpha^{(4)}$

式 (4.55) によりカルタン行列を計算すると，

$$\mathrm{F}_4:\begin{pmatrix} 2 & -1 & 0 & 0 \\ -1 & 2 & -1 & 0 \\ 0 & -2 & 2 & -1 \\ 0 & 0 & -1 & 2 \end{pmatrix} \tag{7.24}$$

となる．これをもとに基本表現を求めてみると次の結果を得る．

基本表現	最高ウエイト	表現の次元
$\rho_1:[1,0,0,0]$	$\boldsymbol{e}_1$	52(随伴表現)
$\rho_2:[0,1,0,0]$	$\frac{1}{2}(3\boldsymbol{e}_1+\boldsymbol{e}_2+\boldsymbol{e}_3+\boldsymbol{e}_4)$	1274
$\rho_3:[0,0,1,0]$	$2\boldsymbol{e}_1+\boldsymbol{e}_2+\boldsymbol{e}_3$	273
$\rho_4:[0,0,0,1]$	$\boldsymbol{e}_1+\boldsymbol{e}_2$	26

(3) E_6

これは階数6の群で，リー代数のルートは表4.3より，

$$\pm\boldsymbol{e}_i\pm\boldsymbol{e}_j \qquad (1\leqq i\neq j\neq 5)$$

$$\frac{1}{2}(\pm\boldsymbol{e}_1\pm\cdots\cdot\pm\boldsymbol{e}_5\pm\sqrt{3}\boldsymbol{e}_6) \qquad (\text{偶数個の}+)$$

である．単純ルートは，

$$\begin{aligned}
&\boldsymbol{\alpha}^{(1)}=\frac{1}{2}(\boldsymbol{e}_1-\boldsymbol{e}_2-\boldsymbol{e}_3-\boldsymbol{e}_4+\boldsymbol{e}_5-\sqrt{3}\boldsymbol{e}_6), &&\boldsymbol{\alpha}^{(2)}=\boldsymbol{e}_4-\boldsymbol{e}_5\\
&\boldsymbol{\alpha}^{(3)}=\boldsymbol{e}_3-\boldsymbol{e}_4, &&\boldsymbol{\alpha}^{(4)}=\boldsymbol{e}_4+\boldsymbol{e}_5\\
&\boldsymbol{\alpha}^{(5)}=\frac{1}{2}(\boldsymbol{e}_1-\boldsymbol{e}_2-\boldsymbol{e}_3-\boldsymbol{e}_4-\boldsymbol{e}_5+\sqrt{3}\boldsymbol{e}_6), &&\boldsymbol{\alpha}^{(6)}=\boldsymbol{e}_2-\boldsymbol{e}_3
\end{aligned} \tag{7.25}$$

となる．したがってディンキン図は次のように与えられる．

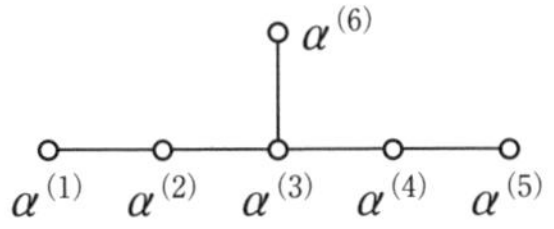

カルタン行列は，

$$\mathrm{E}_6:\begin{pmatrix} 2 & -1 & 0 & 0 & 0 & 0\\ -1 & 2 & -1 & 0 & 0 & 0\\ 0 & -1 & 2 & -1 & 0 & -1\\ 0 & 0 & -1 & 2 & -1 & 0\\ 0 & 0 & 0 & -1 & 2 & 0\\ 0 & 0 & -1 & 0 & 0 & 2 \end{pmatrix} \tag{7.26}$$

となる．基本表現の最高ウエイトおよび次元は次のように与えられる．

基本表現	最高ウエイト	表現の次元
$\rho_1:[1,0,0,0,0,0]$	$\boldsymbol{e}_1-\frac{1}{\sqrt{3}}\boldsymbol{e}_6$	27
$\rho_2:[0,1,0,0,0,0]$	$\frac{1}{2}\left(3\boldsymbol{e}_1+\boldsymbol{e}_2+\boldsymbol{e}_3+\boldsymbol{e}_4-\boldsymbol{e}_5-\frac{1}{\sqrt{3}}\boldsymbol{e}_6\right)$	351
$\rho_3:[0,0,1,0,0,0]$	$2\boldsymbol{e}_1+\boldsymbol{e}_2+\boldsymbol{e}_3$	2925
$\rho_4:[0,0,0,1,0,0]$	$\frac{1}{2}\left(3\boldsymbol{e}_1+\boldsymbol{e}_2+\boldsymbol{e}_3+\boldsymbol{e}_4+\boldsymbol{e}_5+\frac{1}{\sqrt{3}}\boldsymbol{e}_6\right)$	351
$\rho_5:[0,0,0,0,1,0]$	$\boldsymbol{e}_1+\frac{1}{\sqrt{3}}\boldsymbol{e}_6$	27

ρ_6：$[0, 0, 0, 0, 0, 1]$　　$\boldsymbol{e}_1+\boldsymbol{e}_2$　　78（随伴表現）

(4)　E_7

これは階数 7 の群で，そのリー代数のルートは表 4.3 に与えられているように，

$$\pm\boldsymbol{e}_i\pm\boldsymbol{e}_j, \qquad \pm\sqrt{2}\boldsymbol{e}_7 \qquad (1\leqq i\neq j\leqq 6)$$

$$\frac{1}{2}(\pm\boldsymbol{e}_1\pm\cdots\cdot\pm\boldsymbol{e}_6\pm\sqrt{2}\boldsymbol{e}_7) \qquad (\text{偶数個の}+)$$

である．このうち単純ルートは，

$$\begin{aligned}
&\boldsymbol{\alpha}^{(1)}=\boldsymbol{e}_2-\boldsymbol{e}_3, \qquad \boldsymbol{\alpha}^{(2)}=\boldsymbol{e}_3-\boldsymbol{e}_4\\
&\boldsymbol{\alpha}^{(3)}=\boldsymbol{e}_4-\boldsymbol{e}_5, \qquad \boldsymbol{\alpha}^{(4)}=\boldsymbol{e}_5-\boldsymbol{e}_6\\
&\boldsymbol{\alpha}^{(5)}=\frac{1}{2}(\boldsymbol{e}_1-\boldsymbol{e}_2-\boldsymbol{e}_3-\boldsymbol{e}_4-\boldsymbol{e}_5+\boldsymbol{e}_6-\sqrt{2}\boldsymbol{e}_7)\\
&\boldsymbol{\alpha}^{(6)}=\sqrt{2}\boldsymbol{e}_7, \qquad \boldsymbol{\alpha}^{(7)}=\boldsymbol{e}_5+\boldsymbol{e}_6
\end{aligned} \tag{7.27}$$

で与えられる．したがってディンキン図は次の形であることがわかる．

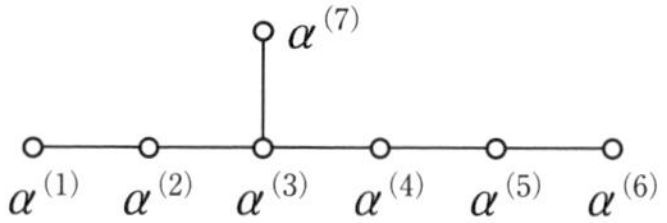

またカルタン行列は次のように求められる．

$$\mathrm{E}_7：\begin{pmatrix}
2 & -1 & 0 & 0 & 0 & 0 & 0\\
-1 & 2 & -1 & 0 & 0 & 0 & 0\\
0 & -1 & 2 & -1 & 0 & 0 & -1\\
0 & 0 & -1 & 2 & -1 & 0 & 0\\
0 & 0 & 0 & -1 & 2 & -1 & 0\\
0 & 0 & 0 & 0 & -1 & 2 & 0\\
0 & 0 & -1 & 0 & 0 & 0 & 2
\end{pmatrix} \tag{7.28}$$

基本表現についての結果をまとめておく．

基本表現	最高ウエイト	表現の次元
ρ_1：$[1, 0, 0, 0, 0, 0, 0]$	$\boldsymbol{e}_1+\boldsymbol{e}_2$	133（随伴表現）
ρ_2：$[0, 1, 0, 0, 0, 0, 0]$	$2\boldsymbol{e}_1+\boldsymbol{e}_2+\boldsymbol{e}_3$	8645
ρ_3：$[0, 0, 1, 0, 0, 0, 0]$	$3\boldsymbol{e}_1+\boldsymbol{e}_2+\boldsymbol{e}_3+\boldsymbol{e}_4$	365750
ρ_4：$[0, 0, 0, 1, 0, 0, 0]$	$\frac{1}{2}(5\boldsymbol{e}_1+\boldsymbol{e}_2+\boldsymbol{e}_3+\boldsymbol{e}_4+\boldsymbol{e}_5-\boldsymbol{e}_6)$	27664

ρ_5 : $[0,0,0,0,1,0,0]$	$2\boldsymbol{e}_1$	1539
ρ_6 : $[0,0,0,0,0,1,0]$	$\boldsymbol{e}_1+\frac{1}{\sqrt{2}}\boldsymbol{e}_7$	56
ρ_7 : $[0,0,0,0,0,0,1]$	$\frac{1}{2}(3\boldsymbol{e}_1+\boldsymbol{e}_2+\boldsymbol{e}_3+\boldsymbol{e}_4+\boldsymbol{e}_5+\boldsymbol{e}_6)$	912

(5)　$\mathbf{E}_8$

これが最も階数の大きな例外群である．階数は 8 で，そのリー代数のルートは表 4.3 より，

$$\pm\boldsymbol{e}_i\pm\boldsymbol{e}_j \qquad (1\leqq i\neq j\leqq 8)$$

$$\frac{1}{2}(\pm\boldsymbol{e}_1\pm\cdots\cdot\pm\boldsymbol{e}_8) \qquad (\text{偶数個の}+)$$

である．このうち単純ルートは，

$$\begin{aligned}
&\boldsymbol{\alpha}^{(1)}=\frac{1}{2}(\boldsymbol{e}_1-\boldsymbol{e}_2-\boldsymbol{e}_3-\boldsymbol{e}_4-\boldsymbol{e}_5-\boldsymbol{e}_6-\boldsymbol{e}_7+\boldsymbol{e}_8)\\
&\boldsymbol{\alpha}^{(2)}=\boldsymbol{e}_7-\boldsymbol{e}_8, \qquad \boldsymbol{\alpha}^{(3)}=\boldsymbol{e}_6-\boldsymbol{e}_7, \qquad \boldsymbol{\alpha}^{(4)}=\boldsymbol{e}_5-\boldsymbol{e}_6\\
&\boldsymbol{\alpha}^{(5)}=\boldsymbol{e}_4-\boldsymbol{e}_5, \qquad \boldsymbol{\alpha}^{(6)}=\boldsymbol{e}_3-\boldsymbol{e}_4, \qquad \boldsymbol{\alpha}^{(7)}=\boldsymbol{e}_2-\boldsymbol{e}_3\\
&\boldsymbol{\alpha}^{(8)}=\boldsymbol{e}_7+\boldsymbol{e}_8
\end{aligned} \tag{7.29}$$

となる．したがってディンキン図は次のように与えられる．

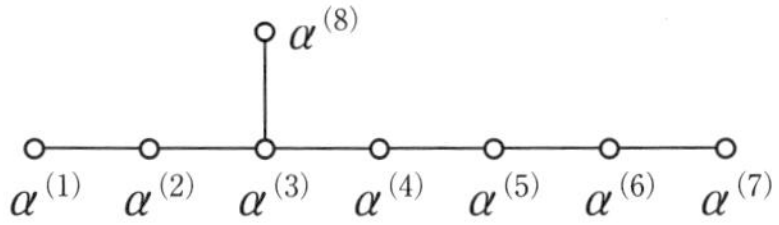

カルタン行列を書き下すことも容易である．ここでは基本表現に関する結果のみを挙げておこう．

基本表現	最高ウエイト	表現の次元
ρ_1 : $[1,0,0,0,0,0,0,0]$	$2\boldsymbol{e}_1$	3875
ρ_2 : $[0,1,0,0,0,0,0,0]$	$\frac{1}{2}(7\boldsymbol{e}_1+\boldsymbol{e}_2+\boldsymbol{e}_3+\boldsymbol{e}_4+\boldsymbol{e}_5+\boldsymbol{e}_6+\boldsymbol{e}_7-\boldsymbol{e}_8)$	6696000
ρ_3 : $[0,0,1,0,0,0,0,0]$	$5\boldsymbol{e}_1+\boldsymbol{e}_2+\boldsymbol{e}_3+\boldsymbol{e}_4+\boldsymbol{e}_5+\boldsymbol{e}_6$	6899079264
ρ_4 : $[0,0,0,1,0,0,0,0]$	$4\boldsymbol{e}_1+\boldsymbol{e}_2+\boldsymbol{e}_3+\boldsymbol{e}_4+\boldsymbol{e}_5$	146325270
ρ_5 : $[0,0,0,0,1,0,0,0]$	$3\boldsymbol{e}_1+\boldsymbol{e}_2+\boldsymbol{e}_3+\boldsymbol{e}_4$	2450240
ρ_6 : $[0,0,0,0,0,1,0,0]$	$2\boldsymbol{e}_1+\boldsymbol{e}_2+\boldsymbol{e}_3$	30380

ρ_7：[0, 0, 0, 0, 0, 0, 1, 0]　$\boldsymbol{e}_1+\boldsymbol{e}_2$　248

ρ_8：[0, 0, 0, 0, 0, 0, 0, 1]　$\frac{1}{2}(5\boldsymbol{e}_1+\boldsymbol{e}_2+\boldsymbol{e}_3+\boldsymbol{e}_4+\boldsymbol{e}_5+\boldsymbol{e}_6+\boldsymbol{e}_7+\boldsymbol{e}_8)$　147250

これらの基本表現のうち ρ_7：[0, 0, 0, 0, 0, 0, 1, 0] が随伴表現である．

問　　題

7.5　G_2 の表現において $\mu^{(2)}=[0,1]$ を最高ウエイトとする表現 ρ_2 のウエイトベクトルを求めよ．

7.6　G_2 のリー代数は SU(3) のリー代数を部分代数として含んでいることを示せ．このことから G_2 は SU(3) を部分群として含んでいる．

7.7　E_8 のルートは SO(16) のルートとスピノル表現 ρ_8 のウエイトからなることを確かめよ．

7.3　拡大ディンキン図と部分群

階数の大きな単純群はいろいろな群をその部分群として含んでいる．例えば E_8 群は SO(16)，SU(9)，$\mathrm{SU(3)}\otimes\mathrm{E}_6$，$\mathrm{SU(5)}\otimes\mathrm{SU(5)}$ などを部分群として含んでいる．それでは一つの単純群が与えられたとき，その中にどのような部分群が含まれているかを知るにはどうしたらよいだろうか．リー代数に還元すれば，一つの単純リー代数が与えられたとき，その中にどのような部分リー代数が含まれているかという問題である．

与えられた単純リー代数 X はカルタン部分代数 H とそれ以外の生成子 E_α からなる．$\boldsymbol{\alpha}$ はルートを表している．ルートの集合を Σ と書くことにすると，

$$X=\{H, E_\alpha, \alpha\in\Sigma\} \tag{7.30}$$

である．X の部分代数を X' とし，X' のカルタン部分代数を H'，それ以外の元を $E_{\alpha'}$ とする．また X' のルート α' の集合を Σ' とする．

$$X'=\{H', E_{\alpha'}, \alpha'\in\Sigma'\} \tag{7.31}$$

このとき $H'\subset H$，$\Sigma'\subset\Sigma$ であるとき，部分代数 X' を X の**正則な部分代数**（regular subalgebra）という．また正則な部分代数の階数がもとのリー代数の

階数に等しいとき，すなわち $H = H'$ のとき，これを**最大正則部分代数**（maximal regular subalgebra）という．このような性質をもった部分代数からつくられる部分群をそれぞれ正則な部分群，最大正則部分群とよぶ．

例 7.1 正則な部分群の例をつくるのは簡単である．例えば SU(6) の場合，そのリー代数 A_5 はトレースが 0 であるような 6×6 エルミート交代行列の全体である．このうち，

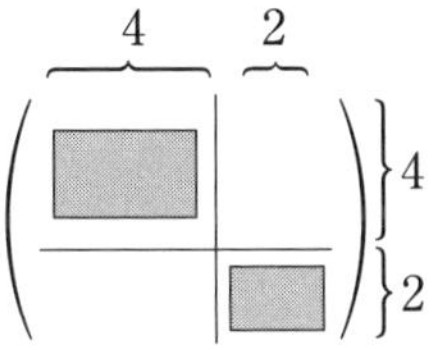

$$\begin{pmatrix} \overbrace{\boxed{}}^{4} & \overbrace{}^{2} \\ & \boxed{} \end{pmatrix} \begin{matrix} \}4 \\ \}2 \end{matrix} \tag{7.32}$$

の形の行列で，4×4 および 2×2 のそれぞれのブロックのトレースが 0 であるような行列全体は明らかに A_5 の部分代数であり，$A_5 \supset A_3 \oplus A_1$ である．$X' = A_3 \oplus A_1$ のカルタン部分代数は A_5 のカルタン部分代数に含まれており，そのルートも A_5 のルートの一部であるから $A_3 \oplus A_1$ は A_5 の正則な部分代数である．しかしこの部分代数は最大ではない．H の元のうち 4×4 の対角成分が 1, 2×2 の対角成分が -2 であるような対角行列は H' に属さないからである．したがって SU(6) の正則部分群には $SU(4) \otimes SU(2)$ があることがわかった．また最大かつ正則な部分群は $SU(4) \otimes SU(2) \otimes U(1)$ である．この U(1) は H' に属さぬ H の元によって生成されるアーベル群である．

例 7.2 SU(6) のリー代数 A_5 の正則でない部分代数の例を挙げよう．トレースが 0 であるような 6×6 エルミート行列の集合の中には，

$$\begin{aligned} \sigma_0 \otimes \lambda_i &= \begin{pmatrix} \lambda_i & 0 \\ 0 & \lambda_i \end{pmatrix} \quad (i = 1, \cdots, 8) \\ \sigma_i \otimes \lambda_0 &= \begin{pmatrix} 0 & \lambda_0 \\ \lambda_0 & 0 \end{pmatrix}, \begin{pmatrix} 0 & -i\lambda_0 \\ i\lambda_0 & 0 \end{pmatrix}, \begin{pmatrix} \lambda_0 & 0 \\ 0 & -\lambda_0 \end{pmatrix} \end{aligned} \tag{7.33}$$

の形のものがある．ただし $\sigma_i (i = 1, 2, 3)$ はパウリ行列 (5.2) で，σ_0 は 2×2 単位行列である．また $\lambda_i (i = 1, \cdots, 8)$ はゲルマン行列 (5.31) で，λ_0 は 3×3 単位行列である．これらが A_5 の部分代数 $A_2 \oplus A_1$ を構成することは容易にわか

る．この $X'=\mathrm{A}_2\oplus\mathrm{A}_1$ のカルタン部分代数は $\sigma_0\otimes\lambda_3$，$\sigma_0\otimes\lambda_8$，$\sigma_3\otimes\lambda_0$ であるから $H'\subset H$ である．ところが $X'=\mathrm{A}_2\oplus\mathrm{A}_1$ のルートは $X=\mathrm{A}_5$ のルートではない．例えば，

$$\sigma_+\otimes\lambda_0=\begin{pmatrix}0 & \lambda_0\\ 0 & 0\end{pmatrix} \tag{7.34}$$

は H' の元 H_l に関しては，

$$[H_l, E_\alpha]=\alpha_l E_\alpha \tag{7.35}$$

の形の関係を満たしているが，H' 以外の H の元 H_l についてはこうはならないからである．したがって $\Sigma'\subset\Sigma$ が満たされないのでこの部分代数 $\mathrm{A}_2\oplus\mathrm{A}_1$ は A_5 の正則な部分代数ではない．またこの部分代数から生成される SU(6) の部分群 SU(3)⊗SU(2) は正則な部分群ではない．

単純リー代数の正則な部分群を求めるには，ディンキン図に基づいた便利な方法がある．いま一つのディンキン図に対応した階数 r の単純リー代数が与えられたとし，その単純ルートを $\boldsymbol{\alpha}^{(i)}\,(i=1,\cdots,r)$ とする．また最低ルートを $\boldsymbol{\alpha}^{(0)}$ とすると，これは最高ルートの符号を変えたものである．このとき $\boldsymbol{\alpha}^{(0)}-\boldsymbol{\alpha}^{(i)}$ も $\boldsymbol{\alpha}^{(i)}-\boldsymbol{\alpha}^{(0)}$ もルートにはならないから，式 (4.49) を適用することにより，$2(\boldsymbol{\alpha}^{(0)},\boldsymbol{\alpha}^{(i)})/(\boldsymbol{\alpha}^{(0)},\boldsymbol{\alpha}^{(0)})$ も $2(\boldsymbol{\alpha}^{(0)},\boldsymbol{\alpha}^{(i)})/(\boldsymbol{\alpha}^{(i)},\boldsymbol{\alpha}^{(i)})$ も 0 または負の整数である．このことから $\boldsymbol{\alpha}^{(0)}$ と他の単純ルート $\boldsymbol{\alpha}^{(i)}$ とのなす角は $\pi/2$，$2\pi/3$，$3\pi/4$，$5\pi/6$ のいずれかであることがわかる．そこでディンキン図に $\boldsymbol{\alpha}^{(0)}$ を付け加えたものを**拡大ディンキン図**（extended Dynkin diagram）という．このとき $\boldsymbol{\alpha}^{(i)}\,(i=0,1,\cdots,r)$ は 1 次独立ではないから，拡大ディンキン図から○を取り除くことで 1 次独立な単純ルート系とそれに対応する部分代数を得ることができる．○を一つ除いたものは階数が r で，最大正則部分代数はこれから得られる．以下○を取り除くごとに小さな階数の部分代数が得られることになる．

拡大ディンキン図を得るには随伴表現の最低ウエイトすなわち最高ウエイトの符号を変えたものを求めればよい．$\mathrm{SU}(n+1)$ のリー代数 A_n の随伴表現は例 5.5 に挙げたようにその最高ウエイトは $[1,0,\cdots,1]$ であるから，$\boldsymbol{\alpha}^{(0)}$ のディンキン・インデックスは $[-1,0,\cdots,-1]$ である．したがって A_n の拡

大ディンキン図 A_n' は次のようになる．

A'_n

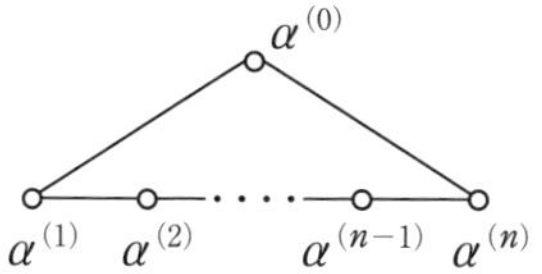

SO$(2n+1)$ のリー代数 B_n の随伴表現の最高ウエイトは 6.3 節で述べたように，$[0, 1, 0, \cdots\cdots, 0]$ であるからその拡大ディンキン図は，

B'_n

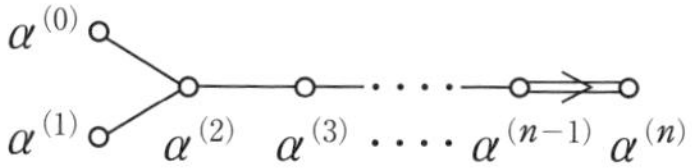

である．Sp$(n, \mathbf{R})$ のリー代数 C_n の随伴表現の最高ウエイトは 7.1 節より，$[2, 0, \cdots\cdots, 0]$ であることから，

C'_n

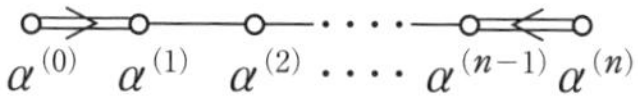

と求められる．以下同様にしてその他の拡大ディンキン図を得ることができる．

D'_n

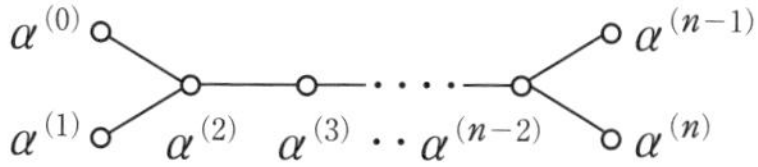

G'_2

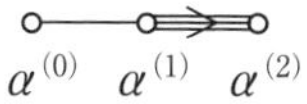

F'_4

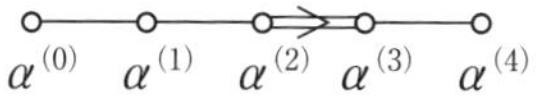

E'_6

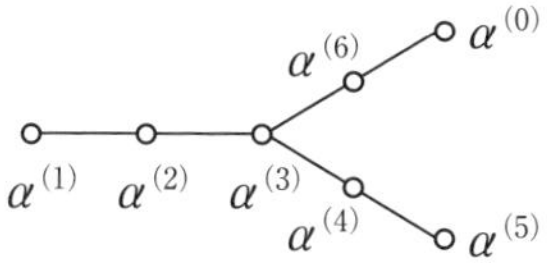

E'_7

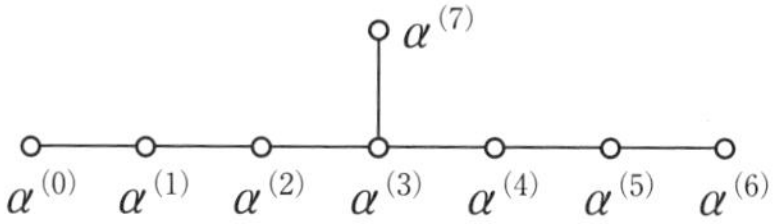

E'_8

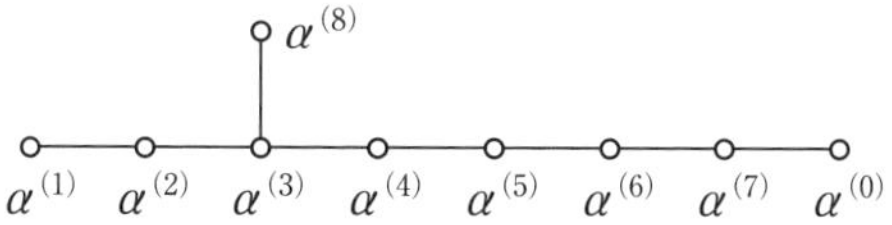

いくつかの例によって拡大ディンキン図から部分群を求めてみよう．

例 7.3　A_n の場合は拡大ディンキン図から一つ○を除くと元の A_n に帰着するので特殊な例である．この場合は二つの○を除かねばならない．その結果 SU$(n+1)$ の部分群として，

$$SU(n+1) \supset SU(n-m+1) \otimes SU(m) \quad (m=2, \cdots, n-1)$$

が得られる．最大正則部分群は $SU(n-m+1) \otimes SU(m) \otimes U(1)$ である．

例 7.4　G_2 の場合は拡大ディンキン図から一つ○を除くことにより次の部分群を得る．

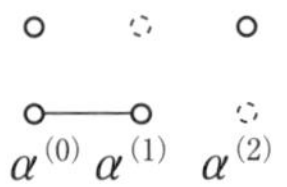

$A_1 \oplus A_1$: $G_2 \supset SU(2) \otimes SU(2)$

A_2 : $G_2 \supset SU(3)$

これらはいずれも最大正則部分群である．このように最大正則部分群は一つとは限らない．

問　　題

7.8　SU(3) のリー代数 A_2 の元 $F_i (i=1, \cdots, 8)$ をゲルマン行列 λ_i を用いて $F_i = \lambda_i/2$ とすると，$X' = \{2F_1, 2F_4, 2F_7\}$ は SU(2) のリー代数 A_1 になっていることを確かめよ．この SU(2) は SU(3) の部分群だが，これが正則な部分群かどうかを調べよ．

7.9　リー代数 $D_n, G_2, F_4, E_6, E_7, E_8$ の拡大ディンキン図がこの節で与えられたようになることを確かめよ．

7.10　SO(10) の最大正則部分群を求めよ．

7.11　E_6 の半単純な最大正則部分群をすべて求めよ．

7.12　E_8 の単純および半単純な最大正則部分群をすべて求めよ．

7.4 素粒子の統一理論

5.6 節で述べたように陽子や中性子など一般にハドロンとよばれる粒子はクォークという基本粒子の複合粒子である．粒子にはハドロンのほかに**レプトン**（lepton）とよばれる一群の粒子がある．それらは電子 e，ミュー粒子 μ，タウ粒子 τ で，これらの粒子は素電荷を単位にして -1 の電荷をもっている．このほかに電荷をもたない電子ニュートリノ ν_e，ミューニュートリノ ν_μ，タウニュートリノ ν_τ があり，これらがレプトンを構成している．ニュートリノの質量は非常に小さいことが知られているが，それを実験的に正確に決めることはたいへん難しい．クォークとレプトンが現在のところ最も基本的な粒子である．これらの基本粒子を表 5.4 にならって並べてみると，表 7.1 のようになる．このように三つのよく似た粒子群 $(\mathrm{u}, \mathrm{d}, \nu_e, \mathrm{e})$，$(\mathrm{c}, \mathrm{s}, \nu_\mu, \mu)$，$(\mathrm{t}, \mathrm{b}, \nu_\tau, \tau)$ が繰り返し存在するという著しい特徴が見られる．それぞれの粒子群を**世代**（generation）とよんでいる．

これらの基本粒子は $\hbar$ を単位にして 1/2 のスピン角運動量をもっているのでフェルミ粒子である．このような粒子はその運動方向に関するスピンの回転方向によって右巻きの状態と左巻きの状態とがある．これを**ヘリシティ**（helicity）という．右巻きの状態はヘリシティ $+1$，左巻きの状態は -1 とするのである．したがって粒子の波動関数にはそれぞれの状態に対応して ψ_R と ψ_L とがある．例えば u クォークの波動関数には u_R と u_L の二つの成分がある．このように以下では粒子の記号でその粒子の波動関数をも表すことにする．

ニュートリノに関しては少し注意が必要である．もしニュートリノの質量が

表 7.1 基本粒子の周期表

電荷 ＼ 世代	1	2	3
$\frac{2}{3}e$	u	c	t
$-\frac{1}{3}e$	d	s	b
0	ν_e	ν_μ	ν_τ
$-e$	e	μ	τ

完全に0であれば，運動方向に関するスピンの回転状態は右巻きか左巻きのいずれかしか存在しない．質量が0の粒子の進行速度は光速度に等しいから，どんな運動座標系で見ても運動方向の回転の向きは変わらないからである．もし質量が0でなければ粒子の進行速度は光速度以下であるから，粒子を追い越すような運動座標系から見れば運動方向が逆転して，右巻きと左巻きとが入れ替わる．したがって質量のある粒子の波動関数は右巻きに対応する成分と左巻きに対応する成分との両方がなければならないのである．実験によればニュートリノの波動関数は左巻きで，右巻きの成分はあったとしても非常に小さいことが知られている．これはニュートリノの質量が非常に小さいことの現れである．ニュートリノがほとんど左巻きの状態でしか存在しないということは，空間反転に対する対称性が破れていることを意味する．なぜなら空間座標を反転すると運動方向は逆転するが回転の向きは変わらないので，右巻きと左巻きとが入れ替わる．したがって空間反転に対する対称性があれば，右巻きのニュートリノも左巻きのニュートリノも同じ確率で存在するはずだからである．1.4節で述べたように，空間反転の対称性に伴う保存則をパリティの保存則という．ニュートリノを伴う基本粒子の相互作用は**弱い相互作用**とよばれるものの1種である．一般に弱い相互作用においてはパリティの保存則が破れている．これを**パリティ非保存**ともいう．以下ではしばらくニュートリノは左巻きの成分しかないものとする．

さて左巻きのニュートリノは左巻きの粒子の成分としか相互作用しない．しかも世代をまたがって相互作用することはない．例えば，

$$
\begin{aligned}
\mathrm{u_L} + \mathrm{e_L} &\longrightarrow \mathrm{d_L} + \nu_\mathrm{e} \\
\mathrm{c_L} + \mu_\mathrm{L} &\longrightarrow \mathrm{s_L} + \nu_\mu \\
\mathrm{t_L} + \tau_\mathrm{L} &\longrightarrow \mathrm{b_L} + \nu_\tau
\end{aligned}
\tag{7.36}
$$

のように相互作用をする．このように弱い相互作用のもとでは $\mathrm{u_L}$ と $\mathrm{d_L}$，ν_e と $\mathrm{e_L}$ は相互に移り変わる．そこで5.2節のアイソスピンの議論にならって，基本粒子のあいだの質量差を無視すると $(\mathrm{u_L}, \mathrm{d_L})$ 間，$(\nu_\mathrm{e}, \mathrm{e_L})$ 間のユニタリ変換 $SU(2)$ を考えることができる．この変換を $SU(2)_\mathrm{L}$ と記し，$(\mathrm{u_L}, \mathrm{d_L})$，$(\nu_\mathrm{e}, \mathrm{e_L})$ はそれぞれ $SU(2)_\mathrm{L}$ に対して基本表現 $\mathbf{2}$ の変換性をもつものと考える．

$$\begin{pmatrix} u_L' \\ d_L' \end{pmatrix} = \exp\left(-i\sum_{i=1}^{3}\frac{\sigma_i}{2}\varphi_i\right)\begin{pmatrix} u_L \\ d_L \end{pmatrix} \tag{7.37}$$

(ν_e, e_L) についても同様である．第1世代の粒子の右巻きの波動関数 u_R, d_R, e_R は $SU(2)_L$ のもとでは不変であり，その代りに次のような U(1) の変換性をもつものとする．これは**電磁相互作用**を導入するためである．

$$\begin{aligned} u_R' &= \exp\left(-i\frac{2}{3}\theta\right)u_R \\ d_R' &= \exp\left(i\frac{1}{3}\theta\right)d_R \\ e_R' &= \exp(i\theta)e_R \end{aligned} \tag{7.38}$$

左巻きの粒子もこの U(1) のもとで次のように変換するものとする．

$$\begin{aligned} \begin{pmatrix} u_L' \\ d_L' \end{pmatrix} &= \exp\left(-i\frac{1}{6}\theta\right)\begin{pmatrix} u_L \\ d_L \end{pmatrix} \\ \begin{pmatrix} \nu_e' \\ e_L' \end{pmatrix} &= \exp\left(i\frac{1}{2}\theta\right)\begin{pmatrix} \nu_e \\ e_R \end{pmatrix} \end{aligned} \tag{7.39}$$

第2，第3世代の粒子についても同じように並行して考えればよい．

このように粒子が相互作用によって互いに移り変わることができるとき，これらの粒子のあいだの変換に対する対称性を考えることができる．この変換を**ゲージ変換**（gauge transformation），変換に対する対称性を**ゲージ対称性**（gauge symmetry）という．変換のパラメータ φ_i, θ が時空の点によらない変換を**第1種のゲージ変換**といい，それらが時空点の関数 $\varphi_i(x)$，$\theta(x)$ であるような変換を**第2種のゲージ変換**または**局所ゲージ変換**という．以下に見るように局所ゲージ変換に対する不変性を要求することにより，相互作用を媒介する粒子を自然に導入することができる．

話を簡単にするために次のような局所 U(1) ゲージ変換を考えよう．

$$\phi'(x) = e^{-i\theta(x)}\phi(x) \tag{7.40}$$

この変換のもとで物理系が不変であるためには，波動関数 $\phi(x)$ に対する波動方程式が不変でなければならない．波動方程式は $\phi(x)$ の時間空間に関する発展を記述するものであるから，時空の隣接した2点における波動関数の差，

$$\delta\phi(x) = \phi(x+dx) - \phi(x) = dx^\mu \partial_\mu \phi(x) \tag{7.41}$$

が式 (7.40) と同じように変換する必要がある．ただし $\partial_\mu = \partial/\partial x^\mu$ で，上付添

字と下付添字が繰り返し現れるときは，時間空間成分 $\mu=0,1,2,3$ について和をとるものとする．また4次元の計量テンソルは，$g_{\mu\nu}=g^{\mu\nu}=\mathrm{diag}(1,-1,-1,-1)$ の形の対角行列である，このような空間をミンコフスキー空間ということは3.1節で述べた．ここでは式(3.12)と異なる番号付けをしている．

式(7.41)にU(1)ゲージ変換(7.40)を施すと，

$$\delta\psi'(x)=e^{-i\theta(x)}\delta\psi(x)-i\mathrm{d}x^{\mu}\partial_{\mu}\theta\psi'(x)$$

となって，式(7.40)のようには変換しないことがわかる．この困難を解決するためにゲージ変換の意味を少し詳しく見てみよう．第1種ゲージ変換では変換のパラメータ θ が x^{μ} によらないから，時空の各点において同時に同じ変換をすることになる．したがって時空のすべての点は幾何学的に同等である．第2種ゲージ変換の場合には θ が x^{μ} の関数であるから，時空の各点ごとに異なった変換をすることになって，時空の異なる点は幾何学的に同等ではない．このような場合2点における $\psi(x)$ の値を比較するとき，まず $\psi(x)$ を $x+\mathrm{d}x$ の位置までもってきてから差をとらなければならない．$\psi(x)$ を $x+\mathrm{d}x$ までもってくるあいだに波動関数の位相は一般に次のように変化しうる．

$$\begin{aligned}\psi(x)\quad\longrightarrow\quad&\exp\left(i\int_{x}^{x+\mathrm{d}x}A_{\mu}\mathrm{d}x^{\mu}\right)\psi(x)\\&\simeq(1+iA_{\mu}\mathrm{d}x^{\mu})\psi(x)\end{aligned}\tag{7.42}$$

ここで位相の変化を表すために導入された $A_{\mu}(x)$ を**ゲージ場**とよぶ．ゲージ変換(7.40)のもとでゲージ場は，

$$A'_{\mu}(x)=A_{\mu}(x)-\partial_{\mu}\theta(x)\tag{7.43}$$

と変換することにすれば，波動関数の差，

$$\begin{aligned}\delta\psi(x)&=\psi(x+\mathrm{d}x)-(1+iA_{\mu}\mathrm{d}x^{\mu})\psi(x)\\&=\mathrm{d}x^{\mu}(\partial_{\mu}-iA_{\mu})\psi(x)\end{aligned}\tag{7.44}$$

は式(7.40)と同じ変換をすることがわかる．こうして局所ゲージ変換に対する対称性はゲージ場を導入することによって実現することができる．

$$\mathrm{D}_{\mu}=\partial_{\mu}-iA_{\mu}\tag{7.45}$$

を**共変微分**（covariant derivative）という．

$\mathrm{SU}(2)_{\mathrm{L}}$ の局所ゲージ変換(7.37)に対する不変性を保つためには，随伴表現の変換性をもつゲージ場 $A^{i}{}_{\mu}\,(i=1,2,3)$ を導入しなければならない．式

(7.42) に対応して，

$$\psi(x) \quad \longrightarrow \quad \exp\left(ig\int_x^{x+\mathrm{d}x}\sum_i \frac{\sigma_i}{2}A^i{}_\mu \mathrm{d}x^\mu\right)\psi(x) \tag{7.46}$$

である．g はゲージ場の相互作用の強さを表すパラメータで**結合定数**とよばれる．隣接した2点の波動関数の差は，

$$\begin{aligned}\delta\psi(x) &= \mathrm{d}x^\mu \mathrm{D}_\mu\psi(x) \\ &= \mathrm{d}x^\mu\left(\partial_\mu - ig\sum_i \frac{\sigma_i}{2}A^i{}_\mu\right)\psi(x)\end{aligned} \tag{7.47}$$

となる．これが式 (7.37) と同じ変換をするようにゲージ場 $A^i{}_\mu$ の変換性を決めればよい．

$$U(\varphi) = \exp\left[-i\sum_i \frac{\sigma_i}{2}\varphi_i(x)\right] \tag{7.48}$$

とおくと，

$$(\mathrm{D}_\mu\psi)' = U(\varphi)\mathrm{D}_\mu\psi$$

となるためには，$A^i{}_\mu$ は次のように変換すればよいことがわかる．

$$\sum_i \frac{\sigma_i}{2}A'^i{}_\mu = \sum_i U(\varphi)\frac{\sigma_i}{2}U^{-1}(\varphi)A^i{}_\mu - \frac{i}{g}[\partial_\mu U(\varphi)]U^{-1}(\varphi) \tag{7.49}$$

微小変換，

$$U(\varphi) \simeq 1 - i\sum_i \frac{\sigma_i}{2}\varphi_i(x)$$

の場合に式 (7.49) を書き直すことにより，ゲージ場 $A^i{}_\mu$ の変換性は，

$$A'^i{}_\mu = A^i{}_\mu + \sum_{j,k}\varepsilon^{ijk}\varphi^j A^k{}_\mu - \frac{1}{g}\partial_\mu\varphi^i \tag{7.50}$$

である．

局所 U(1) ゲージ変換は式 (7.38)，(7.39) をまとめて，

$$\psi'(x) = \exp[-iY\theta(x)]\psi(x) \tag{7.51}$$

$$Y_{\mathrm{u_R}} = \frac{2}{3}, \qquad Y_{\mathrm{d_R}} = -\frac{1}{3}, \qquad Y_{\mathrm{e_R}} = -1, \qquad Y_{\mathrm{q_L}} = \frac{1}{6}, \qquad Y_{l_\mathrm{L}} = -\frac{1}{2}$$

と書くことができる．ただし $\mathrm{q_L} = (\mathrm{u_L}, \mathrm{d_L})$，$l_\mathrm{L} = (\nu_\mathrm{e}, \mathrm{e_L})$ である．量子数 Y を**ウィークハイパーチャージ**（weak hypercharge）といい，この U(1) ゲージ変換を $\mathrm{U(1)_Y}$ と表す．この変換の不変性を保つために導入するゲージ場 B_μ は

次の変換性をもつものとする．

$$B_\mu' = B_\mu - \frac{1}{g'} \partial_\mu \theta \tag{7.52}$$

また共変微分は，

$$\mathrm{D}_\mu = \partial_\mu - ig' Y B_\mu \tag{7.53}$$

となる．g' はゲージ場 B_μ と他の粒子との結合の強さを表す定数である．

以上で基本粒子のあいだには $\mathrm{SU}(2)_\mathrm{L} \otimes \mathrm{U}(1)_\mathrm{Y}$ ゲージ対称性があり，ゲージ場 $A^i{}_\mu$，B_μ が必然的に存在しなければならないことがわかった．共変微分をまとめて書くと，

$$\mathrm{D}_\mu \psi = \left(\partial_\mu - ig \sum_i \frac{\sigma_i}{2} A^i{}_\mu - ig' Y B_\mu \right) \psi \tag{7.54}$$

あるから，ゲージ場と基本粒子 ψ との相互作用は，

$$\begin{aligned}
g \sum_i \frac{\sigma_i}{2} A^i{}_\mu + g' Y B_\mu &= g \sin\theta_\mathrm{w} Q A_\mu + \frac{g}{\cos\theta_\mathrm{w}} (T_3 - \sin^2\theta_\mathrm{w} Q) Z_\mu \\
&\quad + \frac{g}{\sqrt{2}} (\sigma_+ W_\mu{}^+ + \sigma_- W_\mu{}^-) \\
W_\mu{}^\pm &= (A^1{}_\mu \mp i A^2{}_\mu)/\sqrt{2} \\
A_\mu &= \sin\theta_\mathrm{w} A^3{}_\mu + \cos\theta_\mathrm{w} B_\mu \\
Z_\mu &= \cos\theta_\mathrm{w} A^3{}_\mu - \sin\theta_\mathrm{w} B_\mu \\
\tan\theta_\mathrm{w} &= g'/g \\
Q = \frac{\sigma_3}{2} + Y, &\qquad \sigma_\pm = \frac{1}{2}(\sigma_1 \pm i\sigma_2)
\end{aligned} \tag{7.55}$$

のような組合せになる．$\sigma_3/2$ の固有値 T_3 を**ウィークアイソスピン**（weak isospin）の第 3 成分という．例えば $\mathrm{u_L}$ は $T_3 = 1/2$，$\mathrm{d_L}$ は $T_3 = -1/2$ である．式 (7.51) に挙げた Y の値を考慮すると Q の固有値は素電荷を単位にした粒子の電荷を与える．したがって式 (7.55) の形から，

$$g \sin\theta_\mathrm{w} = e \tag{7.56}$$

とおけば，A_μ は電磁場のベクトルポテンシャルであることがわかる．また Z_μ はスピン 1 の中性粒子を表し，***Z* ボソン**とよばれる．$W_\mu{}^\pm$ はスピン 1 の荷電粒子で，***W* ボソン**という．これらは弱い相互作用を媒介するので**ウィークボ**

ソンともよばれる．

こうして $SU(2)_L \otimes U(1)_Y$ ゲージ対称性を考えることにより，弱い相互作用と電磁相互作用とを統一することができる．これをワインバーグ-サラム（Weinberg-Salam）の**電弱統一理論**という．ウィークボソンの存在はもちろん，この統一理論は実験によって非常によい精度で検証されている．ところで 5.6 節で述べたようにクォークにはカラー自由度がある．クォーク間の相互作用はこの自由度に関する $SU(3)_c$ の局所ゲージ変換に対して不変である．したがって $SU(3)_c$ の随伴表現の変換性をもつ 8 成分のゲージ場が存在する．この場に対応する粒子を**グルーオン**（gluon）という．グルーオンを媒介にしてクォーク間に強い相互作用がはたらくのである．クォークとグルーオンの系の力学が**量子色力学**（QCD）で，これも実験でよく確かめられている．このように基本粒子系の力学は $SU(2)_L \otimes U(1)_Y \otimes SU(3)_c$ ゲージ理論によって体系化されている．

さて，これまでの理論ではクォークとレプトンは別々の表現に属しており，独立な多重項であった．またゲージ場の結合定数も三つの群に対応して g, g', g_c というように独立なパラメータとして導入される．ここで g_c はグルーオンの結合定数である．もし $SU(2)_L \otimes U(1)_Y \otimes SU(3)_c$ を部分群として含む単純群を考え，この単純群に基づくゲージ理論をつくることができれば，クォークとレプトンを同一の多重項に組み込むことができ，ゲージ場の結合定数もただ一つになって，統一化のプロセスをもう一歩進めることができる．

$SU(2)_L \otimes U(1)_Y \otimes SU(3)_c$ の階数は 4 であるから，この群を部分群として含む単純群の階数は 4 以上でなければならない．またクォークとレプトンの独立な波動関数の数はクォークのカラー自由度も含めて，

$$(u_L, d_L) : 2\times3, \qquad u_R, d_R : 2\times3$$
$$(\nu_e, e) : 2, \qquad e_R : 1$$

の 15 個であるから，これらが単純群の既約表現にぴったりあてはまらなければならない．そのような単純群として SU(5) と SO(10) が考えられている．SU(5) では $\mathbf{5}^* \oplus \mathbf{10}$ に 15 個の基本粒子の自由度が割り振られる．

$$5^* : d^c{}_L \times 3, e_L, \nu_e$$
$$10 : (u_L, d_L, u^c{}_L) \times 3, e^c{}_L$$

ここで $d^c{}_L, u^c{}_L, e^c{}_L$ は d_R, u_R, e_R の反粒子を表す．右巻きの粒子は左巻きの反粒子に対応するので，この関係を使って波動関数を左巻きのものに統一して表しているのである．SU(5) ゲージ理論では 24 次元随伴表現の変換性をもつゲージ場がある．これらと部分群として含まれる $U(1)_Y$，$SU(2)_L$，$SU(3)_c$ のゲージ場との関係は SU(5) の随伴表現を $SU(2)_L \otimes SU(3)_c$ の表現に分解してみればよい．

$$\mathbf{24} = (\mathbf{1}, \mathbf{1}) \oplus (\mathbf{3}, \mathbf{1}) \oplus (\mathbf{1}, \mathbf{8}) \oplus (\mathbf{2}, \mathbf{3}) \oplus (\mathbf{2}, \mathbf{3}^*)$$

はじめの 12 個は $U(1)_Y \otimes SU(2)_L \otimes SU(3)_c$ のゲージ場である．残りの 12 個はウィークアイソスピンとカラー自由度を合わせもったゲージ場で，これらのゲージ場の相互作用による**陽子崩壊**といった興味ある現象の存在が予言されている．

SO(10) では右巻きのニュートリノの成分があるとして，合計 16 個の自由度を 16 次元スピノル表現に対応させる．したがって SO(10) ゲージ理論ではニュートリノの質量は 0 ではない．拡大ディンキン図を見てわかるように，SO(10) は SU(5) を部分群として含んでいる．SO(10) のゲージ場は 45 次元随伴表現の変換性をもっている．

第 2，第 3 世代の粒子についても第 1 世代と同じように扱えばよい．したがってこれまでの統一理論では各世代は独立しており，世代の数や世代間の関係については予言能力がない．また基本的な相互作用の中でただ一つ残された重力相互作用も統一理論の枠組の中に取り入れる必要がある．このような究極の統一理論の可能性として**超弦理論**が考えられている．ヘテロ型超弦理論では理論の無矛盾性によって可能なゲージ対称性が $E_8 \otimes E_8$ または SO(32) に限られるということが結論される．$SU(2)_L \otimes U(1)_Y \otimes SU(3)_c$ はその部分群として導かれるのである．

8　ローレンツ群

8.1　特殊相対論とローレンツ変換

ニュートンの力学の第1法則は慣性の法則ともよばれ，力を受けていない質点は等速度運動を続けるというものである．この法則の成り立つ座標系を慣性系という．一つの慣性系に対して相対的に等速度で運動している座標系もまた慣性系である．特殊相対論は次の二つの基本原理を出発点とする．

（i）**相対性原理**　基本的物理法則に関してすべての慣性系は同等である．

（ii）**光速度不変の原理**　真空中の光速度はどの慣性系で見ても同じである．

この基本原理の背景について少し説明をしよう．

ある慣性系Kがあり，これに対して等速度で動いているもう一つの慣性系をK′とする．簡単のためにK′は x 軸の方向に速度 $\boldsymbol{v}=(v,0,0)$ で動いているとする．このとき二つの座標系のあいだには次の関係がある．

$$x'=x-vt, \qquad y'=y, \qquad z'=z, \qquad t'=t \tag{8.1}$$

最後の関係は二つの座標系で時間は共通であるということである．二つの慣性系のあいだのこの変換を**ガリレイ変換**とよぶ．このとき質点の速度および加速度はそれぞれ，

$$\frac{\mathrm{d}\boldsymbol{r}'}{\mathrm{d}t}=\frac{\mathrm{d}\boldsymbol{r}}{dt}-\boldsymbol{v} \tag{8.2}$$

$$\frac{\mathrm{d}^2\boldsymbol{r}'}{\mathrm{d}t^2}=\frac{\mathrm{d}^2\boldsymbol{r}}{\mathrm{d}t^2} \tag{8.3}$$

と変換するので，加速度は二つの慣性系で不変である．このことからニュートンの力学法則はすべての慣性系で成り立っていることがわかる．

では電磁気学の法則についてはどうであろうか．真空中の電磁波に対する波動方程式を考えてみると，電場 $\boldsymbol{E}(\boldsymbol{r}, t)$，磁束密度 $\boldsymbol{B}(\boldsymbol{r}, t)$ に対する方程式は，

$$\left(\frac{\partial^2}{\partial x^2}+\frac{\partial^2}{\partial y^2}+\frac{\partial^2}{\partial z^2}-\frac{1}{c^2}\frac{\partial^2}{\partial t^2}\right)\boldsymbol{u}(\boldsymbol{r}, t)=0 \qquad (\boldsymbol{u}=\boldsymbol{E}, \boldsymbol{B}) \tag{8.4}$$

の形をしている．ガリレイ変換 (8.1) のもとで微分が，

$$\begin{aligned}
&\frac{\partial}{\partial x}=\frac{\partial x'}{\partial x}\frac{\partial}{\partial x'}+\frac{\partial t'}{\partial x}\frac{\partial}{\partial t'}=\frac{\partial}{\partial x'}\\
&\frac{\partial}{\partial y}=\frac{\partial}{\partial y'}, \qquad \frac{\partial}{\partial z}=\frac{\partial}{\partial z'}\\
&\frac{\partial}{\partial t}=\frac{\partial x'}{\partial t}\frac{\partial}{\partial x'}+\frac{\partial t'}{\partial t}\frac{\partial}{\partial t'}=-v\frac{\partial}{\partial x'}+\frac{\partial}{\partial t'}
\end{aligned} \tag{8.5}$$

と変換することに注意すると，式 (8.4) は K′ 系で，

$$\begin{aligned}
&\frac{\partial^2}{\partial x^2}+\frac{\partial^2}{\partial y^2}+\frac{\partial^2}{\partial z^2}-\frac{1}{c^2}\frac{\partial^2}{\partial t^2}\\
&\qquad=\frac{\partial^2}{\partial x'^2}+\frac{\partial^2}{\partial y'^2}+\frac{\partial^2}{\partial z'^2}-\frac{1}{c^2}\left(\frac{\partial^2}{\partial t'^2}-2v\frac{\partial^2}{\partial x'\partial t'}+v^2\frac{\partial^2}{\partial t'^2}\right)
\end{aligned} \tag{8.6}$$

となって，電磁波の方程式はガリレイ変換に対して不変ではない．もしニュートン力学とガリレイ変換が正しいとすると電磁気法則は相対性原理に反することになる．逆に電磁気法則が正しいとするとニュートンの運動方程式とガリレイ変換は相対性原理に反するわけである．ところで式 (8.2) は二つの座標系での速度の関係を与えるものであるから，これを光速度に適用すると明らかに光速度不変の原理に反する．K 系で x 方向に進む光の速さを c とすると，K′ 系では $c-v$ となるからである．このことは二つの基本原理を出発点にとる限り，ガリレイ変換とニュートンの運動方程式は正しくないことを意味する．

二つの慣性系のあいだの正しい変換は**ローレンツ変換**とよばれるものである．その形を求めるために K 系の原点から点 (x, y, z) まで光が伝わるという事象を考えると次の関係が成り立つ．

$$c^2t^2-x^2-y^2-z^2=0 \tag{8.7}$$

$t=0$ で二つの座標系の原点が一致していたとすると，K′ 系では，

$$c^2t'^2-x'^2-y'^2-z'^2=0 \tag{8.8}$$

である．ここで光速度不変の原理により二つの座標系での光速度は等しいことを使っている．したがって，

$$c^2t^2-x^2-y^2-z^2=\kappa(\boldsymbol{v})(c^2t'^2-x'^2-y'^2-z'^2) \tag{8.9}$$

が成り立つ．比例係数 $\kappa(\boldsymbol{v})$ は一般には相対速度 $\boldsymbol{v}$ の関数であるが，空間は等方的で，K′ 系の動いている方向によらず式 (8.9) は成り立つから $\kappa(\boldsymbol{v})=\kappa(v)$ である．今度は逆に K′ 系に対して相対的に K 系が速度 $-\boldsymbol{v}$ で動いていると考えれば，

$$c^2t'^2-x'^2-y'^2-z'^2=\kappa(v)(c^2t^2-x^2-y^2-z^2) \tag{8.10}$$

が成り立つから，$\kappa(v)=1$ でなければならない．$(x^0, x^1, x^2, x^3)=(ct, x, y, z)$ と表すことにすると，結局二つの慣性系のあいだの変換は，

$$(x^0)^2-(x^1)^2-(x^2)^2-(x^3)^2=\text{一定} \tag{8.11}$$

という条件を満たさなければならない．

特に K′ が K 系の x 軸の方向に v の速さで運動しているときは $y'=y$，$z'=z$ であるから式 (8.11) は，

$$(x'^0)^2-(x'^1)^2=(x^0)^2-(x^1)^2$$

となる．この関係を満たす変換は次の形のものである．

$$x'^0=\frac{x^0-(v/c)x^1}{\sqrt{1-(v/c)^2}}, \qquad x'^1=\frac{x^1-(v/c)x^0}{\sqrt{1-(v/c)^2}} \tag{8.12}$$

あるいは t，x にもどして表すと，

$$t'=\frac{t-(v/c^2)x}{\sqrt{1-(v/c)^2}}, \qquad x'=\frac{x-vt}{\sqrt{1-(v/c)^2}} \tag{8.13}$$

である．これがローレンツ変換の具体形である．ガリレイ変換 (8.1) と比べると，ローレンツ変換では時間座標と空間座標とが変換によって互いに混じり合う．したがって特殊相対論では時間と空間に本質的な差はなく，これらを同等に扱わなければならない．こうして導入されたのが**ミンコフスキー空間**である．

ミンコフスキー空間の点は (x^0, x^1, x^2, x^3) で表され，内積が，

$$\langle x, y\rangle = x^0y^0 - x^1y^1 - x^2y^2 - x^3y^3 \tag{8.14}$$

で定義される．したがって空間の計量は式 (3.33) のように，

$$g_{\mu\nu} = g^{\mu\nu} = \mathrm{diag}(1, -1, -1, -1) \tag{8.15}$$

である．ここで diag(・・・・) はかっこ内の対角成分をもった対角行列を表す．この計量を**ミンコフスキー計量**という．

さて，式 (8.11) の関係は，

$$\sum_{\mu,\nu} g_{\mu\nu}x^\mu x^\nu = \sum_{\mu=0}^{3} x^\mu x_\mu = \langle x, x\rangle = 一定 \tag{8.16}$$

と表せる．3.1 節で述べたようにこのような内積を不変にする変換全体は群をなし，これをローレンツ群 O(3,1) というのであった．これはまた式 (3.36)，すなわち，

$$A^{\mathrm{T}}gA = g \tag{8.17}$$

を満たす正則行列全体ということもできる．

問　　題

8.1　ローレンツ変換 (8.13) のもとで電磁波の方程式 (8.4) が不変であることを確かめよ．

8.2　微小量 dx，dt に対するローレンツ変換を式 (8.13) について求め，これを用いて座標系 K，K′ における速度 $\boldsymbol{u}$，$\boldsymbol{u}'$ に対する次の変換則を導け．

$$u'_x = \frac{u_x - v}{1-(v/c^2)u_x}, \qquad u'_y = \sqrt{1-(v/c)^2}\,\frac{u_y}{1-(v/c^2)u_x},$$

$$u'_z = \sqrt{1-(v/c)^2}\,\frac{u_z}{1-(v/c^2)u_x}$$

8.3　前問で求めた速度の変換則において，

$$\boldsymbol{p} = \frac{m\boldsymbol{u}}{\sqrt{1-(u/c)^2}}, \qquad E = \frac{mc^2}{\sqrt{1-(u/c)^2}}$$

とおくと，これらは，

$$E' = \frac{E - vp_x}{\sqrt{1-(v/c)^2}}, \qquad p'_x = \frac{p_x - (v/c^2)E}{\sqrt{1-(v/c)^2}}$$

$$p'_y = p_y, \qquad p'_z = p_z$$

と変換することを確かめよ．これは $(E/c, p_x, p_y, p_z)$ が (ct, x, y, z) と同じ変換をすることを示している．

8.2 ローレンツ群とそのリー代数

ローレンツ変換はミンコフスキー空間の中の内積 (8.16) を変えない変換であり，その変換全体のなす群がローレンツ群である．ところでこの内積は正定値ではない．ミンコフスキー空間のベクトル $x=(x^0, x^1, x^2, x^3)$ は，その内積の正負に応じて次のように分類される．

$\langle x, x\rangle>0$ **時間的** (time-like)

$\langle x, x\rangle<0$ **空間的** (space-like)

$\langle x, x\rangle=0$ **光的** (light-like)

光的なベクトルは式 (8.7) を満たすから，その全体はミンコフスキー空間の原点を頂点とする 3 次元の円錐をつくる．これは原点から出る光の経路を表すもので，**光円錐** (light-cone) とよばれる．原点を起点として光円錐の内側にあるベクトルが時間的ベクトルであり，外側のベクトルが空間的ベクトルである．ローレンツ変換は内積を変えないから，ベクトルの性質は変換によって変わらない．例えば時間的ベクトルは変換後も時間的ベクトルである．

ローレンツ群の元は式 (8.17) を満たす正則行列 A であるから，式 (8.17)

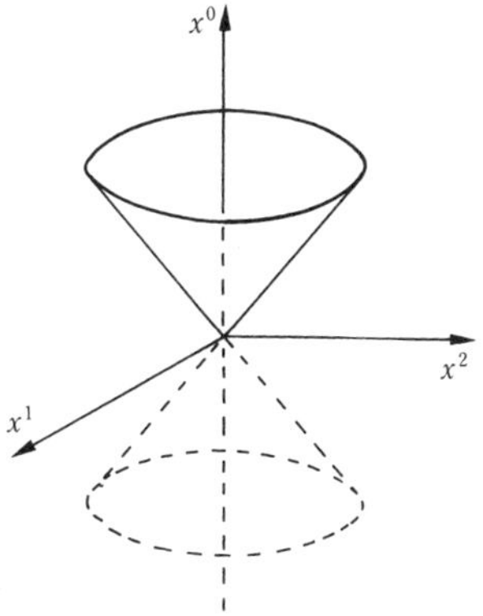

図 8.1 空間を 2 次元として表した光円錐

の行列式を考えると，

$$(\det A)^2=1$$

である．したがってローレンツ変換は次の二つのタイプに分けられる．

$$\begin{aligned} &\mathrm{L}_+ : \{A\ ;\ A^{\mathrm{T}}gA=g, \det A=1\} \\ &\mathrm{L}_- : \{A\ ;\ A^{\mathrm{T}}gA=g, \det A=-1\} \end{aligned} \tag{8.18}$$

L_+ は特殊ローレンツ群 SO(3, 1) である．また式 (8.17) を行列成分で表すと，

$$\sum_{\rho,\sigma} g^{\rho\sigma} A_{\rho\mu} A_{\sigma\nu} = g_{\mu\nu} \tag{8.19}$$

であるから，$\mu=\nu=0$ とおくと，

$$(A_{00})^2-\sum_i (A_{i0})^2=1$$

を得る．ゆえに $(A_{00})^2 \geqq 1$ であるから，$A_{00} \geqq 1$ であるか，または $A_{00} \leqq -1$ である．$A_{00} \geqq 1$ であるようなローレンツ変換は時間の向きを変えないので**順時的ローレンツ変換**とよばれる．順時的かそうでないかによって式 (8.18) をさらに分けることができる．

$$\begin{aligned} &\mathrm{L}_+^{(+)} : \{A\ ;\ A^{\mathrm{T}}gA=g,\ \det A=1, A_{00} \geqq 1\} \\ &\mathrm{L}_+^{(-)} : \{A\ ;\ A^{\mathrm{T}}gA=g,\ \det A=1, A_{00} \leqq -1\} \\ &\mathrm{L}_-^{(+)} : \{A\ ;\ A^{\mathrm{T}}gA=g,\ \det A=-1, A_{00} \geqq 1\} \\ &\mathrm{L}_-^{(-)} : \{A\ ;\ A^{\mathrm{T}}gA=g,\ \det A=-1, A_{00} \leqq -1\} \end{aligned} \tag{8.20}$$

ローレンツ群の任意の元は四つのタイプのいずれかに属し，異なる二つのタイプに属する元は連続的な変換によって結ばれることはないから，これら四つのタイプのローレンツ変換はローレンツ群 O(3, 1) の四つの連結成分になっている（問題 3.13 参照）．特に $\mathrm{L}_+^{(+)}$ は単位元を含む連結成分で，これを**固有ローレンツ群**という．$\mathrm{L}_+^{(+)}$ は O(3, 1) の不変部分群である．

ローレンツ群のリー代数は式 (8.17) において微小変換 $A=1+M$ を考えることにより，

$$M^{\mathrm{T}}g+gM=0 \tag{8.21}$$

を満たすすべての行列であることがわかる．式 (8.21) は $4\times5/2=10$ 個の条件を与えるから，行列 M の独立な成分の数は $16-10=6$ である．したがって式 (8.17) を満たす独立な行列として次の 6 個の行列を選ぶ．

$$M_{12}=\begin{pmatrix}0&0&0&0\\0&0&1&0\\0&-1&0&0\\0&0&0&0\end{pmatrix},\qquad M_{23}=\begin{pmatrix}0&0&0&0\\0&0&0&0\\0&0&0&1\\0&0&-1&0\end{pmatrix}$$

$$M_{31}=\begin{pmatrix}0&0&0&0\\0&0&0&-1\\0&0&0&0\\0&1&0&0\end{pmatrix},\qquad M_{01}=\begin{pmatrix}0&1&0&0\\1&0&0&0\\0&0&0&0\\0&0&0&0\end{pmatrix}$$

$$M_{02}=\begin{pmatrix}0&0&1&0\\0&0&0&0\\1&0&0&0\\0&0&0&0\end{pmatrix},\qquad M_{03}=\begin{pmatrix}0&0&0&1\\0&0&0&0\\0&0&0&0\\1&0&0&0\end{pmatrix}$$

また $M_{\mu\nu}=-M_{\nu\mu}$ と定義する．式 (8.21) を満たす任意の行列 M はこれらの1次結合で表せる．

$$M=1+\frac{1}{2}\sum_{\mu,\nu}\omega^{\mu\nu}M_{\mu\nu} \tag{8.22}$$

ただし $\omega^{\mu\nu}=-\omega^{\nu\mu}$ とする．

3次元直交群 O(3) のリー代数 (3.26) と比べることにより，$\{M_{12}, M_{23}, M_{31}\}$ は O(3) のリー代数であることがわかる．したがって O(3) は O(3,1) の部分群である．$M_{ij}\,(i,j=1,2,3)$ は i 軸と j 軸の張る平面内の回転の生成子になっている．O(3,1) のリー代数 $M_{\mu\nu}$ は次の交換関係に従う．

$$[M_{\mu\nu}, M_{\rho\sigma}]=g_{\mu\rho}M_{\nu\sigma}+g_{\nu\sigma}M_{\mu\rho}-g_{\nu\rho}M_{\mu\sigma}-g_{\mu\sigma}M_{\nu\rho} \tag{8.23}$$

この関係を見やすい形にするために，

$$\begin{aligned}&M_1=-M_{23},\qquad M_2=-M_{31},\qquad M_3=-M_{12}\\&N_1=M_{01},\qquad N_2=M_{02},\qquad N_3=M_{03}\end{aligned} \tag{8.24}$$

とおくと，式 (8.23) の交換関係は次のように書き直すことができる．

$$\begin{aligned}&[M_i, M_j]=\sum_k\varepsilon_{ijk}M_k\\&[N_i, N_j]=-\sum_k\varepsilon_{ijk}M_k\\&[M_i, N_j]=\sum_k\varepsilon_{ijk}N_k\end{aligned} \tag{8.25}$$

この交換関係は SL(2, **C**) のリー代数と同じであることが以下のようにしてわかる．

SL(2, **C**) は行列式が 1 であるような 2×2 複素行列の全体である．表 3.1 に挙げたように，そのリー代数はトレースが 0 であるような任意の複素行列である．そのような行列の独立な成分の数は 6 であるから，パウリ行列 $\sigma_i (i=1, 2, 3)$ を用いて SL(2, **C**) のリー代数を次のように表すことができる．

$$\begin{aligned} &M_1=-i\frac{\sigma_1}{2}, \qquad M_2=-i\frac{\sigma_2}{2}, \qquad M_3=-i\frac{\sigma_3}{2} \\ &N_1=-\frac{\sigma_1}{2}, \qquad N_2=-\frac{\sigma_2}{2}, \qquad N_3=-\frac{\sigma_3}{2} \end{aligned} \tag{8.26}$$

これらが式 (8.25) と同じ交換関係を満たすことは容易に確かめることができる．

このようにローレンツ群のリー代数と SL(2, **C**) のリー代数とは同型であるから，ローレンツ群と SL(2, **C**) とのあいだには準同型対応があることが期待される．このことを具体的に見るために，2×2 エルミート行列 H の全体を考える．任意の H は独立な行列成分の数が 4 であるから，

$$H(x)=\sum_{\mu=0}^{3}x^\mu\sigma_\mu=x^0\sigma^0-x^1\sigma^1-x^2\sigma^2-x^3\sigma^3 \tag{8.27}$$

と表すことができる．ただし σ_0 は単位行列で，$\sigma_\mu=[\sigma_0, \sigma_1, \sigma_2, \sigma_3]$，$\sigma^\mu=\sum_\nu g^{\mu\nu}\sigma_\nu$ とする．こうしてミンコフスキー空間のベクトル x^μ とエルミート行列 H を 1 対 1 に対応させることができる．行列 H を SL(2, **C**) の変換 a で次のように変換したとき，

$$H'=aHa^\dagger \tag{8.28}$$

H' もまたエルミート行列であるから，

$$H'(x')=\sum_\mu x'^\mu\sigma_\mu \tag{8.29}$$

となるような 4 次元ベクトル x' ある．したがって SL(2, **C**) の変換 a にミンコフスキー空間での変換，

$$x'^\mu=\sum_\nu A^\mu{}_\nu x^\nu \tag{8.30}$$

が対応している．ところで式 (8.28) より $\det H=\det H'$ で，$\det H=\sum_\mu x^\mu x_\mu$ であるから変換 a のもとで 4 次元ベクトルの内積 $\langle x, x\rangle$ は不変である．これは式 (8.30) がローレンツ変換であることを意味している．こうして SL(2, **C**) の変

換にローレンツ変換が対応していることがわかった．

ローレンツ変換 A と $\mathrm{SL}(2,\mathbf{C})$ の行列 a との関係を具体的に求めるために，$\rho_\mu=(\sigma_0,-\sigma_1,-\sigma_2,-\sigma_3)$ とすると，$\mathrm{Tr}(\sigma_\mu\rho_\nu)=2g_{\mu\nu}$ であるから，式 (8.28), (8.29) より，

$$\sum_\mu g_{\mu\kappa}x'^\mu=\frac{1}{2}\sum_\nu \mathrm{Tr}(\rho_\kappa a\sigma_\nu a^\dagger)x^\nu$$

である．これより，

$$A^\mu{}_\nu=\frac{1}{2}\mathrm{Tr}(\rho^\mu a\sigma_\nu a^\dagger) \tag{8.31}$$

と求められる．特に $\mu=\nu=0$ とおくと，

$$A_{00}=\frac{1}{2}\mathrm{Tr}(aa^\dagger)\geqq 1 \tag{8.32}$$

が得られる．なぜなら $M=aa^\dagger$ とおくと M はエルミートで $\det M=1$ であるから，パウリ行列を用いて，

$$\begin{aligned}M&=m_0\sigma_0+m_1\sigma_1+m_2\sigma_2+m_3\sigma_3\\&=\begin{pmatrix}m_0+m_3 & m_1+im_2\\ m_1-im_2 & m_0-m_3\end{pmatrix}\end{aligned}$$

と表せる．$\mathrm{Tr}(aa^\dagger)=2m_0\geqq 0$ で，$\det M=1$ より，

$${m_0}^2-{m_1}^2-{m_2}^2-{m_3}^2=1$$

だから，$\mathrm{Tr}(aa^\dagger)=\mathrm{Tr}M=2m_0\geqq 2$ がいえる．したがってローレンツ変換 (8.30) は順時的であることがいえた．さらに式 (8.31) において $a\to 1$ とすることにより $A^\mu{}_\nu\to(1/2)\mathrm{Tr}(\rho^\mu\sigma_\nu)=\delta^\mu{}_\nu$ がいえるから，このローレンツ変換は $L_+^{(+)}$ すなわち固有ローレンツ群に属する．$\mathrm{SL}(2,\mathbf{C})$ の変換は固有ローレンツ変換に対応しているのである．

$\mathrm{SL}(2,\mathbf{C})$ の変換 a に対して $-a$ も $\mathrm{SL}(2,\mathbf{C})$ の変換であるから，式 (8.31) により $\mathrm{SL}(2,\mathbf{C})$ の変換 $\pm a$ は同一の固有ローレンツ変換 A に対応している．したがって $\mathrm{SL}(2,\mathbf{C})$ から固有ローレンツ群 $\mathrm{L}_+^{(+)}$ への対応は 2 対 1 の準同型写像で，その核は $\mathrm{Z}_2=(\mathbf{1},-\mathbf{1})$ である．ゆえに準同型定理 2.1 により次の同型対応が得られる．

$$\mathrm{SL}(2,\mathbf{C})/\mathrm{Z}_2\simeq\mathrm{L}_+^{(+)} \tag{8.33}$$

SL(2, **C**) は固有ローレンツ群の普遍被覆群である．SL(2, **C**) の部分群 SU(2) と $\mathrm{L}_{+}^{(+)}$ の部分群 SO(3) のあいだの関係，

$$\mathrm{SU}(2)/\mathrm{Z}_2 \simeq \mathrm{SO}(3) \tag{8.34}$$

については 6.1 節で述べた．

問　　題

8.4　式 (8.28) で SL(2, **C**) の変換 a として特に行列式が 1 のユニタリ行列をとったとき，変換 (8.30) は SO(3) となることを示せ．

8.5　前問において SL(2, **C**) の変換 a として行列式が 1 のエルミート行列，

$$a = \alpha\sigma_0 + \beta\sigma_1$$

$$\alpha^2 - \beta^2 = 1$$

をとったとき，変換 $A^{\mu}{}_{\nu}$ は，

$$A^{\mu}{}_{\nu} = \begin{pmatrix} \cosh\gamma & \sinh\gamma & 0 & 0 \\ \sinh\gamma & \cosh\gamma & 0 & 0 \\ 0 & 0 & 1 & 0 \\ 0 & 0 & 0 & 1 \end{pmatrix}$$

$\alpha = \cosh(\gamma/2)$，$\beta = \sinh(\gamma/2)$ となることを示せ．

8.3　ローレンツ群の表現とディラック代数

ローレンツ群のリー代数は式 (8.25) で与えられる．逆にこのリー代数が与えられたとき，これに一意的に対応する群は普遍被覆群 SL(2, **C**) である．リー代数の表現は SL(2, **C**) の表現を与える．交換関係 (8.25) をよく知られた形にするためにリー代数の 1 次結合，

$$J_i = \frac{1}{2}i(M_i + iN_i), \qquad K_i = \frac{1}{2}i(M_i - iN_i) \tag{8.35}$$

を用いて式 (8.25) を書き換えると，次の交換関係を得る．

$$[J_i, J_j] = i\sum_k \varepsilon_{ijk}J_k, \qquad [K_i, K_j] = i\sum_k \varepsilon_{ijk}K_k, \qquad [J_i, K_j] = 0 \tag{8.36}$$

これは SU(2)⊗SU(2) の交換関係であるから，SU(2) の表現を利用して SL(2, **C**) の表現をつくることができる．

5.1 節で述べた SU(2) の表現を用いて，SL(2, **C**) の表現は $D(j,k)$ ($j,k=0$, 1/2, 1, ････) と表される．表現の次元は $(2j+1)(2k+1)$ である．$j+k$ が半整数のときは SL(2, **C**) と固有ローレンツ群 $L_+^{(+)}$ との対応は 2 対 1 で，整数のときは 1 対 1 であるから，固有ローレンツ群の表現は SL(2, **C**) の表現の中で $j+k$ が整数のものを選び出すことによって得られる．$j+k$ が半整数の表現はしばしば固有ローレンツ群の 2 価表現とよばれる．この事情は SU(2) と SO(3) の表現のあいだの関係と同じである．

式 (8.35) を逆に解くと，

$$M_i=-i(J_i+K_i), \qquad N_i=K_i-J_i \tag{8.37}$$

である．群の表現がユニタリであるためにはリー代数の表現がエルミートである必要がある．J_i, K_i はエルミート行列であるから SU(2) の表現はユニタリである．しかし M_i は反エルミート，N_i はエルミートであるから SL(2, **C**) の表現は一般にユニタリとはならない．これは SL(2, **C**) あるいはローレンツ群がコンパクト群でないためである．コンパクト群の場合には定理 4.4 により常にユニタリ表現が可能である．ローレンツ群では表現を無限次元にまで拡張することによってユニタリ表現をつくることができるがここでは立ち入らない．

SL(2, **C**) の基本表現は $D(1/2,0)$ と $D(0,1/2)$ である．これらの表現でのリー代数は，

$$\begin{aligned} D\left(\frac{1}{2},0\right) &: M_i=-\frac{1}{2}i\sigma_i, \qquad N_i=-\frac{1}{2}\sigma_i \\ D\left(0,\frac{1}{2}\right) &: M_i=-\frac{1}{2}i\sigma_i, \qquad N_i=\frac{1}{2}\sigma_i \end{aligned} \tag{8.38}$$

である．表現 $D(1/2,0)$ のもとで変換する ξ を **2 成分スピノル**とよび，$D(0,$ $1/2)$ のもとで変換する η を**共役スピノル**（conjugate spinor）という．式 (8.38) からわかるように M_i によって生成される空間回転のもとでは ξ も η も同じ変換をするが，N_i によって生成される（微小）ローレンツ変換のもとでは，

$$\xi \longrightarrow \xi' = \left(1 + \frac{1}{2}\varepsilon\sigma_i\right)\xi$$
$$\eta \longrightarrow \eta' = \left(1 - \frac{1}{2}\varepsilon\sigma_i\right)\eta \tag{8.39}$$

と変換する．したがって $\xi^\dagger\xi$ はスカラーではない．これは $D(1/2, 0)$ がユニタリ表現ではないからである．これに対して $D(0, 1/2)$ のスピノル η を用いた組合せ $\xi^\dagger\eta$ はローレンツ変換に対して不変な量となる．そこでローレンツ変換のもとで決まった変換性をもつ量をつくるために，二つの表現 $D(1/2, 0)$ と $D(0, 1/2)$ の直和を考え，4 成分スピノル (ξ, η) を導入するのが便利である．

ここで SO$(2n)$ のスピノル表現をクリフォード代数を用いて構成した 6.4 節の議論にならって，ミンコフスキー空間でのクリフォード代数を導入する．これを**ディラック代数**（Dirac algebra）とよんでいる．ローレンツ変換は 2 次形式 $(x^0)^2-(x^1)^2-(x^2)^2-(x^3)^2$ を不変にする変換である．この 2 次形式を 1 次形式の 2 乗の形に書いたとすると，

$$(x^0)^2-(x^1)^2-(x^2)^2-(x^3)^2 = (x^0\gamma^0 - x^1\gamma^1 - x^2\gamma^2 - x^3\gamma^3)^2 \tag{8.40}$$

となるためには，γ^μ は次の反交換関係に従えばよい．

$$\{\gamma^\mu, \gamma^\nu\} = \gamma^\mu\gamma^\nu + \gamma^\nu\gamma^\mu = 2g^{\mu\nu} \tag{8.41}$$

この関係を満たす行列全体をディラック代数とよぶのである．γ^μ はローレンツ変換のもとで x^μ と同じ変換をする．$g_{\mu\nu}$ を用いて添字を上付から下付に直せば，γ_μ についても式 (8.41) と同様の交換関係が成り立つことがわかる．

ディラック代数のすべての独立な基底は γ 行列の積 $\gamma^{\mu_1}\gamma^{\mu_2}\cdots\cdot\gamma^{\mu_r}$ によって与えられるから，ディラック代数の次元は式 (6.82) により $2^4=16$ である．したがって γ 行列は 4×4 行列で，その表現空間は 4 成分スピノル (ξ, η) の空間である．交換関係 (8.41) により $\gamma^0\gamma^1\gamma^2\gamma^3$ はすべての γ^μ と反可換であるから，

$$\gamma^5 = i\gamma^0\gamma^1\gamma^2\gamma^3 = \gamma_5 \tag{8.42}$$

と定義する．このとき独立な 16 個の γ 行列は次のように分類される．

$$1,\ \gamma^5,\ \gamma^\mu,\ \gamma^5\gamma^\mu,\ [\gamma^\mu, \gamma^\nu]$$

γ 行列の表示として，

$$\gamma^0 = -\sigma_1 \otimes \sigma_0 = -\begin{pmatrix} 0 & \sigma_0 \\ \sigma_0 & 0 \end{pmatrix}, \qquad \gamma^i = i\sigma_2 \otimes \sigma_i = \begin{pmatrix} 0 & \sigma_i \\ -\sigma_i & 0 \end{pmatrix} \tag{8.43}$$

ととると,

$$\gamma^5=\sigma_3\otimes\sigma_0=\begin{pmatrix}\sigma_0 & 0\\ 0 & -\sigma_0\end{pmatrix} \tag{8.44}$$

は対角形になる．γ 行列のこの表示をカイラル表示という．このとき,

$$P_{\pm}=\frac{1}{2}(1\pm\gamma^5) \tag{8.45}$$

は $D(1/2,0)\oplus D(0,1/2)$ から $D(1/2,0)$ あるいは $D(0,1/2)$ を取り出す次のような射影演算子である．

$$P_+\begin{pmatrix}\xi\\ \eta\end{pmatrix}=\begin{pmatrix}\xi\\ 0\end{pmatrix},\qquad P_-\begin{pmatrix}\xi\\ \eta\end{pmatrix}=\begin{pmatrix}0\\ \eta\end{pmatrix}$$

4 成分スピノル空間でのリー代数の表現は,

$$M^{\mu\nu}=-\frac{1}{4}[\gamma^\mu,\gamma^\nu] \tag{8.46}$$

と定義することによって得られる．実際にこれが式 (8.23) を満たすことを確かめることができる．あるいは式 (8.43) を用いれば,

$$M^{ij}=-\frac{1}{4}[\gamma^i,\gamma^j]=\frac{i}{2}\sum_k\varepsilon_{ijk}\sigma_0\otimes\sigma_k$$

$$M^{0i}=-\frac{1}{4}[\gamma^0,\gamma^i]=-\frac{1}{2}\sigma_3\otimes\sigma_i$$

であるから，上付添字を下付添字に直して式 (8.24) を使えば式 (8.38) に一致する．

4 成分スピノル,

$$\psi=\begin{pmatrix}\xi\\ \eta\end{pmatrix},\qquad \psi^\dagger=(\xi^\dagger,\eta^\dagger)$$

から SL(2, **C**) 不変な量をつくるには，前述したように $\xi^\dagger\eta$ という組合せをつくらなければならないから,

$$\bar{\psi}=\psi^\dagger\gamma^0 \tag{8.47}$$

と定義すると $\bar{\psi}\psi$ は SL(2, **C**) の変換に対して不変になる．実際に SL(2, **C**) の変換,

$$S=\exp\left(\frac{1}{2}\sum_{\mu,\nu}\omega^{\mu\nu}M_{\mu\nu}\right) \tag{8.48}$$

のもとで4成分スピノルは，

$$\psi'^a = \sum_{b=1}^{4} S^a{}_b \psi^b$$

と変換する．γ 行列を式 (8.43) のように定義したとき，

$$(\gamma^i)^\dagger = -\gamma^i, \qquad (\gamma^0)^\dagger = \gamma^0 \tag{8.49}$$

であるから，

$$(M^{ij})^\dagger = -M^{ij}, \qquad (M^{0i})^\dagger = M^{0i}$$

となって S はユニタリではない．

$$S^\dagger \neq S^{-1}$$

しかし γ^0 を用いることによって，

$$S^\dagger \gamma^0 = \gamma^0 S^{-1} \tag{8.50}$$

とできるから，

$$\bar{\psi}'\psi' = \psi^\dagger S^\dagger \gamma^0 S\psi = \psi^\dagger \gamma^0 S^{-1} S\psi = \bar{\psi}\psi$$

となるのである．

二つの4成分スピノルの直積は，

$$\left[D\left(\frac{1}{2}, 0\right) \oplus D\left(0, \frac{1}{2}\right)\right] \otimes \left[D\left(\frac{1}{2}, 0\right) \oplus D\left(0, \frac{1}{2}\right)\right]$$
$$= D(1,0) \oplus D(0,1) \oplus D\left(\frac{1}{2}, \frac{1}{2}\right) \oplus D\left(\frac{1}{2}, \frac{1}{2}\right) \oplus D(0,0) \oplus D(0,0)$$

と既約表現の直和に分解されるから，SL(2, **C**) のもとで決まった変換性をもつ組合せは次のようになる．

$$\mathcal{S} = \bar{\psi}\psi : D(0,0), \qquad \mathcal{P} = \bar{\psi}\gamma^5\psi : D(0,0)$$
$$\mathcal{V} = \bar{\psi}\gamma^\mu\psi : D\left(\frac{1}{2}, \frac{1}{2}\right), \qquad \mathcal{A} = \bar{\psi}\gamma^5\gamma^\mu\psi : D\left(\frac{1}{2}, \frac{1}{2}\right)$$
$$\mathcal{T} = \bar{\psi}[\gamma^\mu, \gamma^\nu]\psi : D(1,0) \oplus D(0,1)$$

SL(2, **C**) の変換に対して γ 行列は，

$$\gamma'^\mu = S\gamma^\mu S^{-1} = \sum_\nu A^\mu{}_\nu \gamma^\nu \tag{8.51}$$

と変換するから，例えば $\bar{\psi}\gamma^\mu\psi$ は，

$$\bar{\psi}'\gamma^\mu\psi' = \bar{\psi}S^{-1}\gamma^\mu S\psi = \sum_\nu (A^{-1})^\mu{}_\nu \bar{\psi}\gamma^\nu\psi$$

のようにベクトルの変換をする．同様にして $\bar{\psi}[\gamma^\mu, \gamma^\nu]\psi$ は2階の反対称テン

ソルの変換性をもっている.

問　題

8.6　式 (8.51) の変換に対して,

$$S\gamma^5 S^{-1} = \det A\,\gamma^5$$

となることを示せ. これを用いて $\bar{\psi}\gamma^5\psi$ は擬スカラー, $\bar{\psi}\gamma^\mu\gamma^5\psi$ は軸性ベクトルの変換性をもつことを確かめよ.

8.4　ポアンカレ群

ローレンツ変換とミンコフスキー空間の中の平行移動を合せた変換は群をなす. これを**非斉次ローレンツ群**あるいは**ポアンカレ群** (Poincaré group) という. これはまたミンコフスキー空間の 2 点間の距離を不変にする実 1 次変換全体のつくる群である. ポアンカレ群 P の元 (a, A) は変換,

$$x'^\mu = \sum_\nu A^\mu{}_\nu x^\nu + a^\mu \tag{8.52}$$

に対応している. 二つの変換を続けて行うことにより, 群の積は次のように定義すればよいことがわかる.

$$(a_2, A_2)(a_1, A_1) = (a_2 + A_2 a_1, A_2 A_1) \tag{8.53}$$

単位元は $(0, 1)$, (a, A) の逆元は,

$$(a, A)^{-1} = (-A^{-1}a, A^{-1}) \tag{8.54}$$

である. ローレンツ群 L は変換 $(0, A)$ よりなる部分群である. また平行移動 $(a, 1)$ の全体は並進群 T をなし, これはポアンカレ群の不変部分群である. 実際, 任意の元 $(a, A) \in \mathrm{P}$ に対し,

$$(a, A)(b, 1)(a, A)^{-1} = (Ab, 1)$$

が成り立つ. ポアンカレ群の元 (a, A) にローレンツ群の元 $(0, A)$ を対応させる写像は準同型写像である. この写像の核は並進群 T であるから, 準同型定理 2.1 により剰余類群 P/T はローレンツ群 L に同型である.

$$\mathrm{P/T} \simeq \mathrm{L}$$

並進群の生成子は無限小変換,

$$f(x+\mathrm{d}x)=f(x)+\sum_{\mu}\mathrm{d}x^{\mu}\frac{\partial}{\partial x^{\mu}}f(x)$$

を考えることにより,

$$T_{\mu}=\partial_{\mu}=\frac{\partial}{\partial x^{\mu}} \tag{8.55}$$

である．あるいは量子論における運動量演算子を 4 次元に拡張して,

$$P_{\mu}=-i\hbar T_{\mu} \tag{8.56}$$

とおくと，並進群のユニタリ表現は,

$$U(a)=\exp(i\sum_{\mu}a^{\mu}P_{\mu}/\hbar) \tag{8.57}$$

で与えられる．並進群はアーベル群であるからそのリー代数は可換である.

$$[P_{\mu}, P_{\nu}]=0 \tag{8.58}$$

並進群のリー代数 T_{μ} を微分演算子 (8.55) で与えたので，ローレンツ群のリー代数 $M_{\mu\nu}$ も微分演算子で表現しよう.

$$M_{\mu\nu}=x_{\nu}\partial_{\mu}-x_{\mu}\partial_{\nu} \tag{8.59}$$

とおくと $M_{\mu\nu}$ は式 (8.23) で与えた交換関係,

$$[M_{\mu\nu}, M_{\rho\sigma}]=g_{\mu\rho}M_{\nu\sigma}+g_{\nu\sigma}M_{\mu\rho}-g_{\nu\rho}M_{\mu\sigma}-g_{\mu\sigma}M_{\nu\rho} \tag{8.60}$$

を満たすから，$M_{\mu\nu}$ はローレンツ群のリー代数である．特に $M_{\mu\nu}$ の空間成分は空間回転の生成子で，式 (6.11) の角運動量演算子との対応は,

$$M_{12}=\frac{i}{\hbar}L_z, \qquad M_{23}=\frac{i}{\hbar}L_x, \qquad M_{31}=\frac{i}{\hbar}L_y \tag{8.61}$$

となる．ここで空間座標は $(x^1, x^2, x^3)=(x, y, z)$ と対応している．$M_{\mu\nu}$ と P_{ρ} との交換関係は次のように与えられる.

$$[M_{\mu\nu}, P_{\rho}]=g_{\mu\rho}P_{\nu}-g_{\nu\rho}P_{\mu} \tag{8.62}$$

結局ポアンカレ群のリー代数は $\{P_{\rho}, M_{\mu\nu}\}$ で，その交換関係は式 (8.58), (8.60), (8.62) で与えられる.

ポアンカレ群の表現はカシミヤ演算子，すなわちリー代数のすべての元と可換な演算子の固有値によって類別される．カシミヤ演算子の一つは $P^2=\sum_{\mu=0}^{3}P^{\mu}P_{\mu}$ である．実際これが,

$$[P^2, P_{\rho}]=0, \qquad [P^2, M_{\mu\nu}]=0 \tag{8.63}$$

を満たすことを確かめることができる．そこで P^2 の固有値 p^2 によってポアンカレ群の表現は次の四つに類別される．それぞれの場合，群の変換は四次元ベクトル p_ρ を不変にする変換に帰着する．p_ρ を不変にする変換のつくるポアンカレ群の部分群 G_p を**小群**（little group）という．

クラスⅠ：$p_\rho=0$　　　　　$\mathrm{G}_p=\mathrm{L}_+^{(+)}$

クラスⅡ：$p^2>0$　（時間的）　$\mathrm{G}_p=\mathrm{SO}(3)$

クラスⅢ：$p^2=0$　（光的）　　$\mathrm{G}_p=\mathrm{E}_2$

クラスⅣ：$p^2<0$　（空間的）　$\mathrm{G}_p=\mathrm{SO}(2,1)$

クラスⅠでは $p_\rho=0$ であるから並進群に関しては恒等表現である．したがってポアンカレ群は固有ローレンツ群に帰着し，固有ローレンツ群の表現を求める問題になる．$p_\rho\neq0$ の場合を考えるためにもう一つのカシミヤ演算子を導入する．次の演算子，

$$W_\mu=-\frac{1}{2}\sum_{\nu,\rho,\sigma}\varepsilon_{\mu\nu\rho\sigma}P^\nu M^{\rho\sigma} \tag{8.64}$$

は P_ρ と可換で，$W^2=\sum_{\mu=0}^{3}W^\mu W_\mu$ はポアンカレ群のすべての元と可換であることがわかる．ただし $\varepsilon_{\mu\nu\rho\sigma}$ は 4 次元の完全反対称テンソルで，$\varepsilon_{0123}=1$ である．したがって W^2 はポアンカレ群のもう一つのカシミヤ演算子である．W_μ は P_ρ と可換であるから，P_ρ の固有状態について W_μ を考える．W_μ は P_ρ の固有値 p_ρ を不変にする変換の生成子で，小群のリー代数は W_μ から得られる．クラスⅡではミンコフスキー空間の座標を適当に選ぶことによって，$p^\rho=(m,0,0,0)$ とできるので，式 (8.64) より，

$$W_0=0,\qquad W_1=mM^{23},\qquad W_2=mM^{31},\qquad W_3=mM^{12} \tag{8.65}$$

となる．$W_i/m\,(i=1,2,3)$ は SO(3) の交換関係に従うから，クラスⅡの小群は SO(3) である．また W^2 の固有値は $W^2=-m^2j(j+1)\,(j=0,1/2,1,\cdots)$ となり，クラスⅡの既約表現は (m,j) によって指定される．

クラスⅢでは $p^\rho=(m,0,0,m)$ として一般性を失わないから，式 (8.64) より，

$$\begin{aligned}&W_0=-W_3=-mM^{12},\qquad W_1=m(M^{23}-M^{20})\\&W_2=m(M^{13}-M^{01})\end{aligned} \tag{8.66}$$

が得られる．$W_i/m=S_i\,(i=1,2,3)$ と定義すると，これらは次の交換関係に従

うことがわかる．

$$[S_1, S_2]=0, \qquad [S_2, S_3]=-S_1, \qquad [S_3, S_1]=-S_2 \tag{8.67}$$

この交換関係は，

$$S_1=\frac{\partial}{\partial x}, \qquad S_2=\frac{\partial}{\partial y}, \qquad S_3=x\frac{\partial}{\partial y}-y\frac{\partial}{\partial x} \tag{8.68}$$

の満たす交換関係と同じである．式(8.68)は x-y 面内の回転と平行移動の生成子であるから，式(8.67)は2次元面の中の回転と平行移動のつくる群 E_2 のリー代数であることがわかる．こうしてクラスⅢの小群は E_2 であることがいえた．

クラスⅣの場合は $p^\rho=(0, 0, 0, m)$ と選ぶことによって，

$$W_0=-mM^{12}, \qquad W_1=-mM^{20}, \qquad W_2=-mM^{01}, \qquad W_3=0 \tag{8.69}$$

が得られる．$W_i/m\,(i=0, 1, 2)$ は SO(2, 1) のリー代数である．したがってクラスⅣの小群は SO(2, 1) となるのである．

問　　題

8.7　W_μ に関する次の交換関係を確かめよ．

$$[W_\mu, W_\nu]=-\sum_{\rho, \sigma}\varepsilon_{\mu\nu\rho\sigma}P^\rho W^\sigma$$

$$[W_\mu, P_\nu]=0$$

$$[W_\mu, M_{\rho\sigma}]=g_{\mu\sigma}W_\rho-g_{\mu\rho}W_\sigma$$

8.8　W^2 がカシミヤ演算子であることを確かめよ．

$$[W^2, P_\mu]=0, \qquad [W^2, M_{\mu\nu}]=0$$

付録　表現の直積の既約表現への分解

(1)　SU(3)

$3\otimes3=3_a^*\oplus6_s$,　　$3\otimes3^*=1\oplus8$

$6\otimes3=8\oplus10$,　　$6\otimes3^*=3\oplus15$

$6\otimes6=6_s^*\oplus15_a\oplus15_s'$,　　$6\otimes6^*=1\oplus8\oplus27$

$8\otimes3=3\oplus6^*\oplus15$,　　$8\otimes6^*=3\oplus6^*\oplus15\oplus24$

$8\otimes8=1_s\oplus8_s\oplus8_a\oplus10_a\oplus10_a^*\oplus27_s$

$10\otimes3=15\oplus15'$,　　$10^*\otimes3=6^*\oplus24$

$10\otimes6^*=3\oplus15\oplus42$,　　$10^*\otimes6^*=15\oplus21\oplus24$

$10\otimes8=8\oplus10\oplus27\oplus35$

$10\otimes10=10_a\oplus27_s\oplus28_s\oplus35_a$,　　$10^*\otimes10=1\oplus8\oplus27\oplus64$

上の表で添字 s, a は左辺の二つの表現の入れ替えについて対称か反対称かを表す．以下の表についても同様である．

(2)　SU(5)

$5\otimes5=10_a\oplus15_s$,　　$5\otimes5^*=1\oplus24$

$10^*\otimes5^*=10\oplus40$

$10^*\otimes10^*=5_s\oplus45_a\oplus50_s$,　　$10^*\otimes10=1\oplus24\oplus75$

$15^*\otimes5^*=35\oplus40$,　　$15\otimes5^*=5\oplus70$

$15^*\otimes10^*=45\oplus105$,　　$15\otimes10^*=24\oplus126$

$15^* \otimes 15^* = 50_s \oplus 70'_s \oplus 105_a$,　　$15^* \otimes 15 = 1 \oplus 24 \oplus 200$

$24 \otimes 5 = 5 \oplus 45 \oplus 70$,　　$24 \otimes 10 = 10 \oplus 15 \oplus 40 \oplus 175$

$24 \otimes 15 = 10 \oplus 15 \oplus 160 \oplus 175$

$24 \otimes 24 = 1_s \oplus 24_s \oplus 24_a \oplus 75_s \oplus 126_a \oplus 126_a^* \oplus 200_s$

$40^* \otimes 5^* = 10 \oplus 15 \oplus 175$,　　$40 \otimes 5^* = 45 \oplus 50 \oplus 105$

$40^* \otimes 10 = 24 \oplus 75 \oplus 126 \oplus 175'$,　　$40^* \otimes 10^* = 5 \oplus 45 \oplus 70 \oplus 280$

$40^* \otimes 15 = 75 \oplus 126 \oplus 175' \oplus 224$,　　$40^* \otimes 15^* = 5 \oplus 45 \oplus 70 \oplus 480$

$40 \otimes 24 = 10 \oplus 35 \oplus 40 \oplus 40 \oplus 175 \oplus 210 \oplus 450$

$45 \otimes 5 = 10 \oplus 40 \oplus 175$,　　$45^* \otimes 5 = 24 \oplus 75 \oplus 126$

(3)　SO(10)

$10 \otimes 10 = 1_s \oplus 45_a \oplus 54_s$,　　$16^* \otimes 10 = 16 \oplus 144$

$16 \otimes 16 = 10_s \oplus 120_a \oplus 126_s$,　　$16^* \otimes 16 = 1 \oplus 45 \oplus 210$

$45 \otimes 10 = 10 \oplus 120 \oplus 320$,　　$45 \otimes 16 = 16 \oplus 144 \oplus 560$

$45 \otimes 45 = 1_s \oplus 45_a \oplus 54_s \oplus 210_s \oplus 770_s \oplus 945_a$

$54 \otimes 10 = 10 \oplus 210 \oplus 320$,　　$54 \otimes 16 = 144 \oplus 720$

$54 \otimes 45 = 45 \oplus 54 \oplus 945 \oplus 1386$

$54 \otimes 54 = 1_s \oplus 45_a \oplus 54_s \oplus 660_s \oplus 770_s \oplus 1386_a$

$120 \otimes 10 = 45 \oplus 210 \oplus 945$,　　$120 \otimes 16^* = 16 \oplus 144 \oplus 560 \oplus 1200$

$120 \otimes 45 = 10 \oplus 120 \oplus 126 \oplus 126^* \oplus 320 \oplus 1728 \oplus 2970$

$120 \otimes 54 = 120 \oplus 320 \oplus 1728 \oplus 4312$

$120 \otimes 120 = 1_s \oplus 45_a \oplus 54_s \oplus 210_s \oplus 770_s \oplus 945_a \oplus 1050_s \oplus 1050_s^* \oplus 4125_s \oplus 5940_a$

$126 \otimes 10 = 210 \oplus 1050$

$126^* \otimes 16^* = 144 \oplus 672 \oplus 1200$,　　$126 \otimes 16^* = 16 \oplus 560 \oplus 1440$

$126 \otimes 45 = 120 \oplus 126 \oplus 1728 \oplus 3696$

$126 \otimes 54 = 126^* \oplus 1728 \oplus 4950$

(4)　E_6

$27^* \otimes 27^* = 27_s \oplus 351_a \oplus 351'_s$,　　$27^* \otimes 27 = 1 \oplus 78 \oplus 650$

$78 \otimes 27 = 27 \oplus 351 \oplus 1728$

$78 \otimes 78 = 1_s \oplus 78_a \oplus 650_s \oplus 2430_s \oplus 2925_a$

$351 \otimes 27^* = 78 \oplus 650 \oplus 2925 \oplus 5824$

$351^* \otimes 27^* = 27 \oplus 351 \oplus 1728 \oplus 7371$

$351 \otimes 78 = 27 \oplus 351 \oplus 351' \oplus 1728 \oplus 7371 \oplus 17550$

(5)　E_8

$248 \otimes 248 = 1_s \oplus 248_a \oplus 3875_s \oplus 27000_s \oplus 30380_a$

$3875 \otimes 248 = 248 \oplus 3875 \oplus 30380 \oplus 147250 \oplus 779247$

$$3875 \otimes 3875 = 1_s \oplus 248_a \oplus 3875_s \oplus 27000_s \oplus 30380_a \oplus 147250_s \oplus 779247_a \oplus 2450240_s \oplus 4881384_s \oplus 669600_a$$

参　考　書

群論の一般向けの解説書として，

1．H. ヴァイル（遠山　啓訳）：シンメトリー（紀伊國屋書店，166 ページ）．

物理数学の基礎的な入門書として，

2．和達三樹：物理のための数学（物理入門コース，岩波書店，272 ページ）．

その他，群論および物理数学一般として，

3．山内恭彦，杉浦光夫：連続群論入門（新数学シリーズ，培風館，200 ページ），

4．山内恭彦：回転群とその表現（岩波書店，174 ページ），

5．島　和久：連続群とその表現（応用数学叢書，岩波書店，254 ページ），

6．沢田昭二：物理数学（パリティ物理学コース，丸善，258 ページ），

7．山内恭彦：物理数学へのガイド（サイエンス社，196 ページ），

8．B. F. シュッツ（家　正則，二間瀬敏史訳）：物理学における幾何学的方法（物理学叢書，吉岡書店，328 ページ），

9．C. ナッシュ，S. セン（佐々木　隆監訳）：物理学者のためのトポロジーと幾何学（ADVANCED PHYSICS LIBRARY，マグロウヒル出版，318 ページ），

10．吉川圭二：群と表現（理工系の基礎数学，岩波書店，242 ページ），

11．江沢　洋，島　和久：群と表現（岩波講座応用数学，岩波書店，304 ページ）．

群論の物性物理への応用として，

12．犬井鉄郎，田辺行人，小野寺嘉孝：応用群論（裳華房，426 ページ）．

群論の素粒子物理への応用として，

13. H. ジョージァイ（九後汰一郎訳）：物理学におけるリー代数（物理学叢書，吉岡書店，330 ページ）.
14. 竹内外史：リー代数と素粒子論（裳華房，346 ページ）.

力学に関しては，

15. 戸田盛和：力学（物理入門コース，岩波書店，244 ページ），
16. 並木美喜雄：解析力学（[新装復刊]パリティ物理学コース，丸善出版，324 ページ），
17. 江沢　洋：よくわかる力学（東京図書，418 ページ）.

量子力学への入門として，

18. 町田　茂：基礎量子力学（パリティ物理学コース，丸善，236 ページ），
19. E. H. ウィッチマン（宮沢弘成監訳）：量子物理（〈復刻版〉バークレー物理学コース，丸善出版，540 ページ），
20. 中嶋貞雄：量子力学 I II（物理入門コース，岩波書店，I 214 ページ，II 444 ページ）.

相対論への入門として，

21. 中野董夫：相対性理論（物理入門コース，岩波書店，220 ページ），
22. 冨田憲二：相対性理論（パリティ物理学コース，丸善，226 ページ）.

ゲージ理論には，

23. 九後汰一郎：ゲージ場の量子論 I II（新物理学シリーズ，培風館，I 272 ページ，II 284 ページ）.

問　題　略　解

1　章

1.1　図 1.3 のようにベクトル $\boldsymbol{\theta}$ と $\boldsymbol{r}_i$ のあいだの角を α とすると，式 (1.11) のベクトル積の大きさは，次のようになる．

$$|\delta\boldsymbol{\theta}\times\boldsymbol{r}_i|=\delta\theta r_i\sin\alpha=\delta r_i$$

1.2　微小な平行移動 $\boldsymbol{r}_i\to\boldsymbol{r}_i+\delta\boldsymbol{a}$ に対して，

$$\delta V=\sum_i\frac{\partial V}{\partial\boldsymbol{r}_i}\cdot\delta\boldsymbol{a}=-\sum_i\boldsymbol{F}_i\cdot\delta\boldsymbol{a}=0$$

であるから，内力の和が 0 となる．

1.4　$\{e,\sigma_1\}$，$\{e,\sigma_2\}$，$\{e,\sigma_3\}$，$\{e,\theta^3\}$，$\{e,\theta^2,\theta^4\}$，$\{e,\theta,\theta^2,\theta^3,\theta^4,\theta^5\}$．

1.10　正八面体群 O は 24 個の元からなる．それらは単位元のほかに面の中心を通る軸のまわりの $(2\pi/3)$ 回転 (4×2)，向かい合う辺の中点を通る軸のまわりの π 回転 (6×1)，対角線のまわりの $(\pi/2)$ 回転 (3×3) に対応する元である．正八面体は立方体の六つの面の中心を結んで得られるから，これらはまた立方体をそれ自身に移す操作でもある．これらの元を e，$g_i(i=1,\cdots\cdot,23)$ と表し，反転の演算を J と表すと O_h の元は，$\{e,J,g_i,g_iJ\}$ の 48 個である．$C_i=\{E,J\}$ とすると $\mathrm{O}_h=\mathrm{O}\otimes\mathrm{C}_i$ である．

1.12　$\pi/2$ 回転を R，$\sigma_hR=S$ とすると，$\mathrm{S}_4=\{E,S,R^2,S^3\}$ である．

1.13　$\exp(-\tau\partial/\partial t)=1-\tau\partial/\partial t+(\tau^2/2)\partial^2/\partial t^2-\cdots\cdot$ としたとき，$\partial/\partial t$ は $-iH/\hbar$ でおき換えられるが，高階の微分 $\partial^n/\partial t^n$ を $(-iH/\hbar)^n$ でおき換えられるのは H が t を含まない場合である．

2 章

2.1 正四面体の頂点に1から4までの番号を付ければ，回転と鏡映はこの番号を付け換えることと同じである．

2.2 置換全体を偶置換と奇置換に分け，偶置換を1に，奇置換を-1に対応させる写像を考えればよい．したがってこの準同型写像の核は交代群である．

2.3 群Gの元aの共役類C_aはその定義から明らかに，任意の元$g \in G$に対して$gC_a g^{-1} = C_a$である．いくつかの共役類の和集合もこの性質をもっている．逆に群Gの部分集合Cが任意のgに対して$gCg^{-1} = C$なら，Cは共役類の和でなければならない．したがって不変部分群は一般に共役類の和になっている．例えば正六角形の合同変換群（1.19）の不変部分群$\{e, \theta, \cdots\cdots, \theta^5\}$は共役類$C_1$, C_2, C_3, C_4の和である．

2.4 n次対称群S_nとn次交代群A_nの元をそれぞれ，

$$g = \begin{pmatrix} 1 & 2 & \cdots\cdots & n \\ p_1 & p_2 & \cdots\cdots & p_n \end{pmatrix}, \qquad h = \begin{pmatrix} 1 & 2 & \cdots\cdots & n \\ h_1 & h_2 & \cdots\cdots & h_n \end{pmatrix}$$

とすると，

$$ghg^{-1} = \begin{pmatrix} p_1 & p_2 & \cdots\cdots & p_n \\ p_{h_1} & p_{h_2} & \cdots\cdots & p_{h_n} \end{pmatrix}$$

である．hは偶置換であるから$h_1, h_2, \cdots\cdots, h_n$は偶数回の文字の入れ替えで$1, 2, \cdots\cdots, n$に並べ替えることができる．したがって$ghg^{-1}$も偶置換であるから，$gHg^{-1} = H$がいえる．

2.5 問題2.2に準同型定理を適用すればよい．

2.6 正方形の中心のまわりの$\pi/2$回転操作をθ，4本の対称軸に関する鏡映をσ_1, $\sigma_2, \sigma_3, \sigma_4$とすると，不変部分群は$H_1 = \{e, \theta, \theta^2, \theta^3\}$，$H_2 = \{e, \theta^2\}$である．$H_1$に関する剰余類は$H_1$，$H_1\sigma_1 = \{\sigma_1, \sigma_2, \sigma_3, \sigma_4\}$となり，剰余類群は位数2の巡回群に同型である．$H_2$に関する剰余類は$H_2$，$H_2\sigma_1 = \{\sigma_1, \sigma_3\}$，$H_2\sigma_2 = \{\sigma_2, \sigma_4\}$，$H_2\theta = \{\theta, \theta^3\}$で，剰余類群は対称軸が2本の図形の合同変換群に同型である．

2.7 前問を一般化すればよい．

2.11 核$N=0$なら写像Aが1対1であることをいう．もし1対1でないとすると$x_1 \neq x_2 \in V_1$に対し，$Ax_1 = Ax_2 = y \in V_2$，したがって$A(x_1 - x_2) = 0$だから$(x_1 - x_2) \in N$，これは$N=0$に反する．次に写像Aが1対1なら$N=0$であることをいう．もし$N=0$でないとすると，$\exists x_0 \in N$，$A x_0 = 0$，いま$x \in V_1$に対し$Ax = y \in V_2$とすると，$A(x + x_0) = y$．ところで$x \neq x + x_0$だから写像Aは1対

1でないことになり矛盾である.

3　　章

3.1　ベクトル $\boldsymbol{u}=\sum_i u_i \boldsymbol{e}_i$ の成分および基底の変換を考えれば,

$$\boldsymbol{u}=\sum_i u_i \boldsymbol{e}_i=\sum_i u'_i \boldsymbol{e}'_i=\sum_{i,j,k}(U^{-1})_{ij}u_j U_{ki}\boldsymbol{e}_k=\sum_{i,j,k}U_{ki}U_{ji}{}^* u_j \boldsymbol{e}_k$$

これより $\sum_i U_{ki}U_{ji}{}^*=\sum_i U_{ki}(U^{\dagger})_{ij}=\delta_{kj}$.

3.3　$\boldsymbol{x}=(x_1,\cdots,x_{2n})$, $\boldsymbol{y}=(y_1,\cdots,y_{2n})$ とするとこの2次形式は $\boldsymbol{y}^{\mathrm{T}}J\boldsymbol{x}$ と書ける. ここで $\boldsymbol{x}=A\boldsymbol{x}'$, $\boldsymbol{y}=A\boldsymbol{y}'$ として式 (3.11) を使えば, $\boldsymbol{y}^{\mathrm{T}}J\boldsymbol{x}=\boldsymbol{y}'^{\mathrm{T}}J\boldsymbol{x}'$ を得る.

3.4　$\mathrm{SL}(n,\mathbf{R})$ の元を h とすると $\det h=1$, $\mathrm{GL}(n,\mathbf{R})$ の任意の元 g に対して $\det(ghg^{-1})=\det h=1$ だから, $ghg^{-1}\in\mathrm{SL}(n,\mathbf{R})$.

3.5　$\boldsymbol{x}=(x_1,x_2)$, $\boldsymbol{y}=(y_1,y_2)$ とし,

$$g=\begin{pmatrix}1 & 0\\ 0 & -1\end{pmatrix}$$

と定義すると, $\langle\boldsymbol{x},\boldsymbol{y}\rangle=\boldsymbol{x}^{\mathrm{T}}g\boldsymbol{y}$ と表せる. このとき $V^{\mathrm{T}}gV=g$ であることが示せるので, $\boldsymbol{x}=V\boldsymbol{x}'$, $\boldsymbol{y}=V\boldsymbol{y}'$ に対して $\langle\boldsymbol{x},\boldsymbol{y}\rangle=\langle\boldsymbol{x}',\boldsymbol{y}'\rangle$ がいえる. また V_1, V_2 がそれぞれ $V_i{}^{\mathrm{T}}gV_i=g\,(i=1,2)$ を満たせば $(V_1V_2)^{\mathrm{T}}g(V_1V_2)=g$ だから, 二つの変換の積もまたローレンツ変換である.

3.6　$[\exp(tX)]^{\mathrm{T}}[\exp(tX)]=\exp(tX^{\mathrm{T}})\exp(tX)=\exp(-tX)\exp(tX)=1$ など.

3.8　A を対角化する行列を T とすると,

$$TAT^{-1}=\begin{pmatrix}a_1 & & 0\\ & \ddots & \\ 0 & & a_n\end{pmatrix}$$

$$T(\exp A)T^{-1}=\exp(TAT^{-1})=\begin{pmatrix}e^{a_1} & & 0\\ & \ddots & \\ 0 & & e^{a_n}\end{pmatrix}$$

3.9　前問のように A を対角化して考えれば,

$$\det(\exp A)=\det\{T(\exp A)T^{-1}\}=\prod_i(\exp a_i)=\exp\left(\sum_i a_i\right)=\exp(\mathrm{Tr}\,A)$$

3.12　$\mathrm{GL}(n,\mathbf{R})$ の連結な部分集合Aの2元 a, b に対し $\det a>0$, $\det b<0$ となったとする. a と b を結ぶ $\mathrm{GL}(n,\mathbf{R})$ 内の連続曲線を $f(t)$, $f(0)=a$, $f(1)=b$ とする. このとき $\det f(0)>0$, $\det f(1)<0$ であるから, $0<t_0<1$ に対して

$\det f(t_0)=0$ となる t_0 が存在するが，これは $f(t)$ が $\mathrm{GL}(n, \mathbf{R})$ の元であることに反する．

3.13　ローレンツ変換の行列 A は適当な正則行列 U による相似変換 $A=UA_{\mathrm{D}}U^{-1}$ によって対角化できる．このとき U もまたローレンツ変換の行列であることがいえる．実際，

$$A^{\mathrm{T}}(U^{-1})^{\mathrm{T}}gU^{-1}A=(U^{-1})^{\mathrm{T}}A_{\mathrm{D}}gA_{\mathrm{D}}U^{-1}=(U^{-1})^{\mathrm{T}}gU^{-1}$$

が任意のローレンツ変換の行列 A について成り立つから $(U^{-1})^{\mathrm{T}}gU^{-1}=g$ である．そこで A_{D} の対角成分を $a_1, \cdots, a_4$ とすると式 (3.36) より $a_i{}^2=1$ であるから，独立な A_{D} として次の 4 通りがある．

$$A_{\mathrm{D}}{}^{(0)}=\begin{pmatrix}1 & & & 0\\ & 1 & & \\ & & 1 & \\ 0 & & & 1\end{pmatrix},\qquad A_{\mathrm{D}}{}^{(1)}=\begin{pmatrix}1 & & & 0\\ & -1 & & \\ & & 1 & \\ 0 & & & 1\end{pmatrix}$$

$$A_{\mathrm{D}}{}^{(2)}=\begin{pmatrix}-1 & & & 0\\ & -1 & & \\ & & 1 & \\ 0 & & & 1\end{pmatrix},\qquad A_{\mathrm{D}}{}^{(3)}=\begin{pmatrix}-1 & & & 0\\ & -1 & & \\ & & -1 & \\ 0 & & & 1\end{pmatrix}$$

したがってローレンツ群の任意の元はこれら四つの A_{D} のいずれかと $A=UA_{\mathrm{D}}U^{-1}$ によって結ばれている．$\mathrm{O}(3,1)$ のすべての元は A_{D} と連続的につながる元からなる四つの連結集合，$\mathrm{G}_0, \mathrm{G}_1, \mathrm{G}_2, \mathrm{G}_3$ のいずれかに属する．これらのうち G_0 と G_2 の元は行列式が 1, G_1 と G_3 の元は行列式が -1 であるから $\mathrm{G}_0, \mathrm{G}_2$ の元は $\mathrm{G}_1, \mathrm{G}_3$ の元と $\mathrm{O}(3,1)$ の中で結ぶことはできない．これは式 (3.36) より $(\det A)^2=1$，$\det A=\pm 1$ だからである．また式 (3.36) の (1,1) 成分を考えれば，$(A_{11})^2-\sum(A_{i1})^2=1$ が得られるから $(A_{11})^2\geqq 1$，$A_{11}\geqq 1$ あるいは $A_{11}\leqq -1$ である．したがって $A_{11}\geqq 1$ であるような元は $A_{11}\leqq -1$ であるような元と $\mathrm{O}(3,1)$ の中で結ぶことはできない．$\mathrm{G}_0, \mathrm{G}_1$ では $A_{11}\geqq 1$，$\mathrm{G}_2, \mathrm{G}_3$ では $A_{11}\leqq -1$ であるので結局 $\mathrm{G}_0, \mathrm{G}_1, \mathrm{G}_2, \mathrm{G}_3$ が $\mathrm{O}(3,1)$ の連結成分であることがわかる．

3.18　曲線に沿って ε だけ移動したとき，

$$x^i(\lambda+\varepsilon)=x^i(\lambda)+\varepsilon\frac{\mathrm{d}}{\mathrm{d}\lambda}x^i(\lambda)=x^i(\lambda)+\varepsilon Xx^i(\lambda)$$

これより

$$\frac{[x^i(\lambda+\varepsilon)-x^i(\lambda)]}{\varepsilon}\simeq\frac{\mathrm{d}}{\mathrm{d}\lambda}x^i(\lambda)=Xx^i(\lambda)$$

という微分方程式が得られる．したがって $x^i(\lambda)=A\exp(\lambda X)$ だから問題の関

係が得られる．

3.19
$$g=\begin{pmatrix} x & y \\ 0 & z \end{pmatrix}$$

の左移動，

$$\begin{pmatrix} x' & y' \\ 0 & z' \end{pmatrix}=\begin{pmatrix} a & b \\ 0 & c \end{pmatrix}\begin{pmatrix} x & y \\ 0 & z \end{pmatrix}$$

を考えると $x'=ax$，$y'=ay+bz$，$z'=cz$ だから，

$$\mathrm{d}x'\mathrm{d}y'\mathrm{d}z'=\frac{\partial(x',y',z')}{\partial(x,y,z)}\mathrm{d}x\mathrm{d}y\mathrm{d}z=a^2c\mathrm{d}x\mathrm{d}y\mathrm{d}z=\frac{x'^2z'}{x^2z}\mathrm{d}x\mathrm{d}y\mathrm{d}z$$

したがって，

$$\frac{\mathrm{d}x\mathrm{d}y\mathrm{d}z}{x^2z}=\frac{\mathrm{d}x'\mathrm{d}y'\mathrm{d}z'}{x'^2z'}$$

が左不変ハール測度である．同様にして右不変測度は，

$$\frac{\mathrm{d}x\mathrm{d}y\mathrm{d}z}{xz^2}$$

となる．

3.20 元 g の左移動 $g'_{ij}=\sum_k A_{ik}g_{kj}$ を考えると，

$$\prod_{i,j}\mathrm{d}g'_{ij}=(\det A)^n\prod_{i,j}\mathrm{d}g_{ij}=[(\det(gg^{-1})]^n\prod_{i,j}\mathrm{d}g_{ij}$$
$$=(\det g)^n(\det g)^{-n}\prod_{i,j}\mathrm{d}g_{ij}$$

だから $(\det g)^{-n}\prod_{i,j}\mathrm{d}g_{ij}$ が左不変測度である．右移動についても同じ結果を得る．

4　章

4.1 (1) Hの元はすべて $h=\exp(X_1)\cdots\cdot\exp(X_n)$ $(X_i\in\mathrm{K})$ の形に表せる．またこの形の元はすべて H に含まれるから，H は $\exp(X_1)\cdots\cdot\exp(X_n)$ $(X_i\in\mathrm{K})$ のように表される行列の全体である．同様に G は $\exp(Y_1)\cdots\cdot\exp(Y_m)$ $(Y_m\in\mathrm{W})$ のように表される行列の全体である．したがって K⊂W なら H⊂G である．逆に H⊂G なら任意の $X\in\mathrm{K}$ に対し $\exp X\in\mathrm{H}\subset\mathrm{G}$ であるから，$X\in\mathrm{W}$ すなわち K⊂W である．

(2) H が G の不変部分群なら，単位元近傍の元 $h=\exp X$ $(X\in\mathrm{K})$ と $g=\exp Y$ $(Y\in\mathrm{W})$ に対し，$ghg^{-1}\in\mathrm{H}$ だから $[X,Y]\in\mathrm{K}$ である．逆に $[X,Y]\in\mathrm{K}$ なら H および G の任意の元 $\exp(X_1)\cdots\cdot\exp(X_n)$，$\exp(Y_1)\cdots\cdot\exp(Y_m)$ に対し，

$$e^Ye^Xe^{-Y}=e^{X'}\qquad(X'\in\mathrm{K})$$

を繰り返し用いることにより,

$$\exp(Y_1)\cdots\cdot\exp(Y_m)\exp(X_1)\cdots\cdot\exp(X_n)\exp(-Y_m)\cdots\cdot\exp(-Y_1)$$
$$=\exp(X_1')\cdots\cdot\exp(X_n') \qquad (X_i'\in \mathrm{K})$$

となって, H は G の不変部分群である.

(3) $X\in \mathrm{K}_1$, $Y\in \mathrm{K}_2$, $[X, Y]=0$ とすると, $\exp X\in \mathrm{H}_1$, $\exp Y\in \mathrm{H}_2$, $\exp X \exp Y \in \mathrm{G}$ である. $\exp X \exp Y=\exp(X+Y)$ だから $X+Y\in \mathrm{W}$ となる. 逆に $\mathrm{W}=\mathrm{K}_1\oplus\mathrm{K}_2$ なら G の任意の元は,

$$\exp(X_1+Y_1)\cdots\cdot\exp(X_n+Y_n)=\exp X_1\cdots\cdot\exp X_n \exp Y_1\cdots\cdot\exp Y_n$$

と書けるから $\mathrm{G}=\mathrm{H}_1\otimes\mathrm{H}_2$ である.

(4) G が可換群なら $\exp X \exp Y=\exp Y \exp X$ より $[X, Y]=0$ がいえる. 逆に, $[X_i, Y_j]=0$ なら任意の元 $\exp X_1\cdots\cdot\exp X_n$, $\exp Y_1\cdots\cdot\exp Y_m$ が可換である.

4.3 g_{in} の定義, 式 (4.7) および式 (4.6) を使って

$$\begin{aligned} f_{jki} &= g_{in} f_{jk}{}^n \\ &= f_{il}{}^m f_{nm}{}^l f_{jk}{}^n \\ &= f_{il}{}^m f_{km}{}^n f_{jn}{}^l + f_{il}{}^m f_{mj}{}^n f_{kn}{}^l \end{aligned}$$

ここで, 適宜, 添字の付け替えを行うことによって

$$f_{jki}=-f_{jik}$$

がいえる.

4.6 式 (4.6) を使って,

$$\begin{aligned} \{\mathrm{ad}(H_a)\}^m{}_k \hat{f}_{ij}{}^k v_\alpha{}^i v_\beta{}^j &= \hat{f}_{ak}{}^m \hat{f}_{ij}{}^k v_\alpha{}^i v_\beta{}^j \\ &= \{\mathrm{ad}(H_a)\}^k{}_j \hat{f}_{ik}{}^m v_\alpha{}^i v_\beta{}^j - \{\mathrm{ad}(H_a)\}^k{}_i \hat{f}_{jk}{}^m v_\alpha{}^i v_\beta{}^j \\ &= (\alpha_a+\beta_a)\hat{f}_{ij}{}^m v_\alpha{}^i v_\beta{}^j \end{aligned}$$

4.7

$$U=\begin{pmatrix} 1 & 0 & 0 \\ 0 & \dfrac{1}{\sqrt{2}} & -\dfrac{i}{\sqrt{2}} \\ 0 & -\dfrac{i}{\sqrt{2}} & \dfrac{1}{\sqrt{2}} \end{pmatrix}, \qquad UH_1U^\dagger=\begin{pmatrix} 0 & & 0 \\ & 1 & \\ 0 & & -1 \end{pmatrix}$$

4.10 $\boldsymbol{u}^{(i)}=\boldsymbol{\alpha}^{(i)}/(\boldsymbol{\alpha}^{(i)}, \boldsymbol{\alpha}^{(i)})^{1/2}$ とすると, $(\boldsymbol{u}^{(i)}, \boldsymbol{u}^{(i)})=1$, また式 (4.52) より線分でつながったルートについて, $2(\boldsymbol{u}^{(i)}, \boldsymbol{u}^{(j)})\leqq -1$. したがって n 個のルートの系において線分の数を r とすると,

$$0<\left(\sum_{i=1}^n \boldsymbol{u}^{(i)}, \sum_{j=1}^n \boldsymbol{u}^{(j)}\right)=n+2\sum_{i>j}(\boldsymbol{u}^{(i)}, \boldsymbol{u}^{(j)})\leqq n-r>0$$

閉じた形では $n\leqq r$ であるのでこれは許されない. 開いた一つながりの図形では $r=n-1$ だから, 1 重線, 2 重線, 3 重線の数をそれぞれ a, b, c とすると

$a+b+c=n-1$ で，$n-(a+\sqrt{2}b+\sqrt{3}c)>0$．これより三つ以上の 2 重線，二つ以上の 3 重線の存在は許されないことがいえる．またルート $\boldsymbol{u}^{(i)}$ につながる他のルートを $\boldsymbol{v}^{(j)}$ とすると，開いた図形では $\boldsymbol{v}^{(j)}$ どうしはつながっていないから $\{\boldsymbol{v}^{(j)}\}$ は正規直交系である．したがって式 (4.52) より，

$$\sum_j(\boldsymbol{u}^{(i)}, \boldsymbol{v}^{(j)})^2=\sum_j\frac{1}{4}n_j<1$$

$\sum_j n_j$ は $\boldsymbol{u}^{(i)}$ につながった線の数に等しいので 4 本以上は許されない．

5　章

5.1　テイラー展開し，$(\boldsymbol{\sigma}\cdot\boldsymbol{n})^2=1$ を用いればよい．

5.6　表 5.1 のクレブシュ-ゴルダン係数を用いて，

$$|\mathrm{p},\mathrm{p}\rangle=|\frac{1}{2},\mathbf{2}\rangle|\frac{1}{2},\mathbf{2}\rangle=|1,\mathbf{3}\rangle$$

$$|\mathrm{p},\mathrm{n}\rangle=|\frac{1}{2},\mathbf{2}\rangle|-\frac{1}{2},\mathbf{2}\rangle=\frac{1}{\sqrt{2}}|0,\mathbf{3}\rangle+\frac{1}{\sqrt{2}}|0,\mathbf{1}\rangle$$

$$|\mathrm{d},\pi^+\rangle=|0,\mathbf{1}\rangle|1,\mathbf{3}\rangle=|1,\mathbf{3}\rangle$$

$$|\mathrm{d},\pi^0\rangle=|0,\mathbf{1}\rangle|0,\mathbf{3}\rangle=|0,\mathbf{3}\rangle$$

したがって式 (5.27) より，

$$\langle\mathrm{d},\pi^+\,;f|\mathrm{S}|\mathrm{p},\mathrm{p}\,;i\rangle=\langle 1,1\,;f|S|1,1\,;i\rangle=M_1$$

$$\langle\mathrm{d},\pi^0\,;f|\mathrm{S}|\mathrm{p},\mathrm{n}\,;i\rangle=\frac{1}{\sqrt{2}}\langle 1,0\,;f|S|1,0\,;i\rangle=\frac{1}{\sqrt{2}}M_1$$

だから，$\sigma(\mathrm{p}+\mathrm{p}\to\mathrm{d}+\pi^+)/\sigma(\mathrm{p}+\mathrm{n}\to\mathrm{d}+\pi^0)=2$．

5.7　表 5.1 のクレブシュ-ゴルダン係数を用いて，

$$|\mathrm{p},\mathrm{d}\rangle=|\frac{1}{2},\mathbf{2}\rangle|0,\mathbf{1}\rangle=|\frac{1}{2},\mathbf{2}\rangle$$

$$|{}^3\mathrm{He},\pi^0\rangle=|\frac{1}{2},\mathbf{2}\rangle|0,\mathbf{3}\rangle=\sqrt{\frac{2}{3}}|\frac{1}{2},\mathbf{4}\rangle-\sqrt{\frac{1}{3}}|\frac{1}{2},\mathbf{2}\rangle$$

$$|{}^3\mathrm{H},\pi^+\rangle=|-\frac{1}{2},\mathbf{2}\rangle|1,\mathbf{3}\rangle=\sqrt{\frac{1}{3}}|\frac{1}{2},\mathbf{4}\rangle+\sqrt{\frac{2}{3}}|\frac{1}{2},\mathbf{2}\rangle$$

したがって散乱振幅は，

$$\langle{}^3\mathrm{He},\pi^0\,;f|S|\mathrm{p},\mathrm{d}\,;i\rangle=-\frac{1}{\sqrt{3}}\langle\frac{1}{2},\frac{1}{2}\,;f|S|\frac{1}{2},\frac{1}{2}\,;i\rangle=-\frac{1}{\sqrt{3}}M_{1/2}$$

$$\langle{}^3\mathrm{H},\pi^+\,;f|S|\mathrm{p},\mathrm{d}\,;i\rangle=\sqrt{\frac{2}{3}}\langle\frac{1}{2},\frac{1}{2}\,;f|S|\frac{1}{2},\frac{1}{2}\,;i\rangle=\sqrt{\frac{2}{3}}M_{1/2}$$

だから，$\sigma(\mathrm{p}+\mathrm{d}\to{}^3\mathrm{He}+\pi^0)/\sigma(\mathrm{p}+\mathrm{d}\to{}^3\mathrm{H}+\pi^+)=1/2$.

5.10 $\mathrm{SU}(2)_2$ の生成子 $\{2F_1, 2F_6, 2F_5\}$ は $\{2F_1, 2F_4, 2F_7\}$ に $\boldsymbol{\alpha}=(1,0)$ に関するワイル鏡映を行って得られる．また $\boldsymbol{\alpha}=(1/2,\sqrt{3}/2)$ に関するワイル鏡映を行えば，$F_1\to F_6, F_4\to F_4, F_7\to F_2$ となって $\mathrm{SU}(2)_3$ の生成子が得られる．$\mathrm{SU}(2)_4$ の生成子は SU(3) のルートに関するワイル鏡映に関してそれ自身に写される．

5.11 問題 5.4 の公式を適用する．

5.14 (1) 公式 $[AB, C]=A[B, C]+[A, C]B$ を用いて交換関係を計算する．

(2) (a) $\hat{g}_{kl}$ の定義およびヤコビの恒等式 (4.6) を用い，適宜，添字の入れ替えを行って

$$\begin{aligned} f_{ijk} &= \hat{g}_{kl} f_{ij}{}^{l} \\ &= -2 f_{ia}{}^{b} f_{jb}{}^{c} f_{kc}{}^{a} \end{aligned}$$

を導く．

(b) $f_{ab}{}^{l} f^{ab}{}_{k}=\hat{g}^{aa'}\hat{g}^{bb'}\hat{g}_{kk'} f_{ab}{}^{l} f_{a'b'}{}^{k'}=(1/3)\sum_{a,b,c}(f_{ab}{}^{c})^2\delta^{l}{}_{k}$

(c) (a), (b)で得た公式を使って

$$f_{ijk}F^iF^jF^k=f_{ij}{}^{k}F^iF^jF_k=(i/2)f_{ij}{}^{k}f^{ij}{}_{l}F^lF_k=4iF^lF_l$$

を導く．

5.15 (2)
$$\begin{aligned} F^{i}{}_{j}F^{j}{}_{k}F^{k}{}_{i} &= \mathrm{Tr}(\lambda_a\lambda_b\lambda_c)F^aF^bF^c \\ &= \frac{1}{2}[\mathrm{Tr}(\{\lambda_a, \lambda_b\}\lambda_c)+\mathrm{Tr}([\lambda_a, \lambda_b]\lambda_c)]F^aF^bF^c \\ &= (d_{ab}{}^{l}+if_{ab}{}^{l})\mathrm{Tr}(\lambda_l\lambda_c)F^aF^bF^c=\frac{2}{3}(d_{ab}{}^{l}+if_{ab}{}^{l})F^aF^bF_l \\ &= \frac{2}{3}d_{ab}{}^{l}F^aF^bF_l-\frac{8}{3}F^lF_l \end{aligned}$$

5.16 $\mathbf{3}\otimes\mathbf{6}=\mathbf{8}\oplus\mathbf{10}$.

5.17 $\mathbf{10}\otimes\mathbf{8}=\mathbf{8}\oplus\mathbf{10}\oplus\mathbf{27}\oplus\mathbf{35}$.

5.18 既約表現の基底を $|\mu, \boldsymbol{D}\rangle$ とすると，

$$\begin{aligned} \sum_{\mu}\langle\mu, \boldsymbol{D}|F^2|\mu, \boldsymbol{D}\rangle &= C(\boldsymbol{D})\sum_{\mu}\langle\mu, \boldsymbol{D}|\mu, \boldsymbol{D}\rangle=\dim(\boldsymbol{D})C(\boldsymbol{D}) \\ &= \sum_{\mu}\langle\mu, \boldsymbol{D}|\sum_{i}F_i^2|\mu, \boldsymbol{D}\rangle=8k_D \end{aligned}$$

5.20 $\mathbf{5}\otimes\mathbf{10}^*=\mathbf{5}^*\oplus\mathbf{45}$.

5.21 $\mathbf{5}=(\mathbf{2},\mathbf{1})\oplus(\mathbf{1},\mathbf{3})$，$\mathbf{10}^*=(\mathbf{1},\mathbf{1})\oplus(\mathbf{1},\mathbf{3})\oplus(\mathbf{2},\mathbf{3})^*$.

5.22 テンソル表現で考えると，基本表現 ρ_{N-1} のテンソル v に対し Z_N の元 g_N は $v'=g_Nv$ と作用するから，ρ_{N-1} における Z_N の表現は g_N に対し $g_N\cdot\mathbf{1}$ である．一般に ρ_i のテンソルは $N-i$ 階の反対称テンソルであるから，これに対する g_N の作用は $(g_N)^{N-i}\cdot I$ となる．既約表現 $[m^{N-1},\cdots\cdot,m^1]$ は基本表現 ρ_i

$(i=1,\cdots\cdot,N-1)$ の直積によってつくられることから問題の結果が得られる．随伴表現が $SU(N)/Z_N$ の忠実な表現であることは4.1節で述べた．

5.24 $D^{(111)}=\Delta^{++}$, $D^{(112)}=\frac{1}{3}\Delta^{+}$, $D^{(122)}=\frac{1}{3}\Delta^{0}$, $D^{(222)}=\Delta^{-}$

$D^{(113)}=\frac{1}{3}\Sigma^{*+}$, $D^{(123)}=\frac{1}{6}\Sigma^{*0}$, $D^{(223)}=\frac{1}{3}\Sigma^{*-}$

$D^{(133)}=\frac{1}{3}\Xi^{*0}$, $D^{(233)}=\frac{1}{3}\Xi^{*-}$, $D^{(333)}=\Omega^{-}$

$m_{\Delta}=m_0+\frac{\delta M}{2\sqrt{3}}$, $m_{\Sigma^*}=m_0$, $m_{\Xi^*}=m_0-\frac{\delta M}{2\sqrt{3}}$

$m_{\Omega}=m_0-\frac{\delta M}{\sqrt{3}}$

6 章

6.1 $\boldsymbol{e}_3$ を g によって回転したベクトルは $g\boldsymbol{e}_3$ である．これを $\boldsymbol{e}_3$ 軸のまわりの適当な回転 r_1 によって $r_1g\boldsymbol{e}_3$ が $(\boldsymbol{e}_1,\boldsymbol{e}_3)$ 面内に含まれるようにすることができる．次に $\boldsymbol{e}_2$ のまわりの適当な回転 r_2 を行って $r_1g\boldsymbol{e}_3$ を $\boldsymbol{e}_3$ に一致させる．このとき $r_2r_1g\boldsymbol{e}_3=\boldsymbol{e}_3$ だから r_2r_1g は $\boldsymbol{e}_3$ 軸のまわりの回転である．ゆえに $r_2r_1g=g_3$ とおくと，$g=r_1^{-1}r_2^{-1}g_3$ だから $r_1^{-1}=g_1$，$r_2^{-1}=g_2$ とすればよい．

6.2 前問において r_1 の回転角を $-2\pi\leqq\varphi\leqq 0$ にとり，r_2 の回転角を $-\pi\leqq\theta\leqq 0$ にとるように回転すればよい．

6.8 Spin$(2n+1)$ のスピノル表現のウエイト $(\pm\boldsymbol{e}_1\pm\cdots\cdot\pm\boldsymbol{e}_m\pm\boldsymbol{e}_{m+1}\pm\cdots\cdot\pm\boldsymbol{e}_n)/2$ をはじめの m 個の成分と残りの $n-m$ 個の成分に分けて考えれば，はじめの部分は Spin$(2m)$ のスピノル表現 $\mu^{(m-1)}$，$\mu^{(m)}$ を与え，残りの部分は Spin$(2n-2m+1)$ のスピノル表現 $\mu^{(n-m)}$ を与えるから，

$$\mathbf{2}^n=(\mathbf{2}^{m-1},\mathbf{2}^{n-m})\oplus(\mathbf{2}^{m-1},\mathbf{2}^{n-m})$$

6.10 R 以外の行列 S があったとすると，$T_{ab}=-ST_{ab}{}^*S^{-1}$．これと式(6.66)より，$T_{ab}=RS^{-1}T_{ab}SR^{-1}$．したがって $[T_{ab},RS^{-1}]=0$ がすべての生成子 T_{ab} について成り立つ．したがって定理2.3（シューアのレンマ）により $RS^{-1}=c\mathbf{1}$ となって R は定数倍を除いて一意的である．次に T_{ab} はエルミートだから $T_{ab}{}^*=T_{ab}{}^{\mathrm{T}}$．これと式(6.66)より $T_{ab}{}^{\mathrm{T}}=-(R^{\mathrm{T}})^{-1}T_{ab}R^{\mathrm{T}}$ だから，$T_{ab}=R(R^{\mathrm{T}})^{-1}T_{ab}R^{T}R^{-1}$．ゆえに $RR^{\mathrm{T}}=a\mathbf{1}$，$R=aR^{\mathrm{T}}$．この転置をとれば $R^{\mathrm{T}}=aR$ だから結局 $a=\pm 1$ となって R は対称か反対称である．

6.11 (i) $\mathrm{Tr}[\gamma_{j_1}\gamma_{j_2}\cdots\gamma_{j_{2r-1}}]=\mathrm{Tr}[\gamma_{2n+1}{}^2\gamma_{j_1}\gamma_{j_2}\cdots\gamma_{j_{2r-1}}]$

$$=\mathrm{Tr}[\gamma_{2n+1}\gamma_{j_1}\gamma_{j_2}\cdots\gamma_{j_{2r-1}}\gamma_{2n+1}]$$

$$=(-1)^{2r-1}\mathrm{Tr}[\gamma_{2n+1}\gamma_{2n+1}\gamma_{j_1}\cdots\gamma_{j_{2r-1}}]$$

$$=0$$

(ii) $\mathrm{Tr}[\gamma_{j_1}\gamma_{j_2}\cdots\gamma_{j_{2r}}]=2\delta_{j_1j_2}\mathrm{Tr}[\gamma_{j_3}\gamma_{j_4}\cdots\gamma_{j_{2r}}]-\mathrm{Tr}[\gamma_{j_2}\gamma_{j_1}\cdots\gamma_{j_{2r}}]$

のように順序 γ_{j_1} を右に移動することにより,

$$\mathrm{Tr}[\gamma_{j_1}\gamma_{j_2}\cdots\gamma_{j_{2r}}]=2\sum_P\varepsilon_P\delta_{j_{k1}j_{k2}}\mathrm{Tr}[\gamma_{j_{k3}}\cdots\gamma_{j_{k2r}}]-\mathrm{Tr}[\gamma_{j_2}\gamma_{j_3}\cdots\gamma_{j_{2r}}\gamma_{j_1}]$$

だから,

$$\mathrm{Tr}[\gamma_{j_1}\gamma_{j_2}\cdots\gamma_{j_{2r}}]=\sum_P\varepsilon_P\delta_{j_{k1}j_{k2}}\mathrm{Tr}[j_{k_3}\cdots\gamma_{j_{k2r}}]$$

を得る. 次に $\mathrm{Tr}[\gamma_{j_{k3}}\cdots\gamma_{j_{k2r}}]$ に同じ操作を繰り返していくことにより, 最後は $\mathrm{Tr}1=2^n$ に帰着する. このとき置換の積P^1P^2 の符号 $\varepsilon_{P_1P_2}$ は $\varepsilon_{P_1P_2}=\varepsilon_{P_1P_2}$ であることを使えば問題の公式が得られる.

6.13 $\langle j=5/2, j_z=1/2\,;\,\alpha|Q_{zz}|j=3/2, j_z=3/2\,;\,\beta\rangle=\sqrt{6}a.$

7　　章

7.1 $v^{[ijk]}-\dfrac{1}{2n-2}\sum_{m,n}J_{mn}(J^{ij}v^{[mnk]}+J^{jk}v^{[mni]}-J^{ki}v^{[mnj]})$

表現の次元は $2n(2n+1)(n-2)/3$.

7.5 $\pm(\boldsymbol{e}_1-\boldsymbol{e}_3)$, $\pm(\boldsymbol{e}_1-\boldsymbol{e}_2)$, $\pm(\boldsymbol{e}_2-\boldsymbol{e}_3)$, $\mathbf{0}$.

7.10 SU(4)⊗SU(2)⊗SU(2), SU(5)⊗U(1), SO(8)⊗U(1).

7.11 SO(10)⊗U(1), SU(6)⊗SU(2), SU(3)⊗SU(3)⊗SU(3).

7.12 SO(16), SU(5)⊗SU(5), E_6⊗SU(3), E_7⊗SU(2), SU(9).

8　　章

8.4 式 (8.31) において a がユニタリ行列なら $a^\dagger=a^{-1}$. このとき $\rho_0=1$ だから, $A^0{}_0=1$, $A^0{}_i=A^i{}_0=0$. そこで,

$$\sum_{\mu=0}^{3}(\sigma_\mu)_{ab}(\sigma_\mu)_{cd}=2\delta_{ad}\delta_{bc}$$

を用いて $\sum_{\mu=0}^{3}A^i{}_\mu(A^{\mathrm{T}})^\mu{}_j=\delta^i{}_j$ がいえるので $A^i{}_j$ は直交行列である. $\det A$ は微小変換 $a=1+i\sum_{k=1}^{3}\varepsilon_k\sigma_k$ について調べれば十分である. このとき,

$$A^i{}_j = \frac{1}{2}\mathrm{Tr}(\rho^i a\sigma_j a^{-1}) = \delta_{ij} + \sum_k \varepsilon_{ijk}\varepsilon_k$$

となって，$\det A = 1$ が確かめられる．

8.5　式(8.31)より，

$$A^0{}_0 = A^1{}_1 = \alpha + \beta = \cosh\gamma, \qquad A^0{}_1 = A^1{}_0 = 2\alpha\beta = \sinh\gamma$$

8.6　$S\gamma^5 S^{-1} = -iS\gamma^0 S^{-1} S\gamma^1 \cdots S\gamma^3 S^{-1} = -i\sum A^0{}_{\nu_0} A^1{}_{\nu_1} A^2{}_{\nu_2} A^3{}_{\nu_3} \gamma^{\nu_0}\gamma^{\nu_1}\gamma^{\nu_2}\gamma^{\nu_3}$

$$= -i\sum \varepsilon\begin{pmatrix} 0 & 1 & 2 & 3 \\ \nu_0 & \nu_1 & \nu_2 & \nu_3 \end{pmatrix} A^0{}_{\nu_0} A^1{}_{\nu_1} A^2{}_{\nu_2} A^3{}_{\nu_3} \gamma^0\gamma^1\gamma^2\gamma^3 = \det A\ \gamma^5$$

8.7　4階の完全反対称テンソル $\varepsilon_{\mu\lambda\rho\sigma}$ の積は次のように表せる．

$$\varepsilon_{\mu\lambda\rho\sigma}\varepsilon_{\nu\kappa\alpha\beta} = -\sum g_{\mu\mu'} g_{\lambda\lambda'} g_{\rho\rho'} g_{\sigma\sigma'}\, \varepsilon\begin{pmatrix} \nu & \kappa & \alpha & \beta \\ \mu' & \lambda' & \rho' & \sigma' \end{pmatrix}$$

$$= g_{\mu\nu} g_{\lambda\kappa} g_{\rho\alpha} g_{\sigma\beta} + g_{\mu\kappa} g_{\lambda\nu} g_{\rho\alpha} g_{\alpha\beta} - \cdots$$

ここで $\varepsilon\begin{pmatrix} \nu & \kappa & \alpha & \beta \\ \mu' & \lambda' & \rho' & \sigma' \end{pmatrix}$ は $(\mu'\,\lambda'\,\rho'\,\sigma')$ の $(\nu\kappa\alpha\beta)$ への並べ替えが偶置換なら＋，奇置換なら－の符号を表す．これを用いて次の関係が示せる．

$$\sum_\sigma \varepsilon_{\mu\lambda\rho\sigma}\varepsilon_{\nu\kappa\alpha}{}^{\sigma} = -\sum_\sigma \varepsilon_{\mu\nu\lambda\sigma}\varepsilon^{\sigma}{}_{\kappa\rho\alpha}$$

後は交換関係を計算すればよい．

索　　引

【和　文】

あ　行

か　行

さ　行

た 行

な・は 行

著者の略歴
佐藤　光（さとう　ひかる）
1966年 東京大学理学部物理学科卒業．1971年 同大学大学院理学系研究科博士課程修了．理学博士．同年 同大学理学部助手．1973年 メリーランド大学物理天文学部ポストドクトラルフェロー．1975年ミネソタ大学物理天文学部ポストドクトラルフェロー．1981年 兵庫教育大学助教授．1988年 同大学教授．2001年 同大学副学長．2008年 同大学名誉教授．
専門は理論物理学（素粒子論）．

群 と 物 理

平成28年10月25日　発　　行
令和 6 年 6 月10日　第7刷発行

著作者　佐　藤　　　光

発行者　池　田　和　博

発行所　丸善出版株式会社

〒101-0051 東京都千代田区神田神保町二丁目17番
編集：電話(03)3512-3267／FAX(03)3512-3272
営業：電話(03)3512-3256／FAX(03)3512-3270
https://www.maruzen-publishing.co.jp

組版印刷・中央印刷株式会社／製本・株式会社 松岳社

ISBN 978-4-621-30084-8　C 3042　Printed in Japan